维修电工实践教程

WEIXIU DIANGONG SHIJIAN JIAOCHENG

主　编　付志勇　房永亮
副主编　吕　培　谢　敏
参　编　房利民　钟学奎　尹　娜

中国电力出版社
CHINA ELECTRIC POWER PRESS

内 容 提 要

本书以读者够学够用为原则，结构紧凑、例析适当，采用教学与培训相结合的方法，把操作方法与实用技术融汇到知识技能的学习中，对维修电工的基本知识做了全面的阐述和讲解，给从事维修电工人员提供了必备方法和措施。

本书共分8个模块，主要内容包括：模块引导、安全用电、职业素养；电路基础；常用电工工具及仪表的使用；电气照明；变压器；常用低压电器；三相异步电动机及其拖动控制；西门子LOGO!控制系统的编程与实现等。

本书可作为中、高等职业技术学院电子类、机电类的专业技能实训教材，也可作为上岗前职业培训、维修电工考证（初、中级）的技能实训教材，还可作为电气装置项目参赛人员、工程技术人员、安装及维修电工的参考书。

图书在版编目（CIP）数据

维修电工实践教程/付志勇，房永亮主编.—北京：中国电力出版社，2019.3（2020.1重印）
ISBN 978-7-5198-2802-8

Ⅰ.①维… Ⅱ.①付…②房… Ⅲ.①电工－维修－教材 Ⅳ.①TM07

中国版本图书馆CIP数据核字（2019）第005331号

出版发行：中国电力出版社
地　　址：北京市东城区北京站西街19号（邮政编码100005）
网　　址：http://www.cepp.sgcc.com.cn
责任编辑：杨淑玲（010－63412602）
责任校对：黄　蓓　太兴华
装帧设计：王英磊
责任印制：杨晓东

印　　刷：北京天宇星印刷厂
版　　次：2019年3月第1版
印　　次：2020年1月北京第2次印刷
开　　本：787毫米×1092毫米　16开本
印　　张：11.75
字　　数：282千字
定　　价：39.80元

前　言

随着我国制造业的飞速发展，技能型人才越来越得到重视，因此，对技能型人才的培养已经迫在眉睫。为了满足中、高等职业教育发展的需求，扎实有效地推进高职人才培养模式改革，提高人才培养质量，使学生更好地掌握操作技能，力求体现职业培训的规律，满足职业技能培训、鉴定考核及电气装置技能大赛的需要，本教材编写组根据维修电工中级技能实训（考证）和电气装置赛项要求组织编写本教材。

本教材在编写时始终坚持“以学生为出发点、以职业标准为依据、以职业能力为核心、以行动为导向”的理念，从学生的实际出发，通过梳理典型工作任务，明确了学习的目标，打破传统教材的学习体系，遵循“从完成简单工作任务到完成复杂工作任务”的能力形成规律，体现“做中教、做中学”的教学方式，以技能实训为主，由浅入深，循序渐进，通俗易懂，具有简明、易懂、新颖、直观、实用的特点。

全书共设计了 8 个学习模块，将国家职业标准中的中级维修电工所要求应知应会的知识和电气装置项目的知识要求分解到对应的学习任务中。模块 1 至模块 5 主要包括：模块引导、安全用电、职业素养，电路基础，常用电工工具及仪表的使用，电气照明及变压器等知识，这部分内容主要介绍了现代企业对员工要求的必要素质要点、安全用电的必知知识、直流电路的基本知识、交流电路的基本知识、常用电工工具的介绍、电气照明及家庭室内布线等基础知识；模块 6 和模块 7 包括常用低压电器，三相异步电动机及其拖动控制，每个工作任务都包括教学任务单和教学主要内容。通过完成这些任务，让学生真正地掌握相关技能。模块 8 介绍了现代智能继电器西门子 LOGO!（书中“LOGO!”作为一个整体）的概念、组成、功能逻辑块、编程软件的安装与使用，通过对典型案例的分析，能够掌握西门子 LOGO! 基本编程方法，最终完成电气装置项目（动力回路）综合训练项目。

教学课时数（包括实训）约为 180 学时，各使用院校可根据自己的教学安排适当地增减学时数，达到使学生学会相关操作技能的目的。

本教材可作为中、高等职业技术学院及职业高中电气类、机电类的技能实训专业教材，也可作为上岗前职业培训、维修电工考证（初、中级）的技能实训教材，还可作为工程技术人员、安装及维修电工的参考用书。

本书由付志勇老师、房永亮老师任主编，吕培老师、谢敏工程师任副主编。付志勇老师编写了模块 5～模块 8，并负责制定编写大纲和统稿定稿，房永亮老师编写了模块 1 和模块 2，吕培老师编写了模块 3，谢敏工程师编写了模块 4，房利民高工、钟学奎老师和尹娜老师参与部分模块的编写和校对。

本书在编写过程中得到了许多同行及企业专家的指导和帮助，在此向他们表示衷心的感谢，同时也向为本书的编写和出版提供支持和帮助的各界人士表示诚挚的谢意！

本书在编写过程中，虽然力求做到完美，但由于教材的改革幅度较大及作者水平有限，书中难免存在不妥之处，恳请广大读者及同行专家批评指正，以便于再版修订，谢谢！

编　者

2019 年 2 月于包头轻工职业技术学院

目　录

模块1　模块引导、安全用电、职业素养

1.1　模块引导、安全用电、职业素养任务单

<table>
<tr><td>任务名称</td><td colspan="5">模块引导、安全用电、职业素养</td></tr>
<tr><td>任务内容</td><td colspan="2">要求</td><td>学生完成情况</td><td colspan="2">自我评价</td></tr>
<tr><td rowspan="3">1. 模块介绍</td><td colspan="2">（1）知道本课程在专业中的地位</td><td></td><td colspan="2"></td></tr>
<tr><td colspan="2">（2）了解主要内容和后续模块之间的关系；熟悉本模块的学习方法</td><td></td><td colspan="2"></td></tr>
<tr><td colspan="2">（3）了解本模块的学生学习评价标准，从而建立明确的学习目标</td><td></td><td colspan="2"></td></tr>
<tr><td rowspan="2">2. 安全知识</td><td colspan="2">（1）了解安全用电常识</td><td></td><td colspan="2"></td></tr>
<tr><td colspan="2">（2）了解触电急救常识</td><td></td><td colspan="2"></td></tr>
<tr><td>3. 5S 管理</td><td colspan="2">掌握 5S 管理相关内容</td><td></td><td colspan="2"></td></tr>
<tr><td>考核成绩</td><td colspan="5"></td></tr>
<tr><td colspan="6">教学评价</td></tr>
<tr><td colspan="2">教师的理论教学能力</td><td colspan="2">教师的实践教学能力</td><td colspan="2">教师的教学态度</td></tr>
<tr><td colspan="2"></td><td colspan="2"></td><td colspan="2"></td></tr>
<tr><td>对本任务教学的意见及建议</td><td colspan="5"></td></tr>
</table>

1.2　认识维修电工课程

☞ 教与学导航

1. 项目主要内容

《维修电工》课程教学主要内容。

2. 项目要求

了解维修电工课程在专业中的地位；了解课程主要内容和后续模块之间的关系；熟悉本

模块的学习方法；了解本模块的学生学习评价标准，从而建立明确的学习目标。

3. 教学环境

维修电工实训室。

☞ 讲解内容

1. 课程性质与定位

本课程是高等职业院校自动化类专业的一门专业核心课程，是从事维修电工岗位工作的必修课。让学生通过对本课程的学习，掌握直流电路、交流电路的分析方法，掌握安全用电常识、常用电工工具及仪表的使用，掌握照明与配电线路安装、电气内外线安装和电气设备安装的知识与技能，掌握常用电气设备的安装、调试及操作技能，具备电路识图、绘图的能力和故障分析能力，养成遵守职业规范和职业道德、安全文明生产习惯，具备从事电工工作的基本职业能力。

2. 课程设计思路

本课程总体设计思路：根据电工技术人员中级职业资格标准和世界技能大赛电气装置项目的相关要求，以自动化类专业相关典型工作任务和职业能力分析为依据确定课程目标，设计课程内容，以典型工作任务为线索构建任务引领型的项目课程。

为了充分体现以技能为核心、知识为支撑和职业素养养成为主线的课程思想，将课程的教学内容设计成若干个工作任务（项目）；以工作任务为中心引出相关专业知识，渗透职业素养的积累；以典型的电工操作技能为基础，展开教学做一体化的教学过程。教学活动设计由易而难，多采用学习小组领取任务、查阅资料、制订方案、师生研讨、指导实施等师生互动的课内外活动形式，给予师生广阔的创新空间。本课程要求充分运用现代职教理念与技术，引导学生在学做一体的活动中学会学习，培养兴趣，锻炼技能，提高素养；培养学生崇尚实践，崇尚技能，尊重科学，尊重劳动的意识；引导学生在与身边的老师、同学共同讨论中深化对学习内容的理解，形成基本的职业能力，培养学生的合作精神和团队精神。

3. 课程目标

通过本课程的学习，掌握电工相关知识、电动机的结构和工作原理，依据绘制的电气原理图进行电气线路的安装与调试，培养了学生的专业能力。在电气设备的操作过程中，依据电工职业标准和企业的“S管理”相关标准进行电气设备的安装调试，培养学生的职业素养和社会责任方面等能力。

1.3 安 全 用 电

☞ 教与学导航

1. 项目主要内容

安全用电。

2. 项目要求

了解安全用电常识和触电急救常识。

3. 教学环境

维修电工实训室。

☞ 讲解内容

1. 安全用电常识

随着电气化的发展，在生产和生活中大量使用了电气设备和家用电器，给我们生产和生活带来了很大方便。但在使用电能的过程中，如果不注意用电安全，可能造成人身触电伤亡事故或电气设备的损坏，甚至影响到电力系统的安全运行，造成大面积的停电事故，使国家财产遭受损失，给生产和生活造成很大影响。因此，我们在使用电能时，必须注意安全用电，以保证人身、设备、电力系统三方面的安全，防止触电事故的发生。

当人体触及带电体承受过高的电压而导致死亡或受伤的现象叫触电。按触电伤害不同可分为电击和电伤两种。

电击是指电流触及人体而使内部器官受到损害，它是最危险的触电事故。当电流通过人体时，轻者使人体肌肉痉挛，产生麻木感觉，重者会造成呼吸困难，心脏麻痹，甚至导致死亡。电击多发生在对地电压 220V 的低压线路或带电设备上，因为这些带电体是人们日常工作和生活中容易接触到的。

电伤是由于电流的热效应、化学效应、机械效应以及在电流的作用下使溶化或蒸发的金属微粒等侵入人体皮肤，使皮肤局部发红、起泡、烧焦或组织破坏，严重时也可危及生命。电伤多发生在 1000V 及 1000V 以上的高压带电体上，它的危险虽不像电击那样严重，但也不容忽视。人体触电伤害程度主要取决于流过人体电流的大小和电击时间长短等因素。我们把人体触电后能摆脱的最大电流，称为安全电流。我国规定安全电流为 30mA · s，即触电时间在 1s 内，通过人体的最大允许电流为 30mA。人体触电时，如果接触电压在 36V 以下，通过人体的电流就不致超过 30mA，故安全电压通常规定为 36V，但在潮湿地面和能导电的厂房，安全电压则规定 24V 或 12V。我国的安全电压等级分为 42V、36V、24V、12V 和 6V 五个等级。

常见的主要触电方式有直接触电和间接触电，其中直接触电又可分为单相触电和两相触电，间接触电主要有跨步电压触电和接触电压触电。

（1）单相触电。指在人体和大地之间互不绝缘的情况下，人体的某一部分触及三相电源线中的任意一根导线，电流从带电导线经过人体流入大地而造成的触电伤害。单相触电又可以分为中性线接地和中性线不接地两种情况。

1）中性线接地电网的单相触电。在中性线接地的电网中，发生单相触电的情形如图 1 - 1 (a) 所示。这时，人体所触及的电压是相电压，在低压动力和照明电路中为 220V。电流经相线、人体、大地和中性点接地装置而形成通路，触电的后果往往很严重。

2）中性线不接地电网的单相触电。在中性线不接地的电网中，发生单相触电的情形如图 1 - 1 (b) 所示。当站立在地面的人手触及某相导线时，由于相线与大地存在电容，所以，有对地的电容电流从另外两

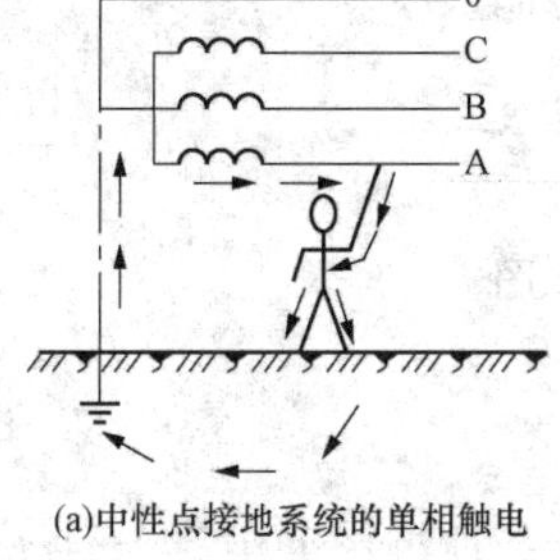

(a)中性点接地系统的单相触电

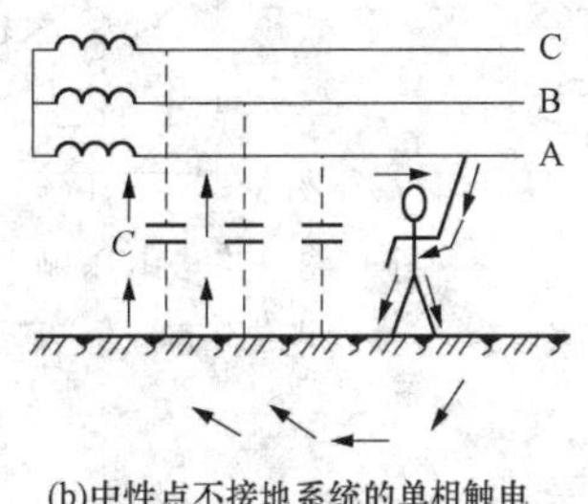

(b)中性点不接地系统的单相触电

图 1 - 1 单相触电示意图

相流入大地，并全部经过人体流入到人手触及的相线。一般来说，导线越长，对地的电容电流越大，其危险性越大。

（2）两相触电。两相触电也叫相间触电，这是指在人体和大地绝缘的情况下，同时接触到两根不同的相线，或者人体同时触及电气设备的两个不同带电部位时，电流由一根相线经过人体到另一根相线，形成闭合回路，如图 1-2 所示。两相触电比单相触电更危险，因为此时加在人体上的电压是线电压。其防护方法主要是对带电导体加绝缘、变电所的带电设备加隔离栅栏或防护罩等设施。

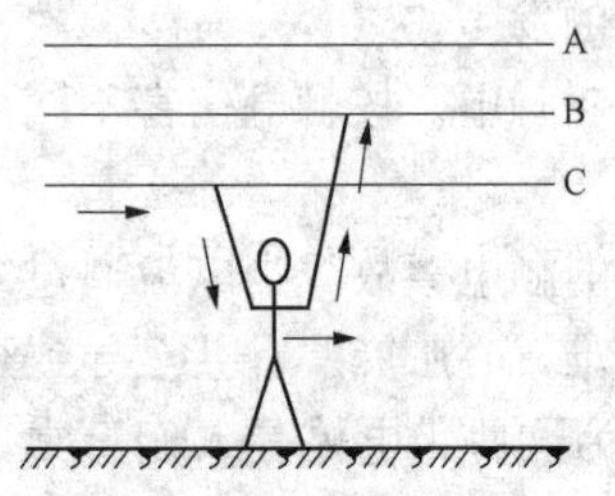

图 1-2　两相触电示意图

（3）间接触电及其防护。间接触电虽然危险程度不如直接触电的情况，但也应尽量避免。

1）跨步电压触电。当电气设备的绝缘损坏或线路的一相断线落地时，落地点的电位就是导线的电位，电流就会从落地点（或绝缘损坏处）流入地中。离落地点越远，电位越低。根据实际测量，在走近导线落地点附近 20m 以外的地方，由于人地电流非常小，地面的电位近似等于零。如果有人走近导线落地点附近，由于人的两脚电位不同，则在两脚之间出现电位差，这个电位差就是跨步电压。离电流入地点越近，则跨步电压越大；离电流入地点越远，则跨步电压越小；在 20m 以外，跨步电压很小，可以看作零。跨步电压的情况如图 1-3 所示。当发现跨步电压威胁时，应赶快把双脚并在一起，或赶快用一条腿跳着离开危险区，否则，因触电时间长，也会导致触电死亡。

2）接触电压触电。导线接地后，不但会产生跨步电压触电，还会产生另一种形式的触电，即接触电压触电，如图 1-4 所示。

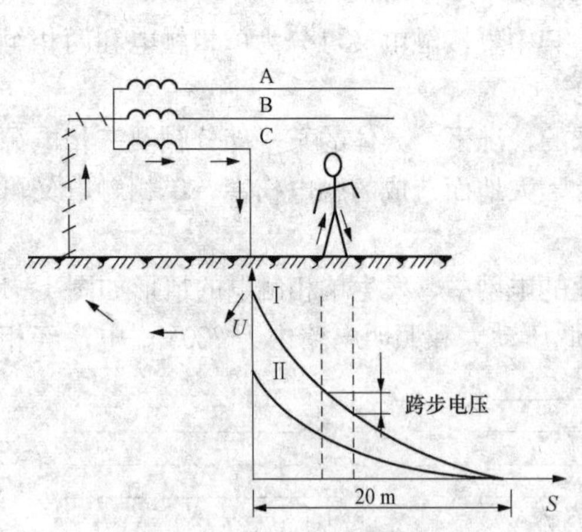

图 1-3　跨步电压触电示意图

Ⅰ—电位分布；Ⅱ—跨步电压

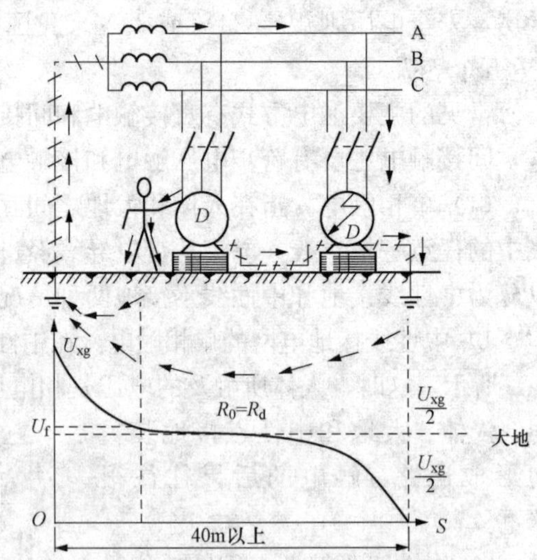

图 1-4　接触电压触电示意图

U_{xg}—相电压；R_0—变压器中性点接地电阻；

U_f—作用于人体的电压；R_d—电动机保护接地电阻

由于接地装置布置不合理，接地设备发生碰壳时造成电位分布不均匀而形成一个电位分布区域，在此区域内，人体与带电设备外壳相接触时，便会发生接触电压触电。

接触电压等于相电压减去人体站立地面点的电压。人体站立离接地点越近，则接触电压越小，反之就越大。当站立点离接地点 20m 以外时，地面电压趋近于零，接触电压为最大，约为电气设备的对地电压，即 220V。防护的方法是将设备正常时不带电的外露可导电部分接地，并装设接地保护等。

2. 保护接地与保护接零

电气设备的保护接地和保护接零是为了防止人体接触绝缘损坏的电气设备所引起的触电事故而采取的有效措施。

(1) 保护接地。电气设备的金属外壳或框架与土壤之间做良好的电气连接称为接地。接地可分为工作接地和保护接地两种。

工作接地是为了保证电器设备在正常及事故情况下可靠工作而进行的接地，如三相四线制电源中性点的接地。

保护接地是为了防止电气设备正常运行时，不带电的金属外壳或框架因漏电使人体接触时发生触电事故而进行的接地，保护接地适用于中性点不接地的低压电网。

(2) 保护接零。在中性点接地的电网中，由于单相对地电流较大，保护接地就不能完全避免人体触电的危险，而要采用保护接零。将电气设备的金属外壳或框架与电网的零线相连接的保护方式叫保护接零。

3. 预防触电事故的注意事项

常见的触电事故大多是由于疏忽大意或不重视安全用电造成的，因此，预防触电要重视以下几点：

(1) 提高安全用电意识。牢固树立安全第一的思想，认真贯彻预防为主的方针。严格按照使用说明的要求使用各种电气设备，使用完毕应立即切断电源。发现电气设备发声异常或有焦煳异味等不正常情况时，应立即切断电源，进行检修。电气设备暂时不用的，可关掉开关或拔掉插头。如果拆除不用，则不应留有可能带电的电线，若必须保留电线，则应将电源切断，并将裸露的线端用绝缘胶布包扎好，不可用医用白胶布代替电工用的绝缘胶布。不可用金属丝绑扎电源线。任何电气设备或电路的接线桩头均不可外露。

不允许在电线上晾晒衣物。不要用湿布去擦拭带电的设备，也不要用湿手去拔插头或扳电气开关，平时应防止导线和用电设备受潮。不要移动正处于工作状态的用电设备，搬动设备时应切断电源；不允许拖拉电源线来搬移用电设备。

使用移动式电气设备时，应先检查其绝缘是否良好，在使用过程中应采取增加辅助绝缘的措施，如戴绝缘手套并站立在干燥木板或绝缘地毯上进行工作。堆放和搬运各种物资、安装其他设备要与带电设备和电源线相距一定的安全距离。

不允许在室内或其他场所乱拉电线，乱接电气设备。发现电线、插头及任何电气设备有破损时，应及时对其进行绝缘修复或更换。

当电线断落地面上时，不可走近，对落地的高压线应离开落地点 10m 以上，以免跨步电压触电，更不能用手去拣，应立即禁止他人通行，派人看守，并通知供电部门前来处理。

(2) 严格执行安全操作规程。不懂电气修理技术的人不要自己安装或修理电气设备，电气设备的故障应由专业电工来修理。

在任何情况下都不得用手直接接触带电体。更换熔丝或安装、检修电气设备时，应先切断电源，切勿带电作业。在低压 380V/220V 系统中可用验电笔来验明电气设备或电线是否带电。任何电气设备在未确认无电以前应一律认为有电。

断电检修时，切断电源开关后，还要拔下熔断器，并在开关的把手上悬挂“禁止合闸，有人工作”的警示标志牌，以保证工作人员的人身安全。如有多人进行电工作业，接通电源前必须通知到每一个人。对于确有必要的带电作业，则要严格按专业操作要领进行操作。在任何情况下都要严格遵守各种安全警示，如图 1-5 所示。

图 1-5　常见的安全警示标志牌

（3）正确安装用电设备。

1）照明灯开关应接在相线上，以保证断开开关后灯头上不带电。使用螺口式灯头时，不可把相线接在跟螺旋套相连的接线桩头上，以免调换灯泡时触电。

2）金属外壳的用电设备要采取必要的接地措施。带电部分要加防护罩或设立屏障，保证人与着电体的安全距离。

3）禁止用一根相线和一根接地线安装用电器。

4）在有易燃易爆气体的场所，必须使用防爆电气设备。在容易触电的场所应采用安全电压，在配电屏或起动器等操作设备的周围地面上应放置干燥木板或绝缘地毯，供操作者站立。

（4）用电设备的使用不允许超过额定值。所有用电设备都有额定值，它是制造厂规定的使用限额，不允许超额使用。发现用电设备升温过高时，应及时查明原因，消除故障。保护电器的规格一定要合适，不得随意加大或用其他电材料（铜丝、铅丝等）替代熔丝。在一个插座上不可接过多或功率过大的用电器。

（5）建立定期安全检查制度。安全检查应形成制度，定期执行。重点检查电气设备的绝缘和外壳接地情况是否良好，对绝缘老化的线路，确保所有绝缘部分完好无损。还要注意有无裸露带电部分，各种临时用电线及移动电气用具的插头、插座是否完好，在雷雨季节还要检查避雷器是否正常。对那些不合格的电气设备要及时调换，以保证安全工作。

4. 触电急救常识

当发现有人触电时，首先要尽快使触电者脱离电源，然后根据具体情况采取相应的急救措施。

(1) 脱离电源。尽快使触电者脱离电源是抢救的第一步，是采取其他急救措施的前提，也是最紧急、最重要的一步。在脱离电源的过程中，救护人员既要救人，也要注意保护自己。触电者脱离电源前，救护人员在没有绝缘保护的情况下不可直接用手接触其身体，以免发生新的触电事故。

1) 首先是就近切断电源。如果刀开关或插头就在附近，应迅速拉闸或拔下电源插头。如果是接触照明电路或灯具触电，只关掉照明开关还不能确保安全，因为照明开关有可能错接在中性线上，所以在顺手关掉照明开关后，还应迅速拉闸或拔下电源插头才安全。

2) 如果附近没有电源开关和插头，也可用带绝缘柄的电工钳或用干燥木柄的斧头等绝缘工具切断电线。

3) 当导线跌落在触电者身上或压在身下时，可用干燥的木棒、竹竿、木板等物迅速将电线挑开，不能用金属或潮湿的物体去挑电线。

4) 如果抢救时身边没有合适的工具，施救者可在自身绝缘的条件下用单手将触电者拉离电源。例如站在干燥地板或绝缘地毯上、戴上绝缘手套或包上干燥的毛织品、围巾等绝缘物用单手拉触电者的干衣服使之脱离电源。

除此之外，由于触电现场的情况各种各样，有时不能立即切断电源，还应因地制宜以最快速度使触电者脱离电源。例如设法让触电电源短路，迫使电路跳闸或熔断熔丝。若电流通过触电者人体，且触电者紧握电线，可将干燥木板等绝缘物垫入触电者身下暂时隔断电流，然后再设法切断电源。此外，如果触电者在高空作业，还需预防触电者在脱离电源时坠落。

(2) 急救处理。使触电者脱离电源后，应迅速打120电话请急救中心前来救护，并视受伤害程度进行急救处理，不要耽搁时间，抢救要分秒必争。

1) 触电者神志清醒，但心慌，四肢麻木，全身无力或一度昏迷，若已恢复知觉，应让其静卧休息，保持空气流通，并注意观察。情况稳定后，方可正常活动。

2) 对于意识消失，无反应且没有呼吸或不能正常呼吸的触电者，根据2010年国际心肺复苏指南的最新精神，应尽早实施胸外按压。如果施救者未经过心肺复苏培训，强烈建议仅做单纯胸外按压，即将双手手腕根部重叠放在患者的胸部中央用力快速按压（每分钟至少100次，按压深度至少5cm)。如果施救者经过培训有能力进行人工呼吸，则应在胸外按压30次后再开始通气道，做人工呼吸。

3) 如果触电者呼吸、心跳均已停止，不应该认为是死亡，必须毫不迟疑地用上述方法进行持久不断地抢救。直至触电者复苏或医务人员前来救治为止。

如果有多人在场，应轮换进行抢救，并最大限度地减少中断按压的时间。

1.4 职 业 素 养

☞ 教与学导航

1. 项目主要内容

5S管理相关知识。

2. 项目要求

掌握5S管理的内容。

3. 教学环境

维修电工实训室。

☞ 讲解内容

职业素养是人类在社会活动中需要遵守的行为规范。个体行为的综合构成了自身的职业素养，职业素养是内涵，个体行为是外在表象，包含职业道德、职业技能、职业行为、职业作风和职业意识等方面。职业素养包括以下三大核心问题：

(1) 职业信念：它是职业素养的核心。良好的职业素养包涵良好的职业道德、正面积极的职业心态和正确的职业价值观意识，是一个成功职业人必须具备的核心素养。

(2) 职业知识技能：它是做好一个职业应该具备的专业知识和能力。拥有过硬的专业知识和精湛的职业技能，坚持不断地关注行业的发展动态及未来的趋势走向；要有良好的沟通协调能力，懂得上传下达，左右协调，从而做到事半功倍；要有高效的执行力。总之学习提升职业知识技能是为了让我们把事情做得更好。

(3) 职业行为习惯：它指的是在职场上通过长时间地学习—改变—形成，而最后变成习惯的一种职场综合素质。信念可以调整，技能可以提升。要让正确的信念、良好的技能发挥作用就需要不断地练习、练习、再练习，直到成为习惯。

为了培养出与现代企业相适应和满足社会需要的人才，我们用企业的5S管理知识规范约束学生的日常行为规范，养成一个良好的职业习惯。

5S起源于日本，是指在生产现场中对人员、机器、材料、方法等生产要素进行有效的管理，这是日本企业独特的一种管理办法。5S是指整理（Seiri）、整顿（Seiton）、清扫（Seiso）、清洁（Seiketsu）、素养（Shitsuke）等五个项目，因日语的罗马拼音均为“S”开头，所以简称为5S。

1955年，日本5S宣传口号为“安全始于整理，终于整理整顿”。当时只推行了前两个S，其目的是为了确保作业空间和安全，后因生产和品质控制的需要又逐步提出了3S，也就是清扫、清洁、修养，从而使应用空间及适用范围进一步拓展。到了1986年，日本的5S的著作逐渐问世，从而对整个现场管理模式起到了冲击的作用，并由此掀起了5S的热潮。日本式企业将5S作为管理工作的基础，推行各种品质的管理手法，第二次世界大战后，产品品质得以迅速地提升，奠定了经济大国的地位，而在丰田公司的倡导推行下，5S对于塑造企业的形象、降低成本、准时交货、安全生产、高度的标准化、创造令人心旷神怡的工作场所、现场改善等方面发挥了巨大作用，逐渐被各国的管理界所认识。随着世界经济的发展，5S已经成为工厂管理的一股新潮流。

5S应用于制造业、服务业等改善现场环境的质量和员工的思维方法，使企业能有效地迈向全面质量管理，主要是针对制造业在生产现场，对材料、设备、人员等生产要素开展相应活动。

5S对于塑造企业的形象、降低成本、准时交货、安全生产、高度的标准化、创造令人心旷神怡的工作场所、现场改善等方面发挥了巨大作用，是日本产品品质得以迅猛提高行销全球的成功之处。

根据企业进一步发展的需要，有的企业在5S的基础上增加了安全（Safety），形成了6S；有的企业又增加了节约（Save），形成了7S；还有的企业加上了习惯化（Shiukanka）、服务（Service）和坚持（Shitukoku），形成了10S；有的企业甚至推行12S，但是万变不离其宗，都是从5S里衍生出来的，例如在整理中要求清除无用的东西或物品，这在某些意义上来说，就能涉及节约和安全，例如横在安全通道中无用的垃圾，这就是安全应该关注的内容。

1. 5S 目标

（1）工作变换时，寻找工具、物品马上找到，寻找时间为零。

（2）整洁的现场，不良品为零。

（3）努力降低成本，减少消耗，浪费为零。

（4）工作顺畅进行，及时完成任务，延期为零。

（5）无泄漏，无危害，安全，整齐，事故为零。

（6）团结，友爱，处处为别人着想，积极干好本职工作，不良行为为零。

2. 5S 原则

（1）自我管理的原则：良好的工作环境，不能单靠添置设备，也不能指望别人来创造。应当充分依靠现场人员，由现场的当事人员自己动手为自己创造一个整齐、清洁、方便、安全的工作环境，使他们在改造客观世界的同时，也改造自己的主观世界，产生“美”的意识，养成现代化大生产所要求的遵章守纪、严格要求的风气和习惯。因为是自己动手创造的成果，也就容易保持和坚持下去。

（2）勤俭办厂的原则：开展5S活动，从生产现场清理出很多无用之物，其中有的只是在现场无用，但可用于其他的地方；有的虽然是废物，但应本着废物利用、变废为宝的精神，该利用的应千方百计地利用，需要报废的也应按报废手续办理并收回其“残值”，千万不可只图一时处理“痛快”，不分青红皂白地当作垃圾一扔了之。对于那种大手大脚、置企业财产于不顾的“败家子”作风，应及时制止、批评、教育，情节严重的要给予适当处分。

（3）持之以恒的原则：5S活动开展起来比较容易，可以搞得轰轰烈烈，在短时间内取得明显的效果，但要坚持下去，持之以恒，不断优化就不太容易。不少企业发生过一紧、二松、三垮台、四重来的现象。因此，开展5S活动，贵在坚持，为将这项活动坚持下去，企业首先应将5S活动纳入岗位责任制，使每一部门、每一人员都有明确的岗位责任和工作标准；其次，要严格、认真地搞好检查、评比和考核工作、将考核结果同各部门和每一人员的经济利益挂钩；最后，要坚持PDCA循环，不断提高现场的5S水平，即要通过检查，不断发现问题，解决问题。因此，在检查考核后，还必须针对问题，提出改进的措施和计划，使5S活动坚持不断地开展下去。

3. 5S 作用

（1）提高企业形象。

（2）提高生产效率和工作效率。

（3）提高库存周转率。

（4）减少故障，保障品质。

（5）加强安全，减少安全隐患。

（6）养成节约的习惯，降低生产成本。

（7）缩短作业周期，保证交期。

（8）改善企业精神面貌，形成良好企业文化。

4. 5S 方法

(1) 定点照相：所谓定点照相，就是对同一地点，面对同一方向，进行持续性的照相，其目的就是把现场不合理现象，包括作业、设备、流程与工作方法予以定点拍摄，并且进行连续性改善的一种手法。

(2) 红单作战：使用红牌子，让工作人员对工厂的缺点都能一目了然，而贴红单的对象，包括库存、机器、设备及空间，使各级主管都能一眼看出什么东西是必需品，什么东西是多余的。

(3) 看板作战（Visible Management）：使工作现场人员，都能一眼看出何处有什么东西，有多少的数量，同时亦可将整体管理的内容、流程以及订货、交货日程与工作排程，制作成看板，使工作人员易于了解，以进行必要的作业。

(4) 颜色管理（Color Management Method）：颜色管理就是运用工作者对色彩的分辨能力和特有的联想力，将复杂的管理问题，简化成不同色彩，区分不同的程度，以直觉和目视的方法，呈现问题的本质和问题改善的情况，使每一个人对问题有相同的认识和了解。

5. 5S 内容

通过实施5S现场管理以规范现场、现物，营造一目了然的工作环境，培养员工良好的工作习惯，最终目的是提升人的品质。

(1) 1S 整理：①将工作场所任何东西区分为有必要的与不必要的；②把必要的东西与不必要的东西明确地、严格地区分开来；③不必要的东西要尽快处理掉。

1) 目的：①腾出空间，空间活用；②防止误用、误送；③塑造清爽的工作场所。

生产过程中经常有一些残余物料、待修品、待返品、报废品等滞留在现场，既占据了地方又阻碍了生产，包括一些已无法使用的工夹具、量具、机器设备，如果不及时清除，会使现场变得凌乱。

2) 生产现场摆放不要的物品是一种浪费：①使宽敞的工作场所，将变得越来越窄小；②棚架、橱柜等被杂物占据而减少使用价值；③增加了寻找工具、零件等物品的困难，浪费时间；④物品杂乱无章的摆放，增加盘点的困难，成本核算失准。

3) 注意点：要有决心，不必要的物品应断然地加以处置。

4) 实施要领：①自己的工作场所（范围）全面检查，包括看得到和看不到的；②制定“要”和“不要”的判别标准；③将不要物品清除出工作场所；④对需要的物品调查使用频度，决定日常用量及放置位置；⑤制订废弃物处理方法；⑥每日自我检查。

(2) 2S 整顿：①对整理之后留在现场的必要物品分门别类放置，排列整齐；②明确数量，并进行有效的标识。

1) 目的：①工作场所一目了然；②整整齐齐的工作环境；③消除找寻物品的时间；④消除过多的积压物品。

2) 注意点：这是提高效率的基础。

3) 实施要领：①前一步骤整理的工作要落实；②流程布置，确定放置场所；③规定放置方法、明确数量；④划线定位；⑤场所、物品标识。

4) 整顿的“3要素”：场所、方法、标识。

5) 放置场所：①物品的放置场所原则上要100%设定；②物品的保管要定点、定容、定量；③生产线附近只能放真正需要的物品。

6）放置方法：①易取；②不超出所规定的范围；③在放置方法上多下功夫。

7）标识方法：①放置场所和物品原则上一对一表示；②现物的表示和放置场所的表示；③某些表示方法全公司要统一；④在表示方法上多下功夫。

8）整顿的“3 定”原则：定点、定容、定量。①定点：放在哪里合适；②定容：用什么容器、颜色；③定量：规定合适的数量。

（3）3S 清扫：①将工作场所清扫干净；②保持工作场所干净、亮丽的环境。

1）目的：①消除脏污，保持职场内干干净净、明明亮亮；②稳定品质；③减少工业伤害。

2）注意点：责任化、制度化。

3）实施要领：①建立清扫责任区（室内外）；②执行例行扫除，清理脏污；③调查污染源，予以杜绝或隔离；④清扫基准，作为规范。

（4）4S 清洁：将上面的 3S 实施的做法制度化、规范化，并贯彻执行及维持结果。

1）目的：维持上面 3S 的成果。

2）注意点：制度化，定期检查。

3）实施要领：①前面 3S 工作；②考评方法；③奖惩制度，加强执行；④主管经常带头巡查，以表重视。

（5）5S 素养：通过晨会等手段，提高全员文明礼貌水准。培养每位成员养成良好的习惯，并按规则做事。开展 5S 容易，但长时间的维持必须靠素养的提升。

1）目的：①培养具有好习惯、遵守规则的员工；②提高员工文明礼貌水准；③营造团体精神。

2）注意点：长期坚持，才能养成良好的习惯。

3）实施要领：①服装、仪容、识别证标准；②共同遵守的有关规则、规定；③礼仪守则；④训练（新进人员强化 5S 教育、实践）；⑤各种精神提升活动（晨会、礼貌运动等）。

6. 5S 误区

（1）我们公司已经做过 5S 了。

（2）我们的企业这么小，搞 5S 没什么用。

（3）5S 就是把现场搞干净。

（4）5S 只是工厂现场的事情。

（5）5S 活动看不到经济效益。

（6）工作太忙，没有时间做 5S。

（7）我们是搞技术的，做 5S 是浪费时间。

（8）我们这个行业不可能做好 5S。

7. 5S 实施要点

整理：正确的价值意识——“使用价值”，而不是“原购买价值”。

整顿：正确的方法——“3 要素、3 定”＋ 整顿的技术。

清扫：责任化——明确岗位 5S 责任。

清洁：制度化及考核——5S 时间；稽查、竞争、奖罚。

素养：长期化——晨会、礼仪守则。

8. 5S 检查要点

（1）有没有用途不明之物。

（2）有没有内容不明之物。

（3）有没有闲置的容器、纸箱。

（4）有没有不要之物。

（5）输送带之下，物料架之下有否置放物品。

（6）有没有乱放个人的东西。

（7）有没有把东西放在通道上。

（8）物品有没有和通路平行或成直角地放。

（9）是否有变形的包装箱等捆包材料。

（10）包装箱等有否破损（容器破损）。

（11）工夹具、计测器等是否放在所定位置上。

（12）移动是否容易。

（13）架子的后面或上面是否置放东西。

（14）架子及保管箱内之物，是否有按照所标示物品置放。

（15）危险品有否明确标示，灭火器是否有定期点检。

（16）作业员的脚边是否有零乱的零件。

（17）相同零件是否散置在几个不同的地方。

（18）作业员的周围是否放有必要之物（工具、零件等）。

（19）工场是否到处保管着零件。

9. 5S 推行步骤

步骤 1：成立推行组织。

为了有效地推进 5S 活动，需要建立一个符合企业条件的推进组织——5S 推行委员会。推行委员会的责任人包括 5S 委员会、推进事务局、各部分负责人以及部门 5S 代表等，不同的责任人承担不同的职责。其中，一般由企业的总经理担任 5S 委员会的委员长，从全局的角度推进 5S 的实施。

步骤 2：拟定推行方针及目标。

方针制定：推动 5S 管理时，制定方针作为导入的指导原则，方针的制定要结合企业具体情况，要有号召力，方针一旦制定，要广为宣传。

目标制定：目标的制定要同企业的具体情况相结合，作为活动努力之方向及便于活动过程中之成果检查。

步骤 3：拟定工作计划及实施方法。

（1）日程计划作为推行及控制的依据。

（2）资料及借鉴他厂做法。

（3）5S 活动实施办法。

（4）与不要的物品区分方法。

（5）5S 活动评比的方法。

（6）5S 活动奖惩办法。

（7）相关规定（5S 时间等）。

（8）工作一定要有计划，以便大家对整个过程有一个整体的了解。项目责任者清楚自己及其他担当者的工作是什么，何时要完成，相互配合造就一种团队作战精神。

步骤 4： 教育。

教育是非常重要，让员工了解 5S 活动能给工作及自己带来好处从而主动地去做，与被别人强迫着去做其效果是完全不同的。教育形式要多样化，讲课、放录像、观摩他厂案例或样板区域、学习推行手册等方式均可视情况加以使用。教育内容可以包括：

（1）每个部门对全员进行教育。

（2）5S 现场管理法的内容及目的。

（3）5S 现场管理法的实施方法。

（4）5S 现场管理法的评比方法。

（5）新进员工的 5S 现场管理法训练。

步骤 5： 活动前的宣传造势。

5S 活动要全员重视、参与才能取得良好的效果，可以通过以下方法对 5S 活动进行宣传：

（1）最高主管发表宣言（晨会、内部报刊等）。

（2）海报、内部报刊宣传。

（3）宣传栏。

步骤 6： 实施。

（1）作业准备。

（2）“洗澡”运动（全体上下彻底大扫除）。

（3）地面画线及物品标识标准。

（4）“3 定”“3 要素”展开。

（5）摄影。

（6）“5S 日常确认表”及实施。

（7）作战。

步骤 7： 活动评比办法确定。

（1）系数：困难系数、人数系数、面积系数、教养系数。

（2）评分法。

步骤 8： 查核。

（1）查核。

（2）问题点质疑、解答。

（3）各种活动及比赛（如征文活动等）。

步骤 9： 评比及奖惩：依 5S 活动竞赛办法进行评比，公布成绩，实施奖惩。

步骤 10： 检讨与修正：各责任部门依缺点项目进行改善，不断提高。

步骤 11： 纳入定期管理活动中。

（1）标准化、制度化的完善。

（2）实施各种 5S 现场管理法强化月活动。

需要强调的一点是，企业因其背景、架构、企业文化、人员素质的不同，推行时可能会有各种不同的问题出现，推行办要根据实施过程中所遇到的具体问题，采取可行的对策，才能取得满意的效果。

10. 5S 实施方法

(1) 整理 (Seiri): 有秩序地治理。工作重点为理清要与不要。整理的核心目的是提升辨识力。整理常用的方法有:

1) 抽屉法: 把所有资源视作无用的,从中选出有用的。

2) 樱桃法: 从整理中挑出影响整体绩效的部分。

3) 四适法: 适时、适量、适质、适地。

4) 疑问法: 该资源需要吗? 需要出现在这里吗? 现场需要这么多数量吗?

(2) 整顿 (Seiton): 修饰、调整、整齐、整顿、处理。将整理之后资源进行系统整合。其目的是最大限度地减少不必要的工作时间浪费、运作的浪费、寻找的浪费、次品的浪费。整顿提升的是整合力。常用的方法有:

1) IE 法: 根据运作经济原则,将使用频率高的资源进行有效管理。

2) 装修法: 通过系统的规划将有效的资源利用到最有价值的地方。

3) 三易原则: 易取、易放、易管理。

4) 三定原则: 定位、定量、定标准。

5) 流程法: 对于布局,按一个流的思想进行系统规范,使之有序化。

6) 标签法: 对所有资源进行标签化管理,建立有效的资源信息。

(3) 清扫 (Seiso): 清理、明晰,移除、结束。将不该出现的资源革除于责任区域之外。其目的是将一切不利因素拒绝于事发之前,对既有的不合理之存在严厉打击和扫除,营造良好的工作氛围与环境。清扫提升的是行动力。清扫常用的方法有:

1) 三扫法: 扫黑、扫漏、扫怪。

2) OEC 法: 日事日毕、日清日高。

(4) 清洁 (Seiketsu): 清——清晰、明了、简单; 洁——干净、整齐。持续做好整理、整顿、清扫工作,即将其形成一种文化和习惯。减少瑕疵与不良。其目的是美化环境、氛围与资源及产出,使自己、客户、投资者及社会从中获利。清洁提升的是审美力。常用的方法有:

1) 雷达法: 扫描权责范围内的一切漏洞和异端。

2) 矩阵推移法: 由点到面逐一推进。

3) 荣誉法: 将美誉与名声结合起来,以名声决定执行组织或个人的声望与收入。

(5) 素养 (Shitsuke): 素质、教养。工作重点: 建立良好的价值观与道德规范。素养提升的是核心竞争力。通过平凡的细节优化和持续的教导和培训,建立良好的工作与生活氛围,优化个人素质与教养。常用方法有:

1) 流程再造: 执行不到位不是人的问题,是流程的问题,流程再造为解决这一问题。

2) 模式图: 建立一套完整的模式图来支持流程再造的有效执行。

3) 教练法: 通过摄像头式的监督模式和教练一样的训练使一切别扭的要求变成真正的习惯。

4) 疏导法: 像治理黄河一样,对严重影响素养的因素进行疏导。

11. 5S 实施难点

(1) 员工不愿配合,未按规定摆放或不按标准来做,理念共识不佳。

（2）事前规划不足，不好摆放及不合理之处很多。

（3）公司成长太快，厂房空间不足，物料无处堆放。

（4）实施不够彻底，持续性不佳，抱持应付心态。

（5）评价制度不佳，造成不公平，大家无所适从。

（6）评审人员因怕伤感情，统统给予奖赏，失去竞赛意义。

12. 5S 实施意义

5S 是现场管理的基础，是 TPM（全员参与的生产保全）的前提，是 TQM（全面品质管理）的第一步，也是 ISO 9000 有效推行的保证。

5S 现场管理法能够营造一种“人人积极参与，事事遵守标准”的良好氛围。有了这种氛围，推行 ISO、TQM 及 TPM 就更容易获得员工的支持和配合，有利于调动员工的积极性，形成强大的推动力。

实施 ISO、TQM、TPM 等活动的效果是隐蔽的、长期性的，一时难以看到显著的效果。而 5S 活动的效果是立竿见影。如果在推行 ISO、TQM、TPM 等活动的过程中导入 5S，可以通过在短期内获得显著效果来增强企业员工的信心。

5S 是现场管理的基础，5S 水平的高低，代表着管理者对现场管理认识的高低，这又决定了现场管理水平的高低，而现场管理水平的高低，制约着 ISO、TPM、TQM 活动能否顺利、有效地推行。通过 5S 活动，从现场管理着手改进企业“体质”，则能起到事半功倍的效果。

13. 5S 改善建议

（1）结合实际做出适合自己的定位：反观国内外其他优秀企业的管理模式，再结合实际做出适合自己的定位。通过学习，让管理者及员工认识到 5S 是现场管理的基石，5S 做不好，企业不可能成为优秀的企业，坚持将 5S 管理作为重要的经营原则。5S 执行办公室在执行过程中扮演着重要角色，应该由有一定威望、协调能力强的中高层领导出任办公室主任。此外，如果请顾问辅导推行，应该注意避开生产旺季及人事大变动时期。

（2）树立科学管理观念：管理者必须经过学习，加深对 5S 管理模式最终目标的认识。最高领导公司高层管理人员必须树立 5S 管理是现场管理的基础概念，要年年讲、月月讲，并且要有计划、有步骤地逐步深化现场管理活动，提升现场管理水平。“进攻是最好的防守”，在管理上也是如此，必须经常有新的、更高层次的理念、体系、方法的导入才能保持企业的活力。毕竟 5S 只是现场管理的基础工程，根据柳钢的生产现场管理水平，建议 5S 导入之后再导入全面生产管理、全面成本管理、精益生产、目标管理、企业资源计划及各车间成本计划等。不过在许多现场管理基础没有构筑、干部的科学管理意识没有树立之前，盲目花钱导入这些必定事倍功半，甚至失败，因为这些不仅仅是一种管理工具，更是一种管理思想、一种管理文化。

（3）以实际岗位采取多种管理形式：确定 5S 的定位，再以实际岗位采取多种管理形式，制定各种相应可行的办法。实事求是，持之以恒，全方位整体的实施、有计划的过程控制是非常重要的。公司可以倡导样板先行，通过样板区的变化引导干部工人主动接受 5S，并在适当时间有计划地导入红牌作战、目视管理、日常确认制度、5S 考评制度、5S 竞赛等，在形式化、习惯化的过程中逐步树立全员良好的工作作风与科学的管理意识。

模块2 电 路 基 础

2.1 电路基础知识任务单

<table>
<tr><td>任务名称</td><td colspan="3">电路基础知识</td></tr>
<tr><td>任务内容</td><td>要求</td><td>学生完成情况</td><td>自我评价</td></tr>
<tr><td rowspan="6">电路基本概念</td><td>理解电路的概念、基本物理量如电压、电流和电功率的概念</td><td></td><td rowspan="6"></td></tr>
<tr><td>理解电功率和电能的概念及基本计算，会根据功率的计算结果判断是吸收功率还是发出功率</td><td></td></tr>
<tr><td>理解理想电压源及电流源的基本概念</td><td></td></tr>
<tr><td>能利用万用表熟练测量电路中的电压</td><td></td></tr>
<tr><td>能列写简单电路的 KCL、KVL 方程</td><td></td></tr>
<tr><td>掌握交流电路的基本概念</td><td></td></tr>
<tr><td>考核成绩</td><td colspan="3"></td></tr>
<tr><td colspan="4">教学评价</td></tr>
<tr><td colspan="2">教师的理论教学能力</td><td>教师的实践教学能力</td><td>教师的教学态度</td></tr>
<tr><td colspan="2"></td><td></td><td></td></tr>
<tr><td>对本任务教学的意见及建议</td><td colspan="3"></td></tr>
</table>

2.2 电 路 基 础 知 识

☞ 教与学导航

1. 项目主要内容

（1）电路的主要物理量。

（2）电压源与电流源的概念。

(3) 基尔霍夫定律。

(4) 正弦量的三要素。

(5) 三相交流电的基本概念。

2. 项目要求

(1) 理解电路的基本物理量如电压、电流和电功率的概念。

(2) 理解电功率和电能的概念及基本计算，会根据功率的计算结果判断是吸收功率还是发出功率。

(3) 理解理想电压源及电流源的基本概念。

(4) 能利用万用表熟练测量电路中的电压。

(5) 能列写简单电路的 KCL、KVL 方程。

(6) 掌握正弦交流电的基本概念。

(7) 掌握三相交流电的基本概念。

3. 教学环境

维修电工实训室。

☞ 教学内容

一、电路的组成及基本物理量

1. 电路的组成

电路是由各种电气器件（包括电源、开关、负载等）按一定方式用导线连接组成的总体，它提供了电流通过的闭合路径。电路一般由电源、负载和中间环节三部分组成。

图 2-1 为一最简单的电路。图中电源为电池组 E，电源内部的电路称为内电路，负载为电灯。负载、连接导线和开关 S 组成外电路。

电源是把其他形式的能量转换为电能的装置，例如发电机将机械能转换为电能。负载是取用电能的装置，它把电能转换为其他形式的能量。例如电动机将电能转换为机械能，电热炉将电能转换为热能，电灯将电能转换为光能。

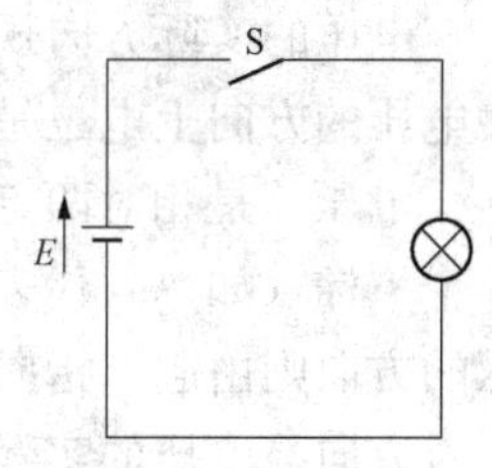

图 2-1　简单电路

中间环节在图 2-1 中指的是导线和开关，是用来连接电源和负载，为电流提供通路，把电源的能量供给负载，并根据负载需要接通和断开电路。

电路的功能和作用有两类：第一类功能是进行能量的转换、传输和分配；第二类功能是进行信号的传递与处理。例如扩音机的输入是由声音转换而来的电信号，通过晶体管组成的放大电路，输出的便是放大了的电信号，从而实现了放大功能；电视机可将接收到的信号经过处理，转换成图像和声音。

2. 电路的基本物理量

(1) 电流。电流是由电荷的定向移动而形成的。当金属导体处于电场之内时，自由电子要受到电场力的作用，逆着电场的方向做定向移动，这就形成了电流。其大小和方向均不随时间变化的电流叫恒定电流，简称直流。

电流的强弱用电流强度来表示，对于恒定直流，电流强度 I 用单位时间内通过导体截面

的电量Q来表示，即

$$I=\frac{Q}{t} \tag{2-1}$$

电流的单位是A（安［培］）。在1s内通过导体横截面的电荷为1C（库仑）时，其电流则为1A。计算微小电流时，电流的单位用mA（毫安）、μA（微安）或nA（纳安），其换算关系为

$$1\text{mA}=10^{-3}\text{A},\ 1\mu\text{A}=10^{-6}\text{A},\ 1\text{nA}=10^{-9}\text{A}$$

习惯上，规定正电荷的移动方向表示电流的实际方向。在外电路，电流由正极流向负极；在内电路，电流由负极流向正极。

在简单电路中，电流的实际方向可由电源的极性确定，在复杂电路中，电流的方向有时事先难以确定。为了分析电路的需要，我们便引入了电流的参考正方向的概念。

在进行电路计算时，先任意选定某一方向作为待求电流的正方向，并根据此正方向进行计算，若计算结果为正值，说明电流的实际方向与选定的正方向相同；若计算结果为负值，说明电流的实际方向与选定的正方向相反。图2-2表示电流的参考正方向（图中实线所示）与实际方向（图中虚线所示）之间的关系。

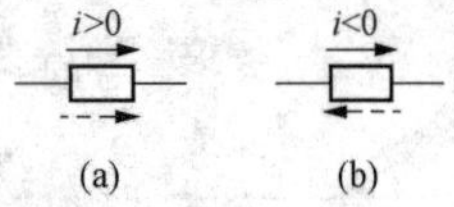

图2-2　电流的实际方向与参考方向的关系

（2）电压。电场力把单位正电荷从电场中点A移到点B所做的W_{AB}功称为A、B间的电压，用U_{AB}表示，即

$$U_{AB}=\frac{W_{AB}}{Q} \tag{2-2}$$

电压的单位为V（伏特）。如果电场力把1C电量从点A移到点B所做的功是1J（焦耳），则A与B两点间的电压就是1V。计算较大的电压时用kV（千伏），计算较小的电压时用mV（毫伏）。其换算关系为

$$1\text{kV}=10^{3}\text{V},\ 1\text{mV}=10^{-3}\text{V}$$

电压的实际方向规定为从高电位点指向低电位点，即由“+”极指向“−”极，因此，在电压的方向上电位是逐渐降低的。

电压总是相对两点之间的电位而言的，所以用双下标表示，一个下标（如A）代表起点，后一个下标（如B）代表终点。电压的方向则由起点指向终点，有时用箭头在图上标明。当标定的参考方向与电压的实际方向相同时［图2-3（a）］，电压为正值；当标定的参考方向与实际电压方向相反时［图2-3（b）］，电压为负值。

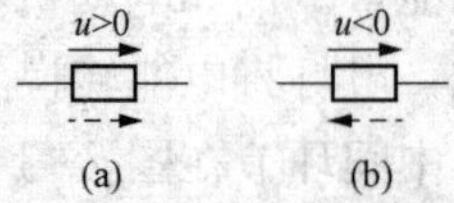

图2-3　电压的实际方向与参考方向的关系

（3）电动势。电动势是衡量外力即非静电力做功能力的物理量。外力克服电场力把单位正电荷从电源的负极搬运到正极所做的功，称为电源的电动势。

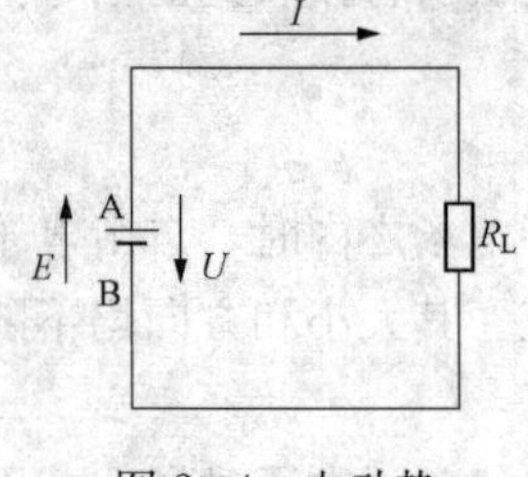

图2-4　电动势

如图2-4所示，外力克服电场力把单位正电荷由低电位B端移到高电位A端，所做的功称为电动势，用E表示，$E=\frac{dW}{dq}$，电动势的单位也是V。如果外力把1C的电量从点B移到点A，所做的功是1J，则电动势就等于1V。

电动势的方向规定为从低电位指向高电位，即由“−”极指向

“+”极。

(4) 电功率（功率）。传递或转换电能的速率叫电功率，简称为功率，用 p 或 P 表示，用小写字母 p 表示功率的一般符号，大写字母 P 表示直流电路的功率。

$$p=\frac{\mathrm{d}w}{\mathrm{d}t} \qquad p=\frac{\mathrm{d}w}{\mathrm{d}t}=\frac{\mathrm{d}w}{\mathrm{d}q}\times\frac{\mathrm{d}q}{\mathrm{d}t}=u\times i \tag{2-3}$$

在直流电路中，把单位时间内电场力所做的功称为电功率，则有

$$P=\frac{QU}{t}=UI \tag{2-4}$$

功率的国际单位是 W（瓦特）。对于大功率，采用 kW（千瓦）或 MW（兆瓦）做单位；对于小功率则用 mW（毫瓦）或 μW（微瓦）做单位。如果已知流过某电路的电流 I 和电压 U，就可以很方便地求出它的功率。但是怎样判断该电路是吸收功率还是放出功率呢？这就必须根据电流和电压的参考方向来确定。

规定：

a. 当电压和电流为关联参考方向（电流参考方向与电压参考方向一致）：若 $P>0$，则该元件消耗（吸收）功率；若 $P<0$，则该元件释放（发出）功率。

b. 当电压和电流为非关联参考方向（电流参考方向与电压参考方向相反）：若 $P>0$，则该元件释放（发出）功率；若 $P<0$，则该元件消耗（吸收）功率。

特别注意：在计算功率时，不仅要计算出数值，还要判断出是吸收功率还是发出功率。

例 2-1　求图 2-5 所示各元件的功率。

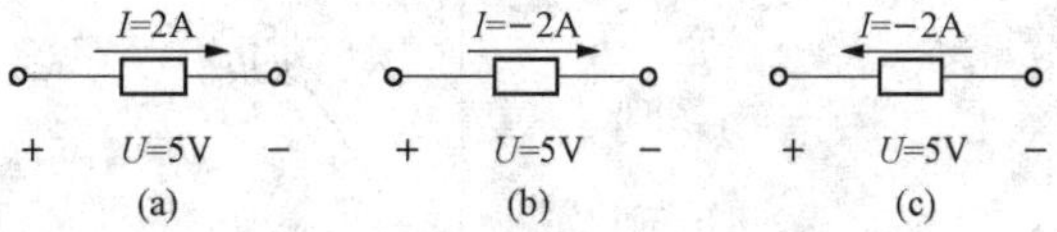

(a) I=2A，+ U=5V −

(b) I=−2A，+ U=5V −

(c) I=−2A，+ U=5V −

图 2-5　例 2-1 图

解：(a) 关联方向，$P=UI=5\mathrm{V}\times 2\mathrm{A}=10\mathrm{W}$，$P>0$，吸收 10W 功率。

(b) 关联方向，$P=UI=5\mathrm{V}\times(-2)\mathrm{A}=-10\mathrm{W}$，$P<0$，产生 10W 功率。

(c) 非关联方向，$P=-UI=-5\mathrm{V}\times(-2)\mathrm{A}=10\mathrm{W}$，$P>0$，吸收 10W 功率。

例 2-2　已知：$I=1\mathrm{A}$，$U_1=10\mathrm{V}$，$U_2=6\mathrm{V}$，$U_3=4\mathrm{V}$。电路图如图 2-6 求各元件功率，并分析电路的功率平衡关系。

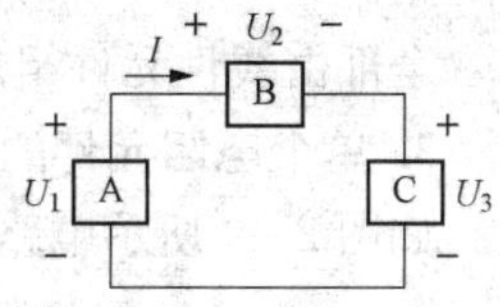

图 2-6　例 2-2 图

解：(a) 元件 A：非关联方向，$P_1=-U_1I=-10\mathrm{V}\times 1\mathrm{A}=-10\mathrm{W}$，$P_1<0$，发出 10W 功率，电源。

(b) 元件 B：关联方向，$P_2=U_2I=6\mathrm{V}\times 1\mathrm{A}=6\mathrm{W}$，$P_2>0$，吸收 6W 功率，负载。

(c) 元件 C：关联方向，$P_3=U_3I=4\mathrm{V}\times 1\mathrm{A}=4\mathrm{W}$，$P_3>0$，吸收 4W 功率，负载。

$P_1+P_2+P_3=-10\mathrm{W}+6\mathrm{W}+4\mathrm{W}=0$，功率平衡。

(5) 电能。电能是指在一段时间内（t_0，t_1）电路所吸收的能量为

$$w(t_0,t_1)=\int_{t_0}^{t_1}p\mathrm{d}t=\int_{t_0}^{t_1}ui\,\mathrm{d}t$$

直流情况下：$W=P\times(t_1-t_0)$。

单位：焦耳（J），千瓦时，实际生产生活中则用 kW·h 做单位，俗称度。$1\mathrm{kW}\cdot\mathrm{h}=3.6\times 10^6\mathrm{J}$。

例 2-3　有一只 $P=40\mathrm{W}$，$U=220\mathrm{V}$ 的白炽灯，接在 220V 的电源上，求通过白炽灯的

电流 I。若白炽灯每天使用 4h，求该白炽灯 30 天消耗的电能。

解：

$$I=\frac{P}{U}=\frac{40\text{W}}{220\text{V}}=0.18\text{A}$$

$$W=Pt=40\times10^{-3}\text{kW}\times4\times30\text{h}=4.8\text{kW}\cdot\text{h}$$

二、欧姆定律、线性电阻、非线性电阻

1. 电阻元件

(1) 电阻：导体对通过的电流具有一定的阻碍作用，称为电阻，用字母 R 表示，单位是欧姆（Ω）。电阻是一种消耗电能的元件。

(2) 电阻的电路符号：

2. 线性电阻、非线性电阻

在温度一定的条件下，把加在电阻两端的电压与通过电阻的电流之间的关系称为伏安特性。一般金属电阻的阻值不随所加电压和通过的电流而改变，即在一定的温度下其阻值是常数，这种电阻的伏安特性是一条经过原点的直线，如图 2-7 所示。这种电阻称为线性电阻。由此可见，线性电阻遵守欧姆定律。

另一类电阻其电阻值随电压和电流的变化而变化，其电压与电流的比值不是常数，这类电阻称之为非线性电阻。例如半导体二极管的正向电阻就是非线性的，它的伏安特性如图 2-8 所示。

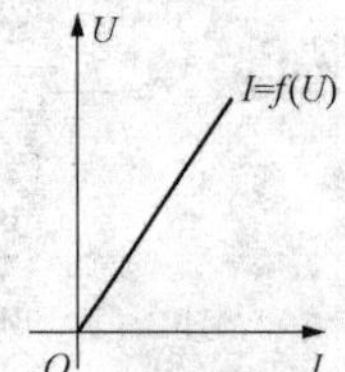

图 2-7　线性电阻的伏安特性

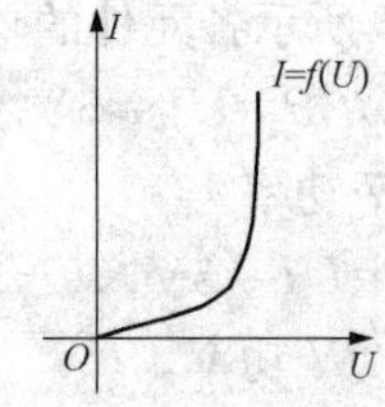

图 2-8　二极管正向伏安特性

半导体三极管的输入、输出电阻也都是非线性的。对于非线性电阻的电路，欧姆定律不再适用。

全部由线性元件组成的电路称为线性电路。本章仅讨论线性直流电路。

3. 单个电阻元件的欧姆定律

如图 2-9 所示电路，若 U 与 I 正方向一致，则欧姆定律可表示为

$$U=RI \tag{2-5}$$

若 U 与 I 方向相反，则欧姆定律表示为

$$U=-RI \tag{2-6}$$

电阻的单位是 Ω（欧［姆］），计量大电阻时用 kΩ（千欧）或 MΩ（兆欧）。其换算关系为

$$1\text{k}\Omega=10^3\Omega,\ 1\text{M}\Omega=10^6\Omega$$

电阻的倒数 $1/R=G$，称为电导，它的单位为 S（西［门子］）。

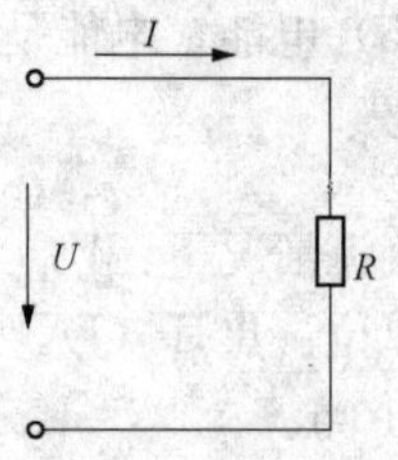

图 2-9　单个电阻元件电路

4. 全电路的欧姆定律

含电源和负载的闭合电路称为全电路。图 2-10 所示是简

单的闭合电路，R_L 为负载电阻，R_0 为电源内阻，若略去导线电阻不计，则其欧姆定律表达式为

$$I=\frac{E}{R_0+R_L} \tag{2-7}$$

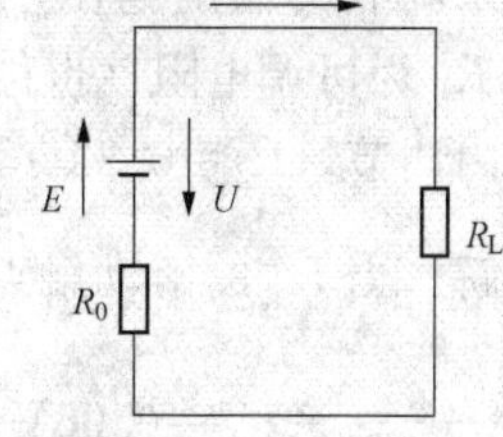

图2-10　简单的闭合电路

式（2-7）的意义是：电路中流过的电流，其大小与电动势成正比，而与电路的全部电阻成反比。电源的电动势和内电阻一般认为是不变的，所以，改变外电路电阻就可以改变回路中电流的大小。

三、电阻的连接

在实际电路中，常常不只是接有一个负载，而是接有许多负载，这些负载可按不同的需要以不同的方式连接起来，其中最普遍、应用最广泛的是串联和并联。下面分别予以介绍：

1. 电阻的串联

几个电阻没有分支的一个接一个依次相连，使电流只有一条通路，称为电阻的串联，如图2-11所示。

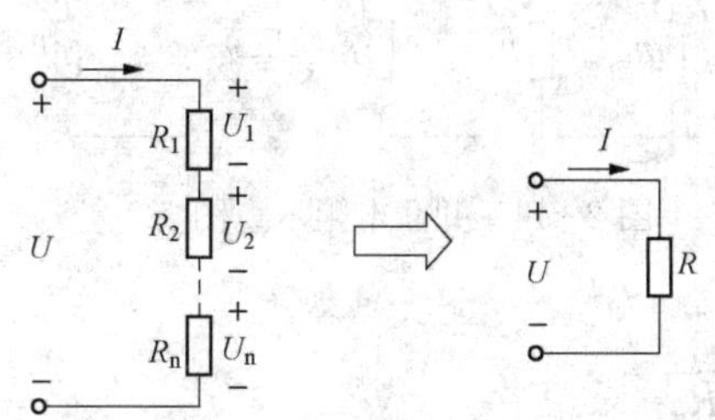

图2-11　串联电阻示意图

电阻串联电路特点：

（1）通过各电阻的电流相等。

（2）总电压等于各电阻电压之和，即

$$U=U_1+U_2+\cdots+U_n \tag{2-8}$$

（3）各串联电阻对总电阻起分压作用。各电阻上的电压与其电阻大小成正比，即

$$\frac{U_1}{R_1}=\frac{U_2}{R_2}=\frac{U_3}{R_3} \tag{2-9}$$

（4）等效电阻（总电阻）等于各电阻之和，即

$$R=R_1+R_2+\cdots+R_n \tag{2-10}$$

当电路两端的电压一定时，串联的电阻越多，则电路中的电流就越小，因此电阻串联可以起到限流（限制电流）和分压作用。如果两个电阻串联时，各电阻上分得的电压为

$$U_1=\frac{R_1}{R_1+R_2}U,\ U_2=\frac{R_2}{R_1+R_2}U$$

即电阻越大，所分得的电压越大。在实际中，利用串联分压的原理，可以扩大电压表的量程，还可以制成电阻分压器。

例2-4　现有一表头，满刻度电流 $I_G=50\mu A$，表头的电阻 $R_G=3k\Omega$，若要改装成量程为10V的电压表，如图2-12所示，试问：应串联一个多大的电阻？

解： 当表头满刻度时，它的端电压为 $U_G=I_GR_G=50\times10^{-6}A\times3\times10^3\Omega=0.15V$。

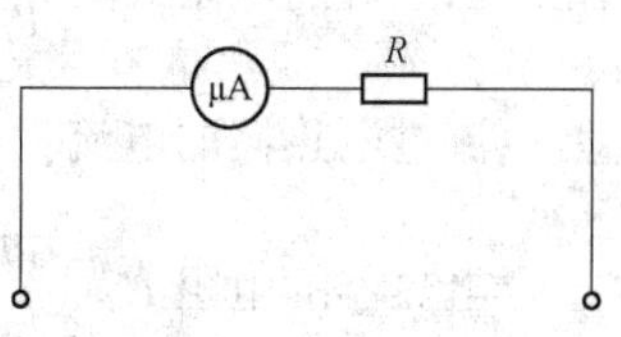

图2-12　例2-4图

设量程扩大到10V时所需串联的电阻为 R，则 R 上分得的电压为 $U_R=10V-0.15V=9.85V$，故 $R=\frac{R_G}{U_G}\times U_R=\frac{3}{0.15}\times9.85k\Omega=197k\Omega$，即应串联197kΩ电阻，方能将表头改装成量程为10V的电压表。

例 2-5 收音机或录音机的音量控制采用串联电阻分压器电路来调节其输出电压，如图 2-13 所示，设输入电压 $U=1V$，R_1 为可调电阻（也称电位器），其阻值可在 0～4.7kΩ 的范围内调节，$R_2=0.3k\Omega$，求输出电压 U_O 的变化范围。

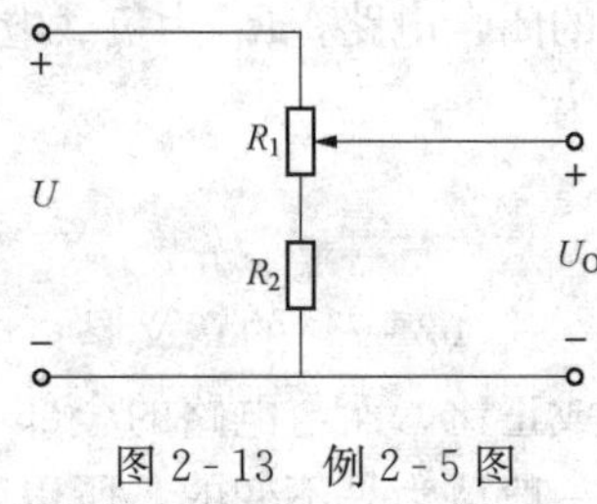

图 2-13 例 2-5 图

解： 当 R_1 的滑动触点在最下面的位置时，$U_O=\frac{R_2}{R_1+R_2}U=\frac{0.3}{4.7+0.3}\times 1V=0.06V$。

当 R_1 的滑动触点在最上面的位置时，$U_O=1V$。

因此输出电压的调节范围为 0.06～1V。

2. 电阻的并联

几个电阻的一端连在一起，另一端也连在一起，使各电阻所承受的电压相同，称为电阻的并联，如图 2-14 所示。

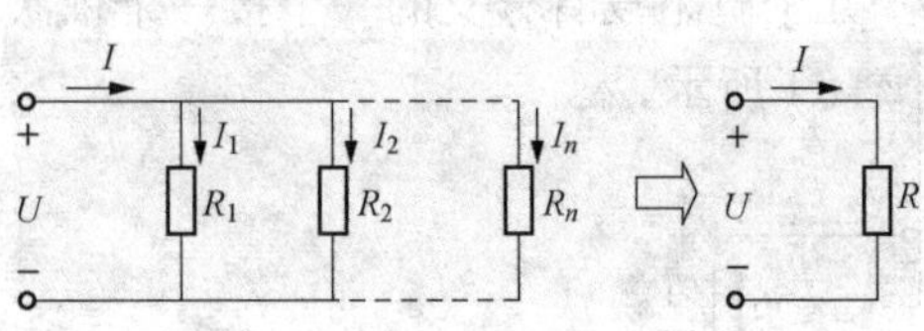

图 2-14 并联电阻示意图

电阻并联电路有以下特点：

（1）各并联电阻两端的电压相等。

（2）总电流等于各电阻中电流之和，即

$$I=I_1+I_2+\cdots+I_n \tag{2-11}$$

（3）并联电路的等效电阻（总电阻）的倒数等于各并联电阻倒数之和，即

$$\frac{1}{R}=\frac{1}{R_1}+\frac{1}{R_2}+\cdots+\frac{1}{R_n} \tag{2-12}$$

如果只有 R_1 和 R_2 两个电阻并联，则等效电阻为

$$R=\frac{R_1R_2}{R_1+R_2} \tag{2-13}$$

（4）电阻并联电路对总电流有分流的作用。

$$I_1=\frac{RI}{R_1},\ I_2=\frac{RI}{R_2},\ I_3=\frac{RI}{R_3}$$

例 2-6 在电压 $U=220V$ 的电路中并联接入一盏额定电压为 220V、功率 $P_1=100W$ 的白炽灯和一个额定电压为 220V、功率 $P_2=500W$ 的电热器，求该并联电路的总电阻 R 及总电流 I。

解： 流过白炽灯的电流 $I_1=\frac{P_1}{U}=\frac{100}{220}A=0.454A$

白炽灯的电阻 $R_1=\frac{U}{I_1}=\frac{220}{0.454}\Omega=485\Omega$

流过电热器的电流 $I_2=\frac{P_2}{U}=\frac{500}{220}A=2.27A$

电热器的电阻 $R_2=\frac{U}{I_2}=\frac{220}{2.27}\Omega=97\Omega$

总电阻 $R=\frac{R_1R_2}{R_1+R_2}=\frac{485\times 97}{485+97}\Omega=80.8\Omega$

总电流 $I=I_1+I_2=0.454A+2.27A=2.724A$

四、电气设备的额定值、电路的几种状态

1. 额定值

连接导线以及电动机、变压器等电气设备的导电部分都具有一定的电阻，它们工作时，电流流过导体使一部分电能变为热能而损耗。通常把这部分能量损耗称为铜损。由于铜损的存在，降低了电气设备的效率，并使设备的温度升高。连接导线和电气设备都具有绝缘部分，由于材料的绝缘水平、机械强度等性能具有一定的范围，因此，电气设备工作时，温度不能太高，如果温度过高，绝缘材料就会变脆损坏，甚至引起事故。所以，电气设备工作时都规定了最高允许温度。例如橡胶绝缘的最高温度是65℃，电缆的最高允许温度为50～80℃。

电气设备开始工作时，温度逐渐上升，同时，有部分热量散发到周围介质中去，随着电气设备与周围介质温差的增大，热量散发加快，直到单位时间内设备所产生的热量与散发的热量相等，温度不再升高，此时，电气设备的温度称为稳定温度。通常电气设备的额定值有：

（1）额定电流（I_N）：电气设备长时间运行以致稳定温度达到最高允许温度时的电流，称为额定电流。

（2）额定电压（U_N）：为了限制电气设备的电流并考虑绝缘材料的绝缘性能等因素，允许加在电气化设备上的电压限值，称为额定电压。

（3）额定功率（P_N）：在直流电路中，额定电压与额定电流的乘积就是额定功率，即

$$P_N = U_N \times I_N \tag{2-14}$$

电气设备的额定值都标在铭牌上，使用时必须遵守。例如一盏日光灯，标有“220V，60W”的字样，表示该灯在220V电压下使用，消耗功率为60W，若将该灯泡接在380V的电源上，则会因电流过大将灯丝烧毁；反之，若电源电压低于额定值，虽能发光，但灯光暗淡。

2. 电路的几种状态

电路在工作时有三种工作状态，分别是通路、短路、断路。

（1）通路（有载工作状态）。如图2-15所示，电源与负载接成闭合回路，电路便处于通路状态。在实际电路中，负载都是并联的，用R_L代表等效负载电阻，在此电路图中R表示负载。

电路中的用电器是由用户控制的，而且是经常变动的。当并联的用电器增多时，等效电阻R_L就会减小，而电源电动势U_S通常为一恒定值，且内阻R_0很小，电源端电压U变化很小，则电源输出的电流和功率将随之增大，这时称为电路的负载增大。当并联的用电器减少时，等效负载电阻R_L增大，电源输出的电流和功率将随之减小，这种情况称为负载减小。可见，所谓负载增大或负载减小，是指增大或减小负载电流，而不是增大或减小电阻值。电路中的负载是变动的，所以电源端电压的大小也随之改变。电源端电压U随电源输出电流I的变化关系，即$U=f(I)$称为电源的外特性，外特性曲线如图2-16所示。

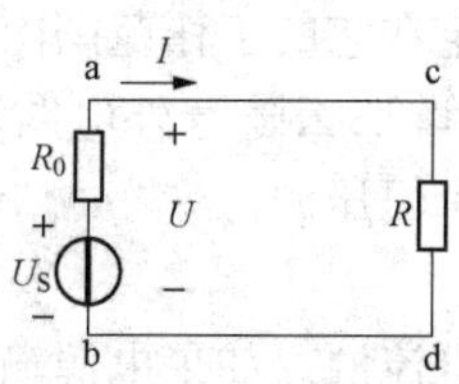

图2-15　通路的示意图

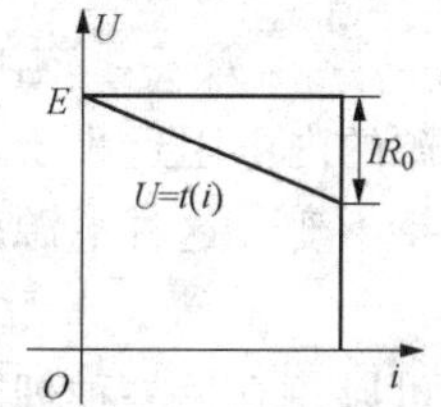

图2-16　电源的外特性图

根据负载大小，电路在通路时又分为三种工作状态：满载工作状态、轻载工作状态和过载工作状态。当电气设备的电流等于额定电流时称为满载工作状态；当电气设备的电流小于额定电流时，称为轻载工作状态；当电气设备的电流大于额定电流时，称为过载工作状态。

（2）断路。所谓断路，就是电源与负载没有构成闭合回路。在图 2-17 所示电路中，当 S 断开时，电路即处于断路状态。断路状态的特征是 $R=\infty$，$I=0$。

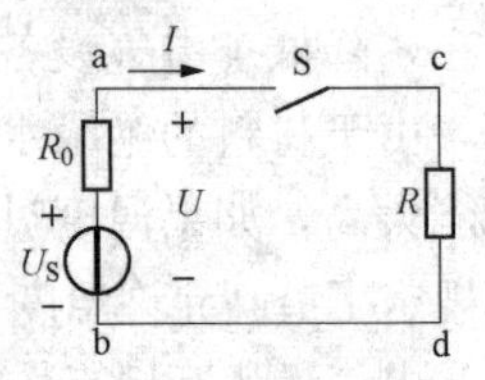

图 2-17　断路的示意图

此时 $I=0$，则 $U=U_{OC}=U_S$。因此，可以简单地用电压表来测量电源的电动势。

（3）短路。电源两端被导线直接短路，则负载电阻 $R=0$，称为短路状态。此时流过电源中的电流

$$I=I_{SC}=\frac{U_S}{R_0}$$

称为短路电流。由于电源内阻通常很小，因此一般很大，超过正常工作电流的许多倍，从而可能导致电源及流过短路电流的电器、连接导线的损坏或造成火灾、爆炸等严重事故，如图 2-18 所示。

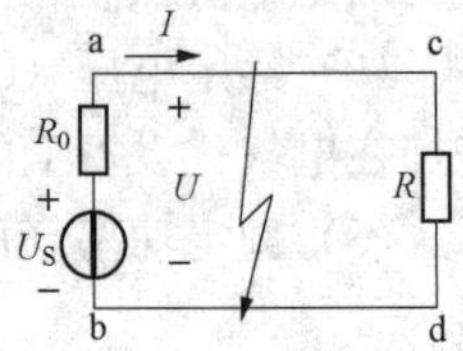

图 2-18　短路的示意图

为了防止发生短路事故，避免损坏电源，常在电路中串接熔断器。熔断器中装有熔丝，熔丝是由低熔点的铅锡合金丝或铅锡合金片做成的。一旦短路，串联在电路中的熔丝将因发热而熔断，从而保护电源免于烧坏。

五、电压源、电流源及其等效变换

1. 理想电压源

蓄电池及一般直流发电机等都是电源，它们具有不变的电动势和较低内阻的电源，我们称其为电压源。如果电源的内阻 $R_0\approx 0$，当电源与外电路接通时，其端电压 $U=E$，端电压不随电流而变化，电源外特性曲线是一条水平线。

（1）伏安关系：$u=u_s$。

端电压 u_s 与流过电压源的电流无关，由电源本身确定，电流值任意，由外电路确定。

（2）特性曲线与符号如图 2-19 所示。

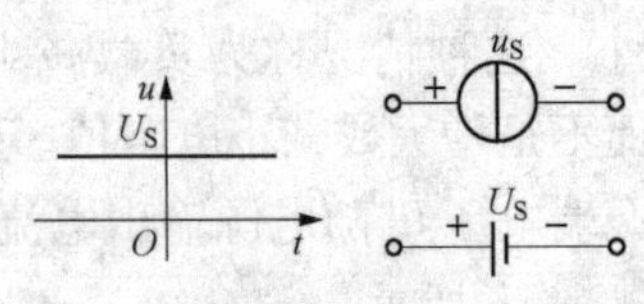

图 2-19　理想电压源特性曲线与符号示意图

这是一种理想情况，我们把具有不变电动势且内阻为零的电源称为理想电压源。理想电压源是实际电源的一种理想模型。例如，在电力供电网中，对于任何一个用电器（如一盏灯）而言，整个电力网除了该用电器以外的部分，就可以近似地看成是一个理想电压源。

当电源电压稳定在它的工作范围内，该电源就可认为是一个恒压源。如果电源的内电阻远小于负载电阻 R_L，那么随着外电路负载电流的变化，电源的端电压可基本保持不变，这种电源就接近于一个恒压源。

2. 理想电流源

对于实际电源，可以建立另一种理想模型，叫电流源。如果电源输出恒定的电流，即电流的大小与端电压无关，我们就把这种电源叫作理想电流源。

(1) 伏安关系：$i=i_S$。

流过的电流 i_S 与电源两端电压无关，由电源本身确定，电压值任意，由外电路确定。

(2) 特性曲线与符号如图 2-20 所示。

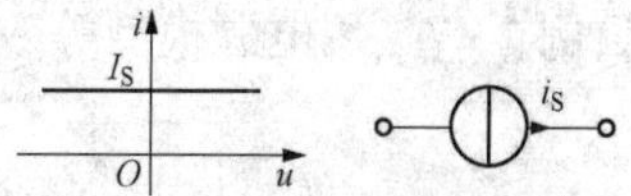

图 2-20　理想电流源特性曲线与符号示意图

3. 实际电源的两种模型

实际电源的模型如图 2-21 所示。

实际电源的伏安特性：$U=U_S-IR_0$ 或 $I=I_S-\dfrac{U}{R_0}$。

可见一个实际电源可用两种电路模型表示：一种为电压源 U_S 和内阻串联 R_i，另一种为电流源 I_S 和内阻 R_0 并联。

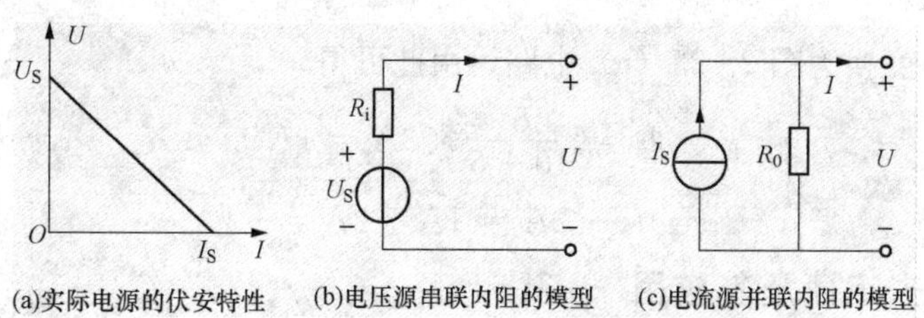

图 2-21　实际电源的模型

实际使用电源时，应注意以下 3 点：

(1) 实际电工技术中，实际电压源，简称电压源，常指相对负载而言具有较小内阻的电压源；实际电流源，简称电流源，常指相对于负载而言具有较大内阻的电流源。

(2) 实际电压源不允许短路，由于一般电压源的 R_0 很小，短路电流将很大，会烧毁电源，这是不允许的。平时，实际电压源不使用时应开路放置，因电流为零，不消耗电源的电能。

(3) 实际电流源不允许开路处于空载状态。空载时，电源内阻把电流源的能量消耗掉，而电源对外没送出电能。平时，实际电流源不使用时，应短路放置，因实际电流源的内阻 R_0 一般都很大，电流源被短路后，通过内阻的电流很小，损耗很小；而外电路上短路后电压为零，不消耗电能。

4. 电压源与电流源的等效变换

一个实际的电源，既可以用理想电压源与内阻串联表示，也可以用一个理想电流源与内阻并联来表示，即对于外电路而言，如果电源的外特性相同，无论采用哪种模型计算外电路电阻 R_L 上的电流、电压，结果都会相同，所以对外电路而言，两种模型是可以等效变换的。试做对比如下：

在电压源模型中：　　　　　$U=U_S-IR_i$

在电流源模型中：　　　　　$U=I_SR_S-IR_0$

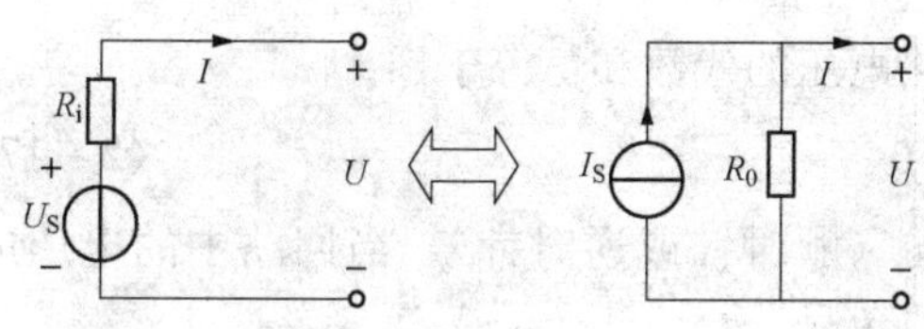

图 2-22　电压源与电流源的等效变换

由以上比较可知，当满足① $R_i=R_0$，② $U_S=R_iI_S$ 时，两者可以互换。

电压源与电流源的等效变换电路如图 2-22 所示。关于两者的等效变换，我们有如下的结论：

(1) 电压源与电流源的等效变换只能对外电路等效，对内电路则不等效。

(2) 理想电压源与理想电流源之间不能进行等效变换。

例 2-7 用电源模型等效变换的方法求图 2-23 (a) 电路的电流 I_1 和 I_2。

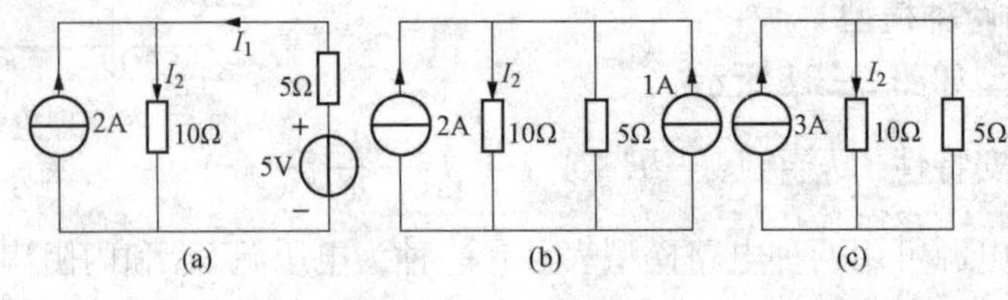

图 2-23 例 2-7 图

解： 将原电路变换为图 2-23 (c) 电路，由此可得

$$I_2 = \frac{5}{10+5} \times 3\text{A} = 1\text{A}$$

$$I_1 = I_2 - 2\text{A} = 1\text{A} - 2\text{A} = -1\text{A}$$

六、基尔霍夫定律及其应用

凡是用欧姆定律和电阻串、并联就能求解的电路称为简单电路，否则就是复杂电路。基尔霍夫定律不仅适用于简单电路，也适用于复杂电路。下面介绍几个和电路有关的术语。

(1) 电路中每一段不分支的电路称为支路，如图 2-24 中，acb、ab、adb 等都是支路。

(2) 电路中三条或三条以上支路相交的点称为节点，例如图 2-24 中的 a、b 都是节点。

(3) 电路中任一闭合路径称为回路，例如图 2-24 中 cabc、cadbc、dabd 等都是回路。

1. 基尔霍夫电流定律 (KCL)

(1) 内容：在任一瞬时，流入任一节点的电流之和必定等于从该节点流出的电流之和。即

$$\sum I_{入} = \sum I_{出} \qquad (2-15)$$

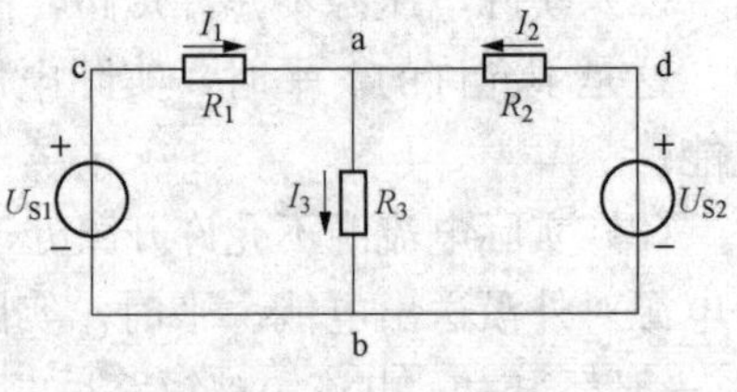

如图 2-24 所示，对节点 B 有

$$I_1 + I_2 = I_3 \qquad (2-16)$$

图 2-24 复杂电路

(2) KCL 通常用于节点，但是对于包围几个节点的闭合面也是适用的。

例 2-8 列出图 2-25 中各节点的 KCL 方程。

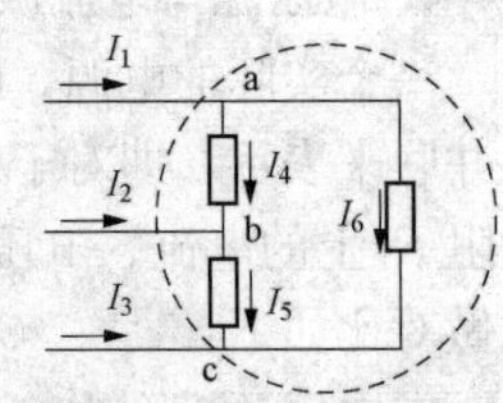

图 2-25 例 2-8 图

解： 取流入为正

节点 a：$I_1 - I_4 - I_6 = 0$。

节点 b：$I_2 + I_4 - I_5 = 0$。

节点 c：$I_3 + I_5 + I_6 = 0$。

以上三式相加：$I_1 + I_2 + I_3 = 0$。

2. 基尔霍夫电压定律 (KVL)

(1) 内容：在任一瞬时，沿任一回路所有支路电压的代数和恒等于零。

$$\sum U = 0 \qquad (2-17)$$

应用 KVL 定律时，应先假定回路的绕行方向（顺时针或逆时针），当回路中的电压的方向与绕行方向一致时，则此电压取正号，反之取负号。

(2) KVL 通常用于闭合回路，但也可推广应用到任一不闭合的电路上。

例 2-9　列出图 2-26 的 KVL 方程。

解：$U_{ab}+U_{S3}+I_3R_3-I_2R_2-U_{S2}-I_1R_1-U_{S1}=0$。

例 2-10　图 2-27 电路，已知 $U_1=5V$，$U_3=3V$，$I=2A$，求 U_2、I_2、R_1 和 U_S。

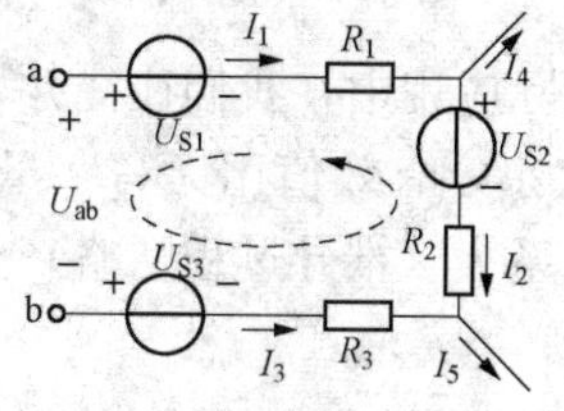

图 2-26　例 2-9 图

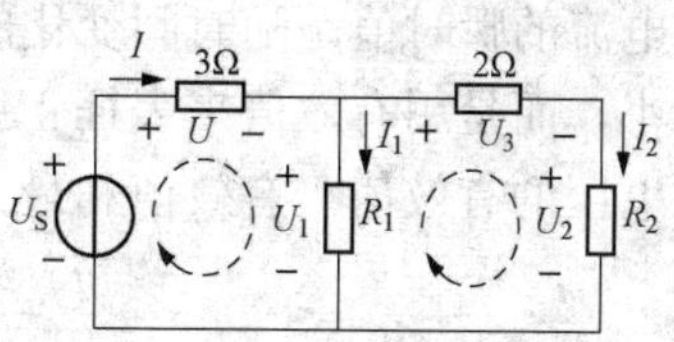

图 2-27　例 2-10 图

解：$I_2=\frac{U_3}{2}=\frac{3}{2}A=1.5A$；$U_2=U_1-U_3-5V-3V=2V$；

$R_2=\frac{U_2}{I_2}=\frac{2}{1.5}\Omega=1.33\Omega$；$I_1=I-I_2=2A-1.5A=0.5A$；

$R_1=\frac{U_1}{I_1}=\frac{5}{0.5}\Omega=10\Omega$；$U_S=U+U_1=2\times3V+5V=11V$。

3. 基尔霍夫定律的应用——支路电流法

分析、计算复杂电路的方法很多，本节介绍一种最基本的方法——支路电流法。

支路电流法是以支路电流为未知量，应用基尔霍夫定律列出与支路电流数目相等的独立方程式，再联立求解。应用支路电流法解题的方法步骤（假定某电路有 m 条支路，n 个节点）：

（1）首先标定各待求支路的电流参考正方向及回路绕行方向。

（2）应用基尔霍夫电流定律列出（$n-1$）个独立的节点电流方程。

（3）应用基尔霍夫电压定律列出［$m-(n-1)$］个独立的回路电压方程式。

（4）由联立方程组求解各支路电流。

例 2-11　电路图 2-28 所示，求 I_1、I_2、I_3。

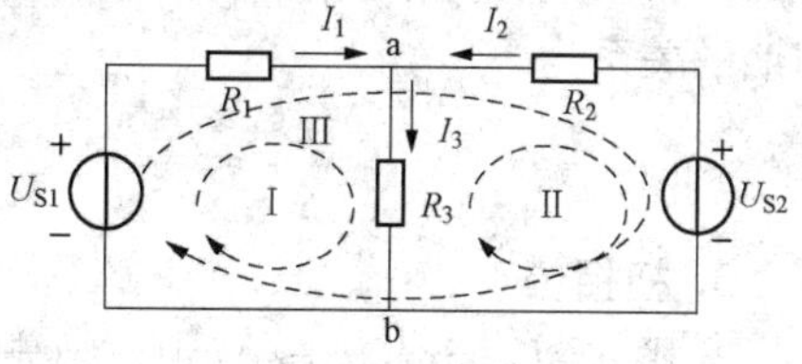

图 2-28　例 2-11 图

解：（1）电路的支路数 $b=3$，支路电流有 I_1、I_2、I_3 三个。

（2）根据 KCL 对节点 a 列节点电流方程。

节点 a：　$I_1+I_2=I_3$　①

（3）根据 KVL 列对回路Ⅰ和回路Ⅱ回路电压方程。

回路Ⅰ：　$I_1R_1+I_3R_3-U_{S1}=0$　②

回路Ⅱ：　$-I_2R_2-I_3R_3+U_{S2}=0$　③

联立方程①②③即可解出 I_1、I_2、I_3。

七、正弦量的三要素

正弦交流电压和电流统称为正弦量，确定一个正弦量必须具备三个要素，即幅值、频率和初相角。知道了这三个要素，这个正弦量就可以完整地描述出来了，如正弦电压的数学表达式为 $u=U_m\sin(\omega t+\varphi)$。

1. 幅值、有效值

正弦量在任一瞬间的值称为瞬时值，用小写字母表示如 i、u 分别表示电流和电压的瞬时值，瞬时值中最大的值称为幅值或最大值，用带有下标的大写字母表示，如 I_m、U_m 分别表示电流和电压的最大值。

正弦电压和电流的瞬时值是随时间变化的，在实际应用中，我们往往并不要求知道它们在每一瞬间的大小，而是用有效值来表征正弦量的大小，有效值用大写字母表示，如 I、U 分别表示电流和电压的有效值。有效值和最大值的关系为（推导过程从略）

$$U_m = \sqrt{2}U \tag{2-18}$$

我们一般所说的正弦交流电压或电流的大小均指有效值，如在生产和日常生活中提到的 220V、380V 都是指有效值，同样，一般使用的交流电表也是以有效值来划分刻度的。

2. 频率和周期

正弦量的波形每变化一次所用的时间称为周期，用 T 表示，单位为秒（s），每秒钟正弦量波形重复出现的次数称为频率，用 f 表示，单位为赫兹（Hz），很显然，频率和周期的关系为

$$f = \frac{1}{T} \tag{2-19}$$

我们国家电力标准采用的频率是 50Hz，习惯上称为工频，有些国家（如日本等）采用的频率是 60Hz。频率和周期反映了正弦量变化的速度。

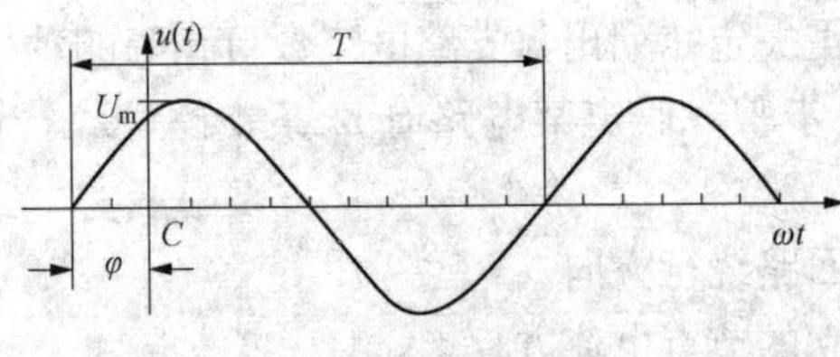

图 2-29　正弦交流波形图

正弦量的变化规律用角度描述是很方便的。如图 2-29 所示的正弦电压，每一时刻的值都可与一个角度相对应。如果横轴用角度刻度，当角度变到 π/2 时，电压达到最大值，当角度变到 π 时，电压变为零值。这个角度不表示任何空间角度，只是用来描述正弦交流电的变化规律，所以把这种角度叫电角度。通常还可以用角频率 ω 表示正弦量变化的速度，角频率是指正弦量在单位时间内变化的弧度数，在一个周期内，正弦量所经过的电角度为 2π 弧度，它与频率和周期的关系为

$$\omega = 2\pi f = \frac{2\pi}{T} \tag{2-20}$$

3. 初相位

在式 $u=U_m\sin(\omega t+\varphi)$ 中，$\omega t+\varphi$ 称为相位角或相位，不同的相位对应不同的瞬时值，因此，相位反映了正弦量的变化进程，当 $t=0$ 时，相位为 φ，称为初相位或初相，初相表示了正弦量的起点（零值）到计时点（$t=0$）之间的电角度。

4. 相位差

两个同频率的正弦交流电的相位之差叫相位差。相位差表示两正弦量到达最大值的先后差距。

例如，若已知 $i_1 = I_{1m}\sin(\omega t + \varphi_1), i_2 = I_{2m}\sin(\omega t + \varphi_2)$，则 i_1 和 i_2 的相位差为

$$\varphi_{12} = (\omega t + \varphi_1) - (\omega t + \varphi_2) = \varphi_1 - \varphi_2 \tag{2-21}$$

这表明两个同频率的正弦交流电的相位差等于初相之差。

若两个同频率的正弦交流电的相位差 $\varphi_1 - \varphi_2 > 0$，称“$i_1$ 超前 i_2”；若 $\varphi_1 - \varphi_2 < 0$，称

"i_2 超前 i_1"；若 $\varphi_1-\varphi_2=0$，称"i_1 和 i_2 同相"；若相位差 $\varphi_1-\varphi_2=\pm180°$，则称"$i_1$ 和 i_2 反相"。两个正弦量的相位差如图 2-30 所示。

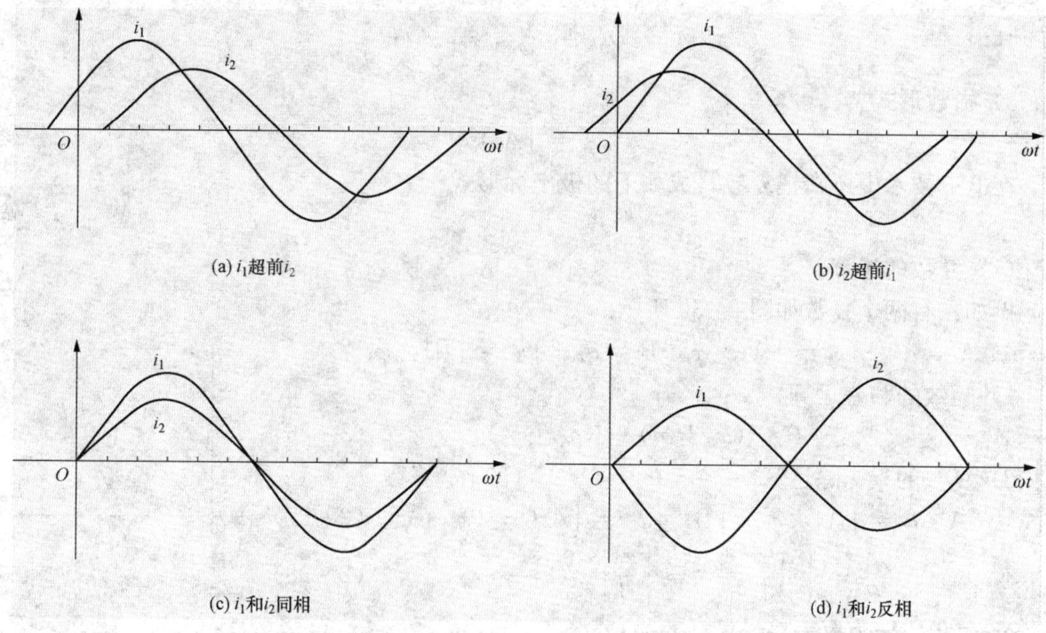

图 2-30　两个正弦量的相位差

必须指出，在比较两个正弦交流电之间的相位时，两正弦量一定要同频率才有意义。否则随时间不同，两正弦量之间的相位差是一个变量，这就没有意义了。

综上所述，正弦量的三要素分别描述了正弦交流电的大小、变化快慢和起始状态。当三要素决定后就可以唯一地确定一个正弦交流电了。

八、正弦量相量表示法

要表示一个正弦量，我们前面介绍了解析式和波形图两种方法，但这两种方法在分析和运算交流电路时十分不便，为此，下面将介绍正弦量的相量表示法，简称相量法。

由于相量法要涉及复数的运算，所以在介绍相量法以前，先简要复习一下复数的运算。

1. 复数及其运算法则

（1）复数的表示方法。一个复数可以用以下几种形式来表示：

1）直角坐标形式

$$A=a+\mathrm{j}b \tag{2-22}$$

a 为复数的实部，b 为复数的虚部，如图 2-31 所示。

复数在复平面上还可以用向量表示，如图 2-32 所示。向量的长度 r 称为复数 A 的模，用 $|A|$ 表示。向量与实轴的夹角，称为复数的辐角，用 φ 表示。

图 2-31　复平面上的点　　图 2-32　复平面上的向量

2）三角形式

$$A = |A|(\cos\varphi + \mathrm{j}\sin\varphi) \tag{2-23}$$

其中：
$$|A| = \sqrt{a^2+b^2}，\varphi = \arctan\frac{b}{a}$$

3）指数形式

$$A = |A|\mathrm{e}^{\mathrm{j}\varphi} \tag{2-24}$$

在电工技术中还常把复数写成如下的极坐标形式

$$A = |A|\angle\varphi \tag{2-25}$$

（2）复数的运算。

例如：有两个复数如图 2-33 所示。

$$A = a_1 + \mathrm{j}a_2 = |A|\angle\varphi_1, B = b_1 + \mathrm{j}b_2 = |B|\angle\varphi_2$$

1）复数的和差运算

$$A \pm B = (a_1 \pm b_1) + \mathrm{j}(a_2 \pm b_2) \tag{2-26}$$

2）复数的乘、除运算

$$A \cdot B = |A|\angle\varphi_1 \cdot |B|\angle\varphi_2 = |AB|\angle(\varphi_1+\varphi_2) \tag{2-27}$$

$$\frac{A}{B} = \frac{|A|\angle\varphi_1}{|B|\angle\varphi_2} = \left|\frac{A}{B}\right|\angle(\varphi_1-\varphi_2) \tag{2-28}$$

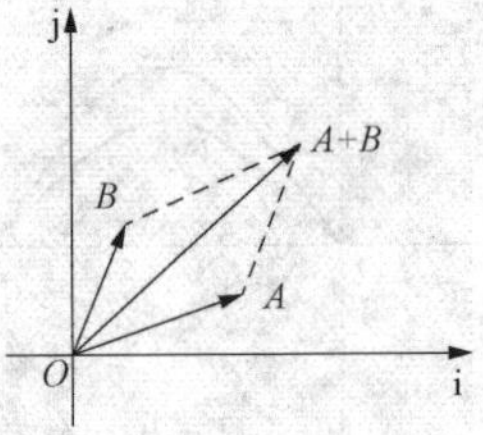

图 2-33　复数的加减运算

2. 正弦量的相量表示

给出一个正弦量 $u=U_{\mathrm{m}}\sin(\omega t+\varphi)$，在复平面做出一个向量。使其从原点出发，它的长度等于正弦量的最大值，与水平轴的夹角等于正弦量的初相位 φ，并以等于正弦量角频率的角速度 ω 逆时针旋转，则在任一瞬间，该有向线段在纵轴上的数值等于该正弦量的瞬时值 $U_{\mathrm{m}}\sin(\omega t+\varphi)$。这个向量叫作旋转矢量，如图 2-34 所示。

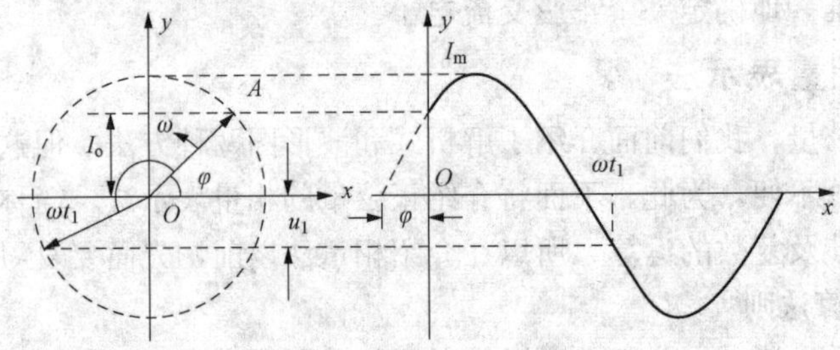

图 2-34　正弦量的旋转矢量图

一般情况下，只用向量的初始位置（$t=0$ 的位置）来表示正弦量，即把向量长度表示为正弦量的大小，把向量与横轴正向的夹角表示为正弦量的初相，这种表示正弦量的方法，称为正弦量的相量表示，又叫作相量法。

如果向量的幅角等于正弦量的初相位，向量的幅值等于正弦量的最大值，称为最大值相量，用 $\dot{U}_{\mathrm{m}}$ 或 $\dot{I}_{\mathrm{m}}$ 表示。如果矢量幅值等于正弦量的有效值，则称为有效值相量，表示为 $\dot{U}$ 或 $\dot{I}$，如图 2-35 所示。

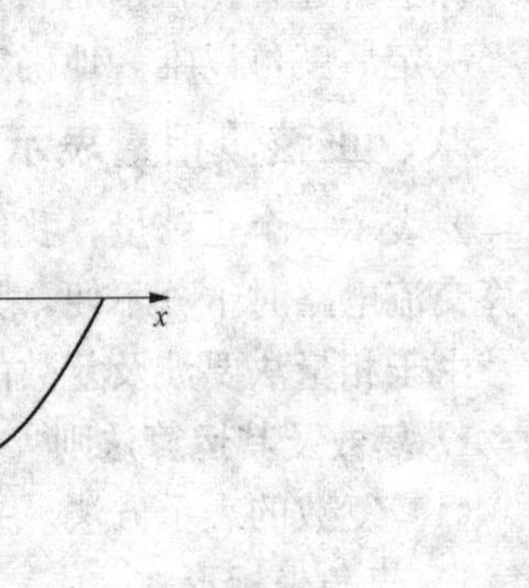

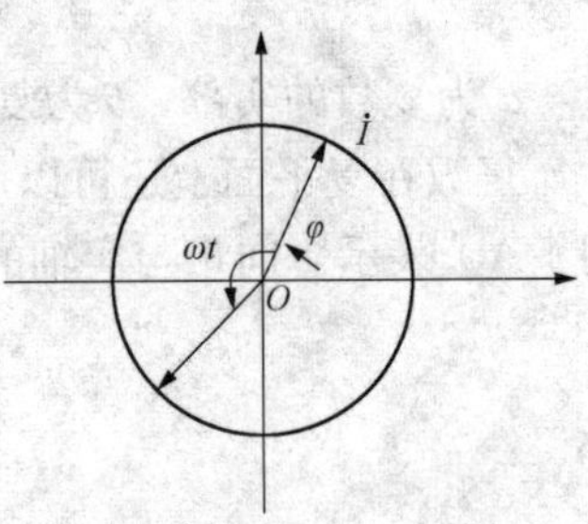

图 2-35　正弦量的相量表示

如：正弦量 $u=5\sqrt{2}\sin(\omega t+30°)$ 的最大值相量式为 $\dot{U}_m=U_m\angle\varphi=5\sqrt{2}\angle 30°$；

有效值相量为 $U=U\angle\varphi=5\angle 30°$。

3. 相量图

将一些相同频率的正弦量的相量画在同一个复平面上所构成的图形称为相量图，即每个相量用一条有向线段表示，其长度表示相量的模，有向线段与横轴正向的夹角表示该相量的辐角（初相），同一量纲的相量采用相同的比例尺寸。

例 2-12　已知 $u=20\sqrt{2}(\omega t+60°)\text{V}$，$i=10\sqrt{2}(\omega t-30°)\text{A}$。试写出最大值相量、有效值相量，并画出相量图。

解：最大值相量

$$\dot{U}_m=20\sqrt{2}\angle 60°\text{V}$$

$$\dot{I}_m=10\sqrt{2}\angle(-30°)\text{A}$$

有效值相量

$$\dot{U}=20\angle 60°\text{V}$$

$$\dot{I}=10\angle(-30°)\text{A}$$

相量图如图 2-36 所示。

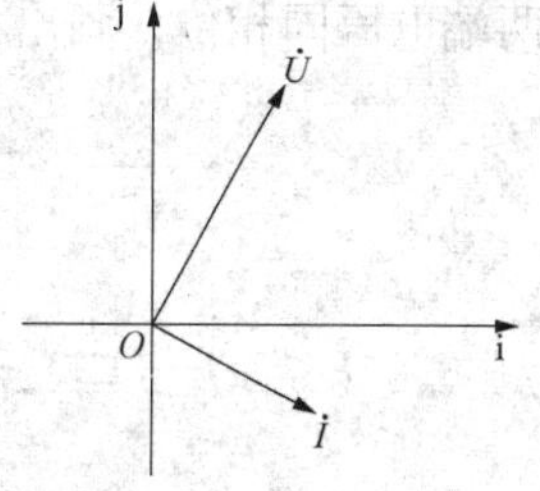

图 2-36　例 2-12 的相量图

例 2-13　已知相量电流 $\dot{I}_1=3+4\text{j}\text{A}$，$I_2=8\angle 30°\text{A}$，$\omega=100\pi$。试写出所代表正弦电流瞬时值的表达式。

解：$\dot{I}_1=3+4\text{jA}=5\angle\arctan\frac{4}{3}\text{A}=5\angle 53.1°\text{A}$

$$i_1=5\sqrt{2}\sin(100\pi t+53.1°)\text{A}$$

$$i_2=8\sqrt{2}\sin(100\pi t+30°)\text{A}$$

例 2-14　已知 $i_1=5\sqrt{2}\sin(\omega t+30°)\text{A}$，$i_2=10\sqrt{2}\sin(\omega t+60°)\text{A}$。试求 i_1、i_2 之和 i。

解：以上正弦电流用相量表示为 $\dot{I}_1=5\angle 30°\text{A}$，$\dot{I}_2=10\angle 60°\text{A}$。

$$\begin{aligned}\dot{I}&=\dot{I}_1+\dot{I}_2\\&=5(\cos30°+\text{j}\sin30°)\text{ A}+10(\cos60°+\text{j}\sin60°)\text{ A}\\&=9.33+\text{j}11.6\text{A}=14.6\angle 50°\text{A}\end{aligned}$$

所以　　$i=14.6\sqrt{2}\sin(\omega t+50°)\text{A}$

也可以用相量图分析，在复平面内做出 $\dot{I}_1$ 和 $\dot{I}_2$，利用平行四边形法则可以做出相量 $\dot{I}$，如图 2-37 所示。

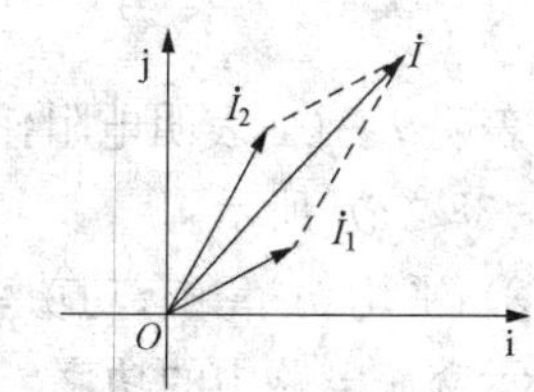

图 2-37　电流向量的求和运算

九、正弦量交流电路中的电阻、电感和电容

直流电流的大小与方向不随时间变化，而交流电流的大小和方向则随时间不断变化。因此，在交流电路中出现的一些现象，与直流电路中的现象不完全相同。如电容器接入直流电路时，电容器被充电，充电结束后，电路处于断路状态。但在交流电路中，由于电压是交变的，因而电容器时而充电时而放电，电路中出现了交变电流，使电路处在导通状态。电感线

圈在直流电路中相当于导线。但在交流电路中由于电流是交变的，所以线圈中有自感电动势产生。电阻在直流电路与交流电路中作用相同，起着限制电流的作用，并把取用的电能转换成热能。

由于交流电路中电流、电压的大小和方向随时间变化，因而分析和计算交流电路时，必须在电路中给电流、电压选定一个参考方向。同一电路中电压和电流的参考方向应一致。若在某一瞬时电压（流）为正值，则表示此时电压（流）的实际方向与参考方向一致；反之，当电压（流）为负值时，则表示此时电压（流）的实际方向与参考方向相反。

1. 纯电阻电路

（1）电阻的电流和电压关系。

将电阻 R 接入如图 2-38（a）所示的交流电路，设交流电压为 $u=U_m\sin(\omega t+\varphi_u)$，则 R 中电流为

$$i=\frac{u}{R}=\frac{U_m}{R}\sin(\omega t+\varphi_u) \tag{2-29}$$

令 $i=I_m\sin(\omega t+\varphi_i)$，则：①电压最大值为 $U_m=RI_m$（有效值 $U=RI$）；②$\varphi_u=\varphi_i+\frac{\pi}{2}$。

这表明，在正弦电压作用下，电阻中通过的电流是一个相同频率的正弦电流，而且与电阻两端电压同相位，画出相量图如 2-38（b）所示。

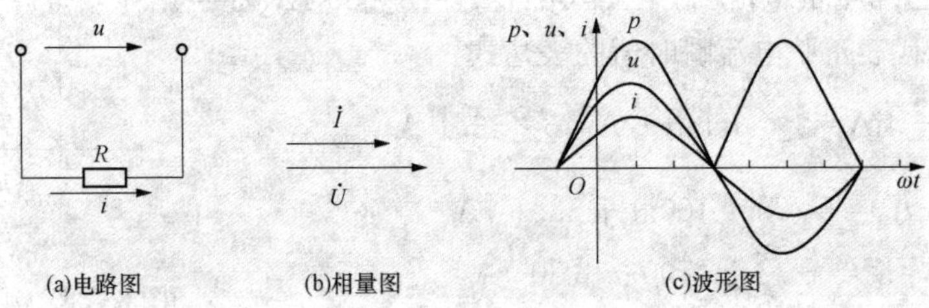

图 2-38　纯电阻电路

电流最大值
$$I_m=\frac{U_m}{R} \tag{2-30}$$

电流有效值
$$I=\frac{U_m}{\sqrt{2}R}=\frac{U}{R} \tag{2-31}$$

（2）电阻电路的功率。

1）瞬时功率。电阻在任一瞬时的功率，称为瞬时功率，按下式计算

$$p=ui=U_mI_m\sin^2\omega t \tag{2-32}$$

上式表明 $p\geqslant0$，表明电阻任一时刻都在向电源取用功率，起负载作用，i、u、p 的波形图如图 2-38（c）所示。

2）平均功率（有功功率）。由于瞬时功率是随时间变化的，为便于计算，常用平均功率来表示交流电路中的功率。平均功率为

$$P=\frac{1}{T}\int_0^T P\mathrm{d}t=\frac{1}{t}\int_0^T U_mI_m\sin^2\omega t\,\mathrm{d}t=\frac{U_mI_m}{2} \tag{2-33}$$

或
$$p=\frac{U_mI_m}{2}=UI=I^2R \tag{2-34}$$

这表明，平均功率等于电压、电流有效值的乘积。平均功率的单位是 W（瓦［特］）。通常白炽灯、电炉等电器所组成的交流电路，可以认为是纯电阻电路。

例 2-15　已知电阻 $R=440\Omega$，将其接在电压 $U=220\text{V}$ 的交流电路上，试求电流 I 和功率 P。

解：电流为 $I=\dfrac{U}{R}=\dfrac{220}{440}\text{A}=0.5\text{A}$；功率为 $P=UI=220\text{V}\times0.5\text{A}=110\text{W}$。

2. 纯电感电路

一个线圈，当它的电阻小到可以忽略不计时，就可以看成是一个纯电感。纯电感电路如图 2-39（a）所示，L 为线圈的电感。

（1）电感的电流和电压关系。

设 L 中流过的电流为 $i=I_m\sin\omega t$。L 上的自感电动势 $e_1=-L\dfrac{\mathrm{d}i}{\mathrm{d}t}$，由图示标定的方向，电压为

$$u_L=-e_L=L\frac{\mathrm{d}i}{\mathrm{d}t}=\omega LI_m\cos\omega t=\omega LI_m\sin\left(\omega t+\frac{\pi}{2}\right) \tag{2-35}$$

令 $u_L=U_m\sin(\omega t+\varphi_u)$，则：

1）电压最大值 $U_m=\omega LI_m$。令 $X_L=\omega L$，则

$$U_m=X_LI_m(U=X_LI)。$$

式中，X_L 为感抗，单位为欧姆（Ω）。与电阻相似，感抗在交流电路中也起阻碍电流的作用。这种阻碍作用与频率有关。当 L 一定时，频率越高，感抗越大。在直流电路中，因频率 $f=0$，其感抗也等于零。所以在直流电路中电感相当于短路。

2）$\varphi_u=\varphi_i+\dfrac{\pi}{2}$。

这表明，纯电感电路中通过正弦电流时，电感两端电压也以同频率的正弦规律变化，而且在相位上超前于电流 π/2 角度。纯电感电路的相量图如图 2-39（b）所示。

（2）电感电路的功率。

1）纯电感电路的瞬时功率 p

$$p=ui=U_m\sin\left(\omega t+\frac{\pi}{2}\right)\cdot I_m\sin\omega t=U_mI_m\cos\omega t\sin\omega t=UI\sin2\omega t$$

瞬时功率 p 的波形图如图 2-39（c）所示。从波形图看出：第 1、3 个 $T/4$ 期间，$p\geqslant0$，表示电感从电源处吸收能量；在第 2、4 个 $T/4$ 期间，$p\leqslant0$，表示电感向电路释放能量。

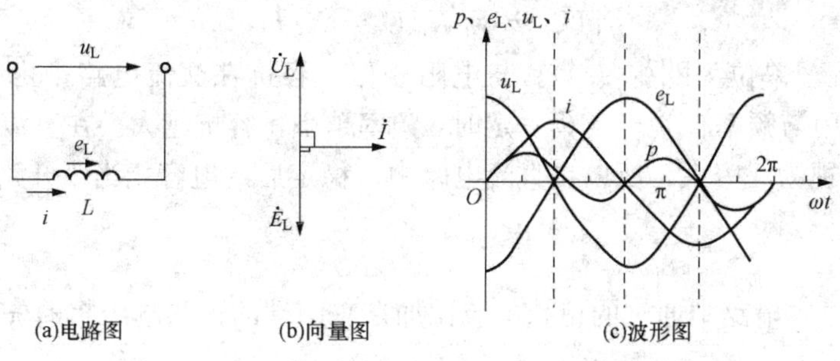

图 2-39　纯电感电路

2）平均功率（有功功率）。

瞬时功率表明，在电流的一个周期内，电感与电源进行两次能量交换，交换功率的平均值为零，即纯电感电路的平均功率为零。

$$p=\frac{1}{T}\int_0^T P\mathrm{d}t=0 \tag{2-36}$$

式（2-36）说明，纯电感线圈在电路中不消耗有功功率，它是一种储存电能的元件。

3）无功功率 Q。

纯电感线圈和电源之间进行能量交换的最大速率，称为纯电感电路的无功功率，用 Q 表示，单位是乏（var）。

$$Q_L=U_L I=I^2X_L \tag{2-37}$$

例 2-16 一个线圈电阻很小，可略去不计，电感 $L=35\text{mH}$。求该线圈在 50Hz 和 1000Hz 的交流电路中的感抗各为多少。若接在 $U=220\text{V}$，$f=50\text{Hz}$ 的交流电路中，电流 I、有功功率 P、无功功率 Q 又是多少？

解： 1）$f=50\text{Hz}$ 时，$X_L=2\pi fL=2\pi\times50\times35\times10^{-3}\Omega\approx11\Omega$；

$f=1000\text{Hz}$ 时，$X_L=2\pi fL=2\pi\times1000\times35\times10^{-3}\Omega\approx220\Omega$。

2）当 $U=220\text{V}$，$f=50\text{Hz}$ 时，

电流 $$I=\frac{U}{X_L}=\frac{220\text{V}}{11\Omega}=20\text{A}$$

有功功率 $$P=0$$

无功功率 $$Q_L=UI=220\text{V}\times20\text{A}=4400\text{var}$$

3. 纯电容电路

电容是由极板和绝缘介质构成的，纯电容电路如图 2-40（a）所示，C 为电容器的电容。

（1）电容的电流和电压关系。

设电容器 C 两端加上电压 $u=U_m\sin\omega t$。由于电压的大小和方向随时间变化，使电容器极板上的电荷量也随之变化，电容器的充、放电过程也不断进行，形成了纯电容电路中的电流。

$$i=\frac{\mathrm{d}q}{\mathrm{d}t}=C\frac{\mathrm{d}u_C}{\mathrm{d}t}=\omega cU_m\sin\left(\omega t+\frac{\pi}{2}\right) \tag{2-38}$$

令 $i=I_m\sin(\omega t+\varphi_i)$，则：

1）电流最大值为：$I_m=\omega CU_m$，令 $X_C=\dfrac{1}{\omega C}$，则

$$U_m=X_CI_m(U=X_CI)$$

式中，X_C 为容抗，单位为欧姆（Ω）。与电阻相似，容抗在交流电路中也起阻碍电流的作用。这种阻碍作用与频率有关。当 C 一定时，频率越小，容抗越大。在直流电路中，因频率 $f=0$，其容抗可视为无穷大，所以在直流电路中，稳定后的电容相当于开路。

2）$\varphi_u=\varphi_i+\dfrac{\pi}{2}$。

这表明，纯电容电路中通过的正弦电流比加在它两端的正弦电压超前 $\pi/2$ 角度，纯电容电路的相量图如图 2-40（b）所示。

（2）电容电路的功率。

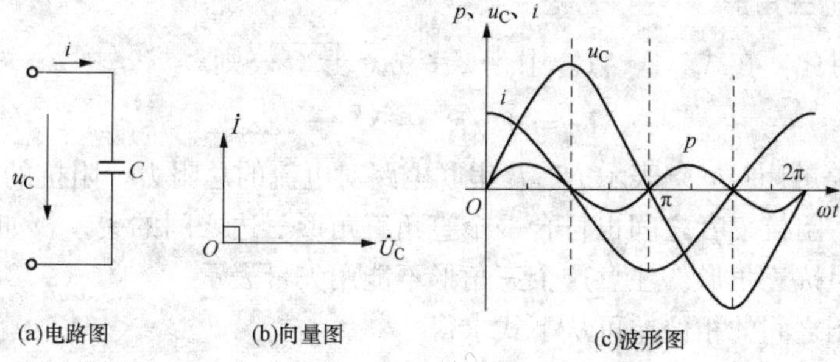

图 2-40 纯电容电路

1）瞬时功率 p

$$p=ui=U_m\sin\omega t\cdot I_m\sin\left(\omega t+\frac{\pi}{2}\right)=U_mI_m\cos\omega t\sin\omega t=UI\sin2\omega t$$

这表明，纯电容电路瞬时功率波形与电感电路的相似，以电路频率的 2 倍按正弦规律变化。电容器也是储能元件，当电容器充电时，它从电源吸收能量；当电容器放电时则将能量送回电源［瞬时功率见图 2-40（c)］。

2）平均功率 $$p=\frac{1}{T}\int_0^T P\mathrm{d}t=0 \tag{2-39}$$

3）无功功率 $$Q_C=U_CI=I^2X_C \tag{2-40}$$

十、电阻、电感的串联电路

在图 2-41 所示的 R、L 串联电路中，设流过电流 $i=I_m\sin\omega t$，则电阻 R 上的电压为$u=U_m\sin\omega t$。电感 L 上的电压为

$$u_L=I_mx_L\sin\left(\omega t+\frac{\pi}{2}\right)=u_m\sin\left(\omega t+\frac{\pi}{2}\right)$$

总电压 u 的瞬时值为 $u=u_R+u_L$。画出该电路电流和各段电压的相量图如图 2-42 所示。

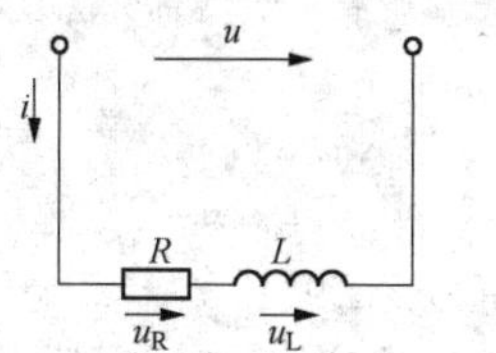

图 2-41 R、L 串联电路

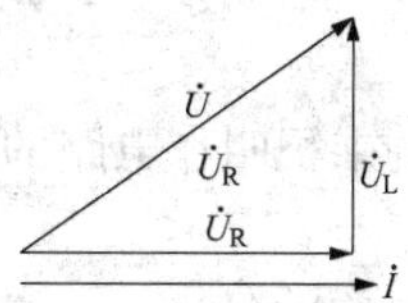

图 2-42 R、L 串联电路的电流和电压相量图

因为通过串联电路各元件的电流是相等的，所以在画相量图时通常把电流相量画在水平方向上，作为参考相量。电阻上的电压与电流同相位，故矢量 $\dot{U}_R$与$\dot{I}$ 同方向；感抗两端电压超前电流 π/2 角度，故矢量 $\dot{U}_L$与$\dot{I}$ 垂直。R 与 L 的合成相量便是总电压 u 的相量。

1. 电压的有效值、电压三角形

电阻上的电压相量、电感上的电压相量与总电压的相量，恰好组成一个直角三角形，此直角三角形叫作电压三角形［图 2-43（a)］。从电压三角形可求出总电压有效值为

$$U=\sqrt{U_R^2+U_L^2}=\sqrt{(IR)^2+(IX_L)^2}=I\sqrt{R^2+X_L^2} \tag{2-41}$$

2. 阻抗、阻抗三角形

和欧姆定律对比，在式（2-41）中令 $Z=\sqrt{R^2+X_L^2}$，则

$$U=I\sqrt{R^2+X_L^2}=IZ \tag{2-42}$$

我们把 Z 称为电路的阻抗，它表示 R、L 串联电路对电流的总阻力，阻抗的单位是 Ω。

电阻、感抗、阻抗三者之间也符合一个直角三角形三边之间的关系，如图 2-43（b）所示，该三角形称阻抗三角形。注意这个三角形不能用矢量表示。

电流与总电压之间的相位差可从下式求得

$$\varphi=\arctan\frac{U_L}{U_R}=\arctan\frac{X_L}{R} \tag{2-43}$$

式（2-43）说明，φ 角的大小取决于电路的电阻 R 和感抗 X_L 的大小，而与电流和电压的量值无关。

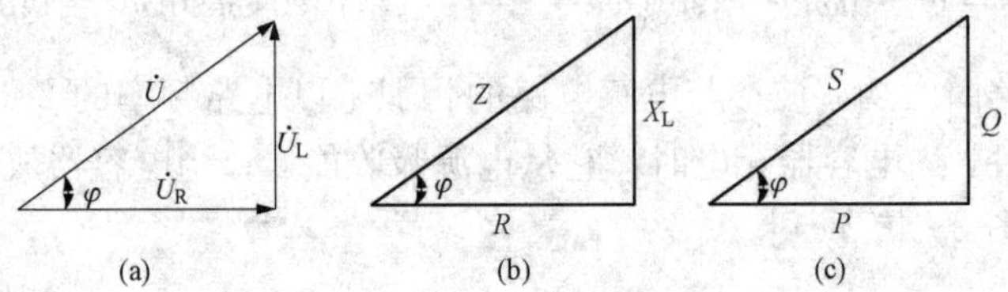

图 2-43　电压、阻抗、功率三角形

3. 功率、功率三角形

（1）有功功率 P。

在交流电路中，电阻消耗的功率叫有功功率。

$$P=I^2R=U_RI=UI\cos\varphi \tag{2-44}$$

式中，$\cos\varphi$ 称为电路功率因数，它是交流电路运行状态的重要数据之一。电路功率因数的大小由负载性质决定。

（2）无功功率 Q。

$$Q=I^2X=U_LI=UI\sin\varphi \tag{2-45}$$

（3）视在功率 S。

总电压 U 和电流 I 的乘积叫作电路的视在功率。

$$S=UI \tag{2-46}$$

视在功率的单位是 V·A（伏安），或 kV·A（千伏安）。在功率表示电器设备（例发电机、变压器等）的容量。根据视在功率的表示式，式（2-45）和式（2-46）还可写成

$$P=S\cos\varphi,\ Q=S\sin\varphi$$

由此可见，S、P、Q 之间的关系也符合一个直角三角形三边的关系，即

$$S=\sqrt{P^2+Q^2} \tag{2-47}$$

由 S、P、Q 组成的这个三角形叫功率三角形［图 2-43（c）］，该三角形可看成是电压三角形各边同乘以电流 I 得到。与阻抗三角形一样，功率三角形也不应画成相量形式。

例 2-17　把电阻 $R=60\Omega$，电感 $L=255\text{mH}$ 的线圈，接入频率 $f=50\text{Hz}$，电压 $U=220\text{V}$ 的交流电路中，分别求出 X_L，I，U_L，U_R，$\cos\varphi$，P，Q，S。

解： 感抗　　$X_L=2\pi fL=2\pi\times50\times255\times10^{-3}\Omega\approx80\Omega$

阻抗 $$Z=\sqrt{R^2+X_L^2}=\sqrt{60^2+80^2}=100\Omega$$

电流 $$I=\frac{U}{Z}=\frac{220V}{100\Omega}=2.2A$$

电阻两端电压 $$U_R=IR=2.2A\times60\Omega=132V$$

电感两端电压 $$U_L=IX_L=2.2A\times80\Omega=196V$$

功率因数 $$\cos\varphi=\frac{R}{Z}=\frac{60}{100}=0.6$$

有功功率 $$P=UI\cos\varphi=220V\times2.2A\times0.6=290.4W$$

无功功率 $$Q=UI\sin\varphi=220V\times2.2A\times0.8=387.2var$$

视在功率 $$S=UI=220V\times2.2A=484V\cdot A$$

十一、电阻、电感、电容串联电路及串联谐振

1. 电路分析

R、L、C 三种元件组成的串联电路如图 2-44 所示。假设电路中流过的正弦电流为 $i=\sqrt{2}I\sin\omega t$，则各元件上对应的电压有效值为：$U_R=IR$，$U_L=IX_L$，$U_C=IX_C$。

端口总电压应为各电压之和，即 $u=u_R+u_L+u_C$。画出电路的相量图，如图 2-45 所示。从相量图中可以得出端口电压 u 的有效值为

$$U=\sqrt{U_R^2+(U_L-U_C)^2}=\sqrt{(IR)^2+(IX_L-IX_C)^2}=I\sqrt{R+(X_L-X_C)^2}$$

令 $Z=\sqrt{R+(X_L-X_C)^2}$，且 $X=X_L-X_C$，其中：Z 称为阻抗，X 称为电抗，单位均为 Ω。则式可改写为 $U=IZ$。

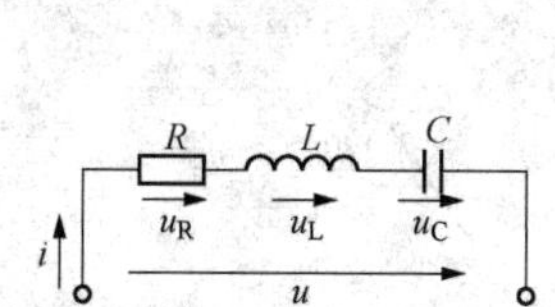

图 2-44　R、L、C 串联电路

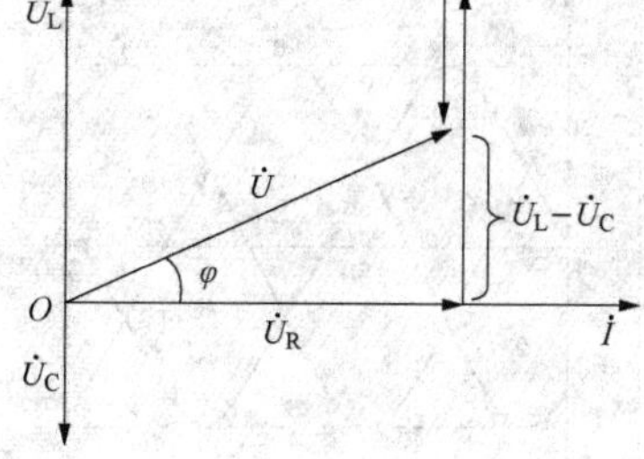

图 2-45　R、L、C 串联电路相量图

端口总电压 u 和 i 的夹角称为阻抗角，用 φ 表示

$$\varphi=\varphi_u-\varphi_i=\arctan\frac{X_L-X_C}{R}=\arctan\frac{X}{R}$$

2. 电路的三种情况

(1) 当 $X_L>X_C$ 时，$\varphi>0$，总电压 u 超前电流 i，电路类似于电感元件的性质，此时电路属感性电路。

(2) 当 $X_L<X_C$ 时，$\varphi<0$，总电压 u 滞后于电流 i，电路类似于电容元件的性质，此时电路属容性电路。

(3) 当 $X_L=X_C$ 时，$\varphi=0$，总电压 u 与电流 i 同相，电路类似于电阻元件的性质，此时电路属容性电路，这种现象又称为串联谐振。

十二、三相交流电路

目前，电能的产生、输送和分配，基本都采用三相交流电路。三相交流电路就是由三个频率相同，最大值相等，相位上互差120°的正弦电动势组成的电路。这样的三个电动势称为三相对称电动势。广泛应用三相交流电路的原因是它具有以下优点：

(1) 在相同体积下，三相发电机输出功率比单相发电机大。

(2) 在输送功率相等、电压相同、输电距离和线路损耗都相同的情况下，三相制输电比单相输电节省输电线材料，输电成本低。

(3) 与单相电动机相比，三相电动机结构简单，价格低廉，性能良好，维护使用方便。

1. 三相交流电动势的产生

如图 2-46 所示，在三相交流发电机中，定子上嵌有三个具有相同匝数和尺寸的绕组AX、BY、CZ。其中A、B、C分别为三个绕组的首端，X、Y、Z分别为绕组的末端。绕组在空间的位置彼此相差120°。当转子恒速旋转时，三相绕组中将感应出三相正弦电动势 e_A、e_B、e_C，分别称作A相电动势、B相电动势和C相电动势。它们的频率相同，振幅相等，相位上互差120°。如果规定三相电动势的正方向是从绕组的末端指向首端。三相电动势的瞬时值为

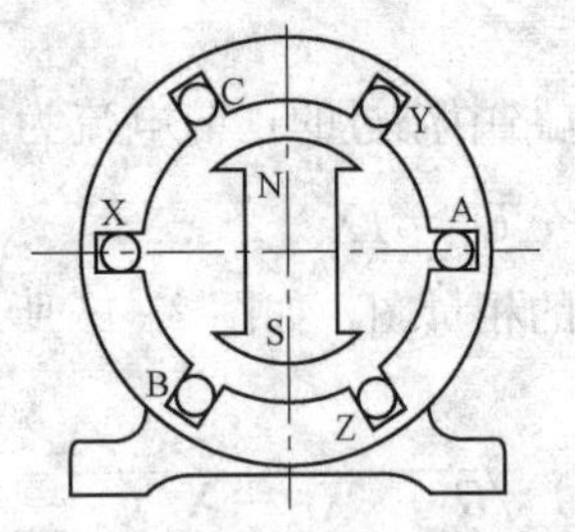

图 2-46 三相发电机结构原理

$$e_A = E_m\sin\omega t；e_B = E_m\sin(\omega t - 120°)；e_C = E_m\sin(\omega t + 120°)$$

三相电动势波形图、矢量图分别如图 2-47 (a)、(b) 所示。由相量图可以看出在任一瞬时，三相对称电动势之和为零，即

$$e_A + e_B + e_C = 0 \quad (2-48)$$

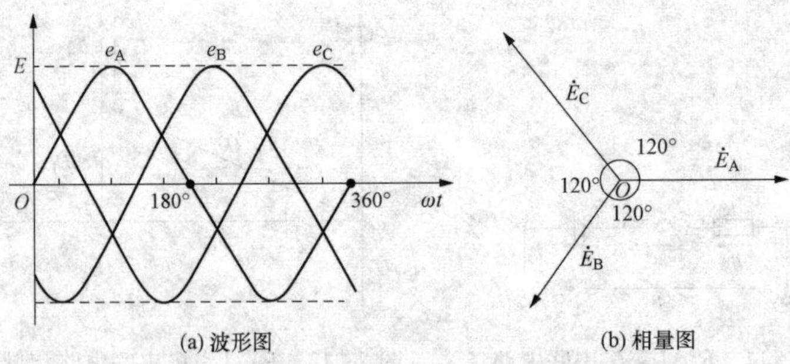

图 2-47 三相对称电动势的波形图、相量图

2. 三相电源的连接

三相发电机的三个绕组连接方式有两种：星形（Y）接法和三角形（△）接法。

(1) 星形（Y）接法。

若将电源的三个绕组末端X、Y、Z连在一点O，而将三个首端作为输出端，如图 2-48 所示，则这种连接方式称为星形接法。在星形接法中，末端的连接点称作中点，中点的引出线称为中线（或零线），三绕组首端的引出线称作端线或相线（俗称火线）。这种从电源引出四根线的

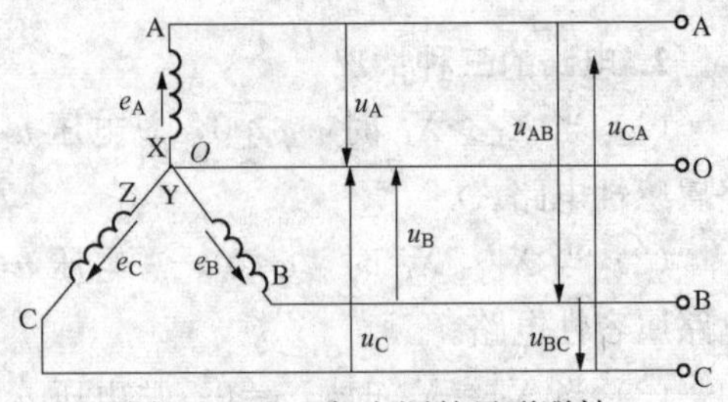

图 2-48 三相电源的星形联结

供电方式称为三相四线制。

在三相四线制中，端线与中线之间的电压 u_A、u_B、u_C 称为相电压，它们的有效值用 U_A、U_B、U_C 或 $U_{相}$ 表示。当忽略电源内阻抗时，$U_A=E_A$，$U_B=E_B$，$U_C=E_C$，且相位上互差 120°电角度，所以三相相电压是对称的。规定 $U_{相}$ 的正方向是从端线指向中线。

在三相四线制中，任意两根相线之间的电压 u_{AB}、u_{BC}、u_{CA} 作线电压，其有效值用 U_{AB}、U_{BC}、U_{CA} 或 $U_{线}$ 表示，规定正方向由脚标字母的先后顺序标明。例如，线电压 u_{AB} 的正方向是由 A 指向 B，书写时顺序不能颠倒，否则相位上相差 180°。

从图 2 - 48 中可得出线电压和相电压之间的关系为

$$u_{AB}=u_A-u_B$$

$$u_{BC}=u_B-u_C$$

$$u_{CA}=u_C-u_A$$

画出相电压和线电压的相量图，如图 2 - 49 所示，由相量图可以算出

$$U_{线}=\sqrt{3}U_{相} \text{ 或 } U_l=\sqrt{3}U_p \qquad (2-49)$$

由此可见，三相四线制供电方式可以提供两种电压，即线电压和相电压。星形联结的三相电源有时只引出三根端线，不引出中线。这种供电方式称作三相三线制。它只能提供线电压，主要在高压输电时采用。

(2) 三相电源的三角形（△）接法。

除了星形联结以外，电源的三个绕组还可以连接成三角形，即把一相绕组的首端与另一相绕组的末端依次连接，再从三个接点处分别引出端线，如图 2 - 50 所示。按这种接法，在三相绕组闭合回路中，有 $e_A+e_B+e_C=0$，所以在回路中无环路电流。若有一相绕组首末端接错，则在三相绕组中将产生很大环流，致使发电机烧毁。

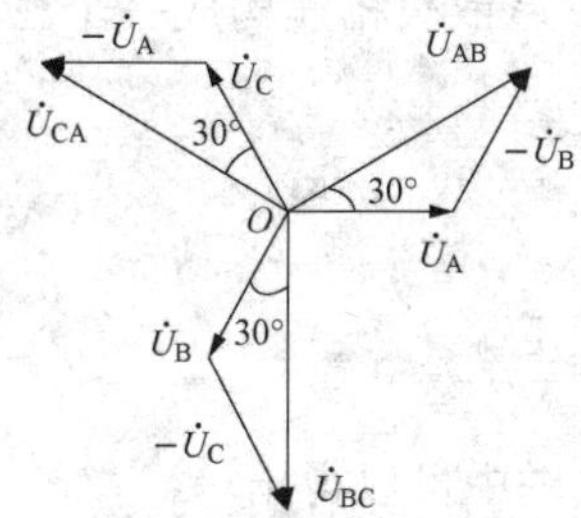

图 2 - 49　星形联结的相电压与线电压的相量图

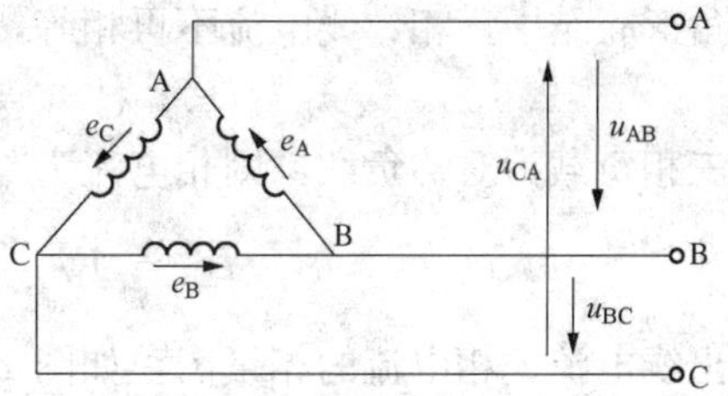

图 2 - 50　三相电源的三角形连接

三相电源的三角形接法只能提供一种形式的电压，发电机绕组很少用三角形接法，但作为三相电源用的三相变压器绕组，星形和三角形两种接法都会用到。

3. 三相负载的连接

(1) 单相负载和三相负载。

用电器按其对供电电源的要求，可分为单相负载和三相负载。工作时只需单相电源供电的用电器称为单相负载，例如照明灯、电视机、小功率电热器、电冰箱等。需要三相电源供电才能正常工作的电器称为三相负载，例如三相异步电动机等。若每相负载的电阻相等、电抗相等，而且性质相同的相负载称为三相对称负载，即

$$Z_A=Z_B=Z_C,\ R_A=R_B=R_C,\ X_A=X_B=X_C$$

否则称为三相不对称负载。三相负载的连接方式也有两种，即星形联结和三角形联结。

(2) 三相负载的星形联结。

三相负载的星形联结如图 2-51 所示。每相负载的末端 x、y、z 接在一点 O′，并与电源中线相连；负载的另外三个端点 a、b、c 分别和三根相线 A、B、C 相连。在三相负载的星形联结中，我们把每相负载中的电流叫相电流 $I_{相}$，每根相线（火线）上的电流叫线电流 $I_{线}$。从图 2-51 所示的三相负载星形联结图可以看出，三相负载星形联结时的特点是：①各相负载承受的电压为对称电源的相电压。②线电流等于负载相电流。

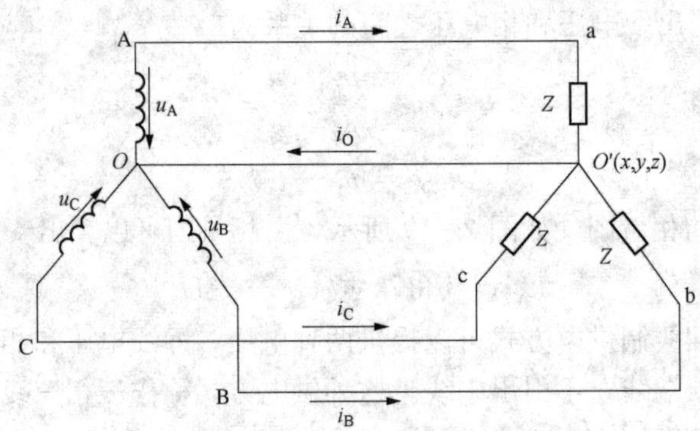

图 2-51　三相负载的星形联结

将三相对称负载在三相对称电源上做星形联结时，三个相电流的有效值为

$$I_A = I_B = I_C = \frac{U_{相}}{Z} = \frac{U_{线}}{\sqrt{3}Z} \tag{2-50}$$

由于三个相电流对称，所以中线电流为零，即 $I_O = I_a + I_b + I_c$。

(3) 三相对称负载的三角形接法。

三相负载的三角形联结如图 2-52 所示，每相负载首尾依次相连构成一个三角形。在负载的三角形联结中，相、线电流不再相等，关系为

$$i_A = i_{AB} - i_{CA};\ i_B = i_{BC} - i_{AB};\ i_C = i_{CA} - i_{BC}$$

若三相负载为对称负载，则相电流为

$$I_{AB} = I_{BC} = I_{CA} = \frac{U_{相}}{Z} = \frac{U_{线}}{Z}$$

做出线电流、相电流的相量图，如图 2-53，从相量图中可以得出

$$I_{线} = \sqrt{3} I_{相} \text{ 或 } I_l = \sqrt{3} I_p \tag{2-51}$$

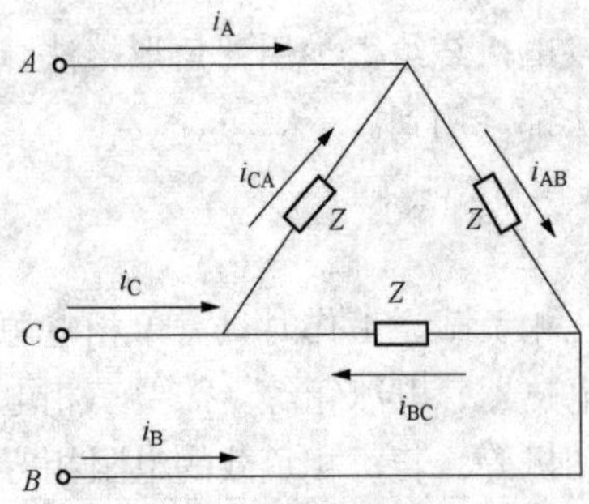

图 2-52　三相负载的三角形联结

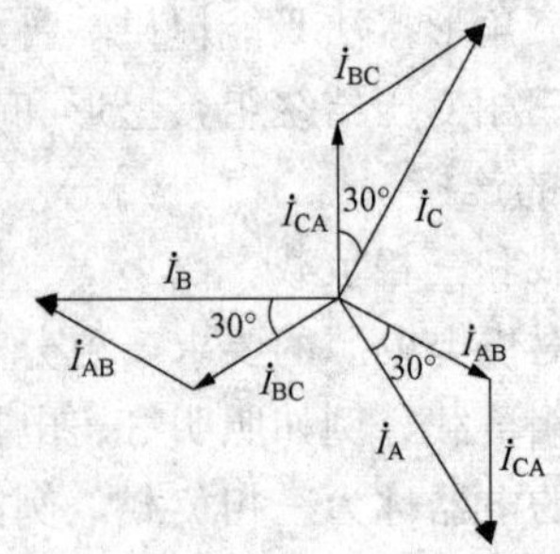

图 2-53　三角形联结中的线电流与相电流的相量图

4. 三相交流电路的功率

三相负载的功率，就等于三个单相负载的功率之和，即

$$P = P_A + P_B + P_C = U_A I_A \cos\varphi_A + U_B I_B \cos\varphi_B + U_C I_C \cos\varphi_C$$

若三相负载为对称负载，则此时的功率为上式还可写为 $P=3U_{相} I_{相} \cos\varphi_{相}$。

由于在三相对称负载的星形接法中，$I_{线}=I_{相}$，$U_{线}=\sqrt{3}U_{相}$，在三相对称负载的三角形接法中，$I_{线}=\sqrt{3}I_{相}$，$U_{线}=U_{相}$，所以上式还可写为

$$P = \sqrt{3}U_{线} I_{线} \cos\varphi_{相} \tag{2-52}$$

模块 3　常用电工工具及仪表的使用

3.1　常用电工工具及仪表任务单

<table>
<tr><td>任务名称</td><td colspan="3">常用电工工具及仪表的使用</td></tr>
<tr><td>任务内容</td><td>要求</td><td>学生完成情况</td><td>自我评价</td></tr>
<tr><td rowspan="3">常用电工工具及仪表的使用</td><td>掌握电工工具的使用</td><td></td><td rowspan="3"></td></tr>
<tr><td>熟练使用万用表、钳形电流表和绝缘电阻表</td><td></td></tr>
<tr><td>能够按要求完成导线的连接</td><td></td></tr>
<tr><td>考核成绩</td><td colspan="3"></td></tr>
<tr><td colspan="4">教学评价</td></tr>
</table>

<table>
<tr><td>教师的理论教学能力</td><td colspan="2">教师的实践教学能力</td><td>教师的教学态度</td></tr>
<tr><td></td><td colspan="2"></td><td></td></tr>
<tr><td>对本任务教学的意见及建议</td><td colspan="3"></td></tr>
</table>

3.2　常用电工工具及仪表介绍

☞ 教与学导航

1. 项目主要内容

(1) 常用电工工具的介绍。

(2) 常用电工仪表介绍。

(3) 常见导线的连接方式。

2. 项目要求

(1) 掌握常用工具、仪表的用法，并能够正确操作。

(2) 掌握导线的连接方式及动作要领，要求学生动手完成实践项目。

3. 教学环境

维修电工实训室。

☞ 讲解内容

3.2.1　安装工具

1. 移动工具台（车）

移动工具车，又称为工具车，是一种用来存储工具且能移动的容器设备，如图3-1所示，主要用于电气安装、电气设备维修及修理厂和大型工厂的流水线等领域。工具车体采用整体式焊接，每个抽屉承载25kg左右，叠加式滚珠滑轨能100％抽出，所有工具一目了然，导轨承重35kg，抽屉配有自锁装置，避免抽屉滑出，中间锁机构，安全可靠。车体左右两侧板有标准挂板孔，可挂置物盒，可方便地放置各种物件，车体右侧一个储物柜，内设一个隔板，可以放置体积较大的物件。采用两个固定脚轮，两个万向脚轮，万向脚轮带有双刹车装置，每个脚轮承重125kg。保证工具车的稳定性。车台面铺有耐油耐冲击的复合板，上面可放置常用工具和零件，桌面承重125kg。

2. 元件柜

元件柜用于各种文件、物料存储使用，降低物流空间，如图3-2所示。

图3-1　工具车样例图

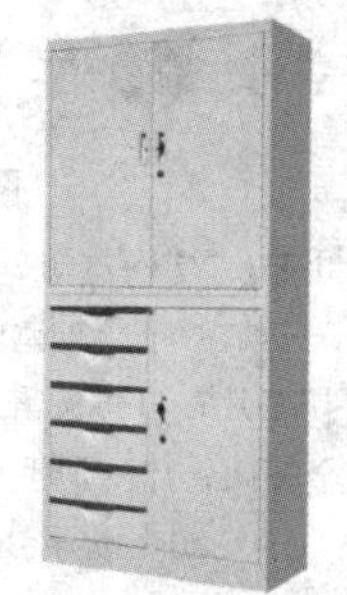

图3-2　元件柜样例图

3. 型材切割机（选配工具）

型材切割机结构详解如图3-3所示。

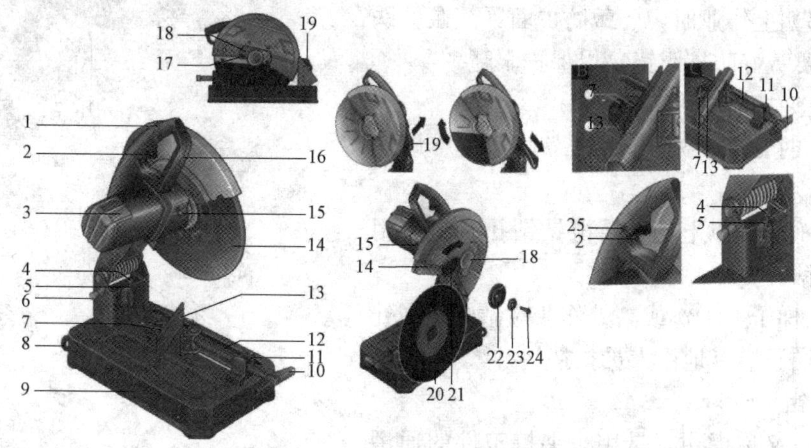

图3-3　型材切割机结构详解图

1—手柄；2—起停开关；3—机臂；4—深度尺；5—深度尺的锁紧螺母；6—搬运固定装置；7—角度挡块螺栓；8—环形扳手；9—底座；10—丝杆柄；11—快速解锁；12—固定丝杆；13—角度挡块；14—活动防护罩；15—主轴锁；16—搬运柄；17—遮盖的蝶翼螺栓；18—盖子；19—提杆；20—切割片；21—主轴；22—固定法兰；23—垫片；24—六角螺栓；25—开关固定锁

4. 角向砂轮机（选配工具）

角向砂轮机结构详解如图 3-4 所示。

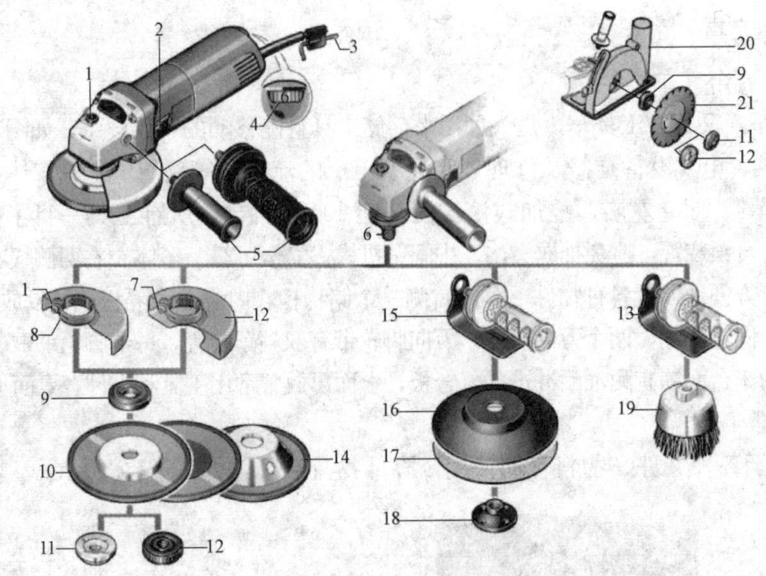

图 3-4　角向砂轮机结构详解图

1—主轴锁定键；2—起停开关；3—内六角扳手；4—设定转速的指拨轮（GWS 8-100 CE/GWS 8-125 CE/GWS 850 CE）；5—辅助手柄；6—主轴；7—防护罩的固定螺栓；8—针对研磨时使用的防护罩；9—含 O 型环的固定法兰；10—研磨/切割片；11—夹紧螺母；12—快速螺母 SDS-clic；13—针对切割时使用的防护罩；14—超合金杯碟；15—护手片；16—橡胶磨盘；17—砂纸；18—圆螺母；19—杯形钢丝刷；20—以导引板切割时所使用的吸尘罩；21—金刚石切割片

5. 手枪钻（选配工具）

（1）结构及功能说明（图 3-5）。

（2）使用电钻时的注意事项。

1）面部朝上作业时，要戴防护面罩。在生铁铸件上钻孔要戴好防护眼镜，以保护眼睛。

2）钻头夹持器应妥善安装。

3）作业时钻头处在灼热状态，应注意灼伤肌肤。

4）钻 ϕ12mm 以上的手持电钻钻孔时应使用有侧柄手枪钻。

5）站在梯子上工作或高处作业应做好防高处坠落措施，梯子应有地面人员扶持。

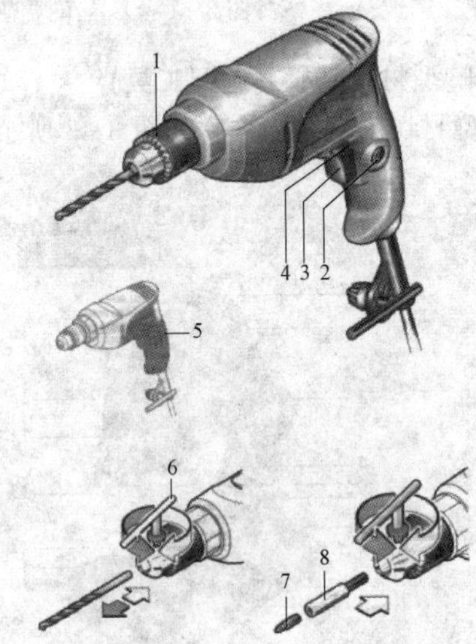

图 3-5　手枪钻结构详解图

1—齿环夹头；2—起停开关的锁紧键；3—起停开关；4—正逆转开关；5—手柄（绝缘握柄）；6—夹头扳手；7—螺栓批嘴；8—通用批嘴连杆

6. 台虎钳

台虎钳，又称虎钳，是用来夹持工件的通用夹具，如图 3-6 所示。装置在工作台上，用以夹稳加工工件，为钳工车间必备工具。常用的台虎钳有固定式和回转式两种，回转式的钳体可旋转，使工件旋转到合适的工作位置。

台虎钳是由钳体、底座、导螺母、丝杠、钳口体等组成，如图3-7所示。活动钳身通过导轨与固定钳身的导轨做滑动配合。丝杠装在活动钳身上，可以旋转，但不能轴向移动，并与安装在固定钳身内的丝杠螺母配合。当摇动手柄使丝杠旋转，就可以带动活动钳身相对于固定钳身做轴向移动，起夹紧或放松的作用。弹簧借助挡圈和开口销固定在丝杠上，其作用是当放松丝杠时，可使活动钳身及时地退出。在固定钳身和活动钳身上，各装有钢制钳口，并用螺钉固定。钳口的工作面上制有交叉的网纹，使工件夹紧后不易产生滑动。钳口经过热处理淬硬，具有较好的耐磨性。固定钳身装在转座上，并能绕转座轴心线转动，当转到要求的方向时，扳动夹紧手柄使夹紧螺钉旋紧，便可在夹紧盘的作用下把固定钳身固紧。转座上有三个螺栓孔，用以与钳台固定。

图3-6 台虎钳样例图

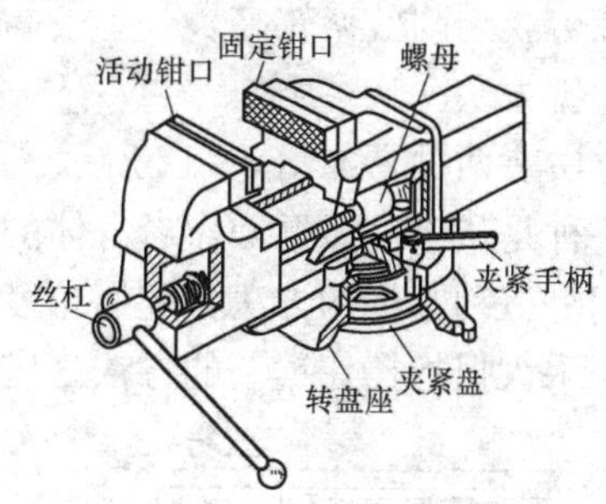

图3-7 台虎钳结构详解图

7. 手锯（手锯弓）

锯削常用的工具是手锯，手锯由锯弓和锯条组成，锯弓可分为固定式和可调式两种，图3-8为常用可调式锯弓，手锯结构详解图和锯齿形状如图3-9和图3-10所示。锯条由碳素工具钢制成，并经淬火和低温退火处理。锯条规格用锯条两端安装孔之间的距离表示。

常用的锯条约长300mm、宽12mm、厚0.8mm。锯条的锯齿按齿距t大小可分为粗齿（t=1.6mm）、中齿（t=1.2mm）及细齿（t=0.8mm）三种。锯齿的粗细应根据加工材料的硬度和厚薄来选择。锯削铝、铜等软材料或厚材料时，应选用粗齿锯条；锯硬钢、薄板及薄壁管子时，应该选用细齿锯条；锯削软钢、铸铁及中等厚度的工件则多用中齿锯条。锯削薄材料时至少要保证2～3个锯齿同时工作。

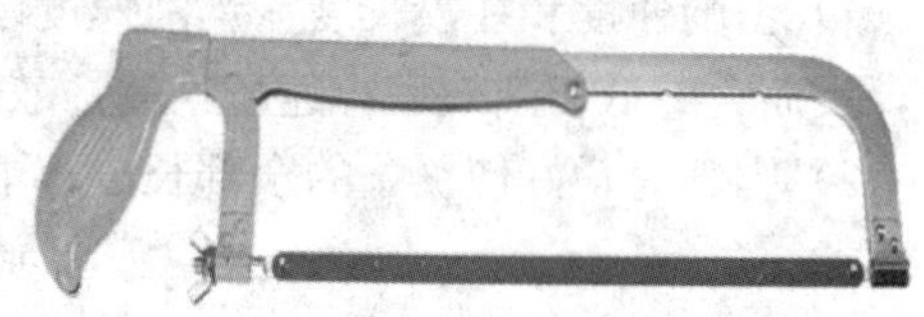

图3-8 常用可调式锯弓样例图

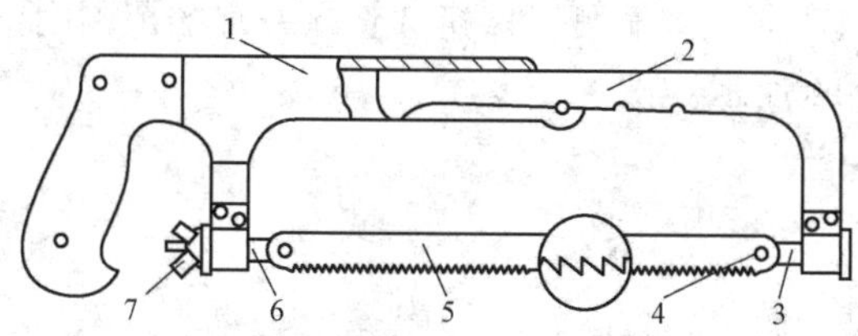

图3-9 手锯结构详解图

1—固定部分；2—可调部分；3—固定拉杆；4—削子；5—锯条；6—活动拉杆；7—蝶形螺母

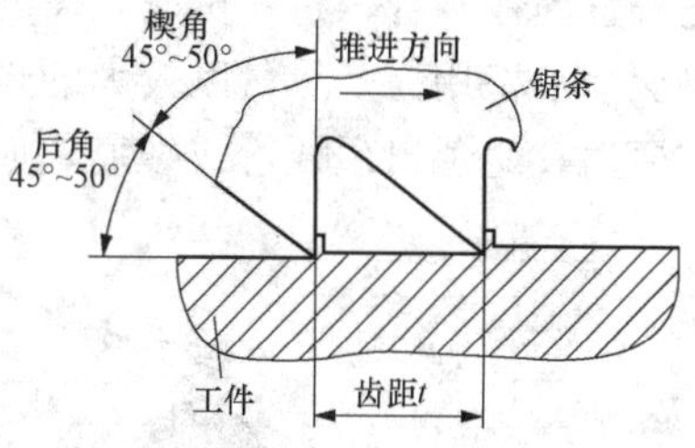

图3-10 锯齿形状图

(1) 锯削基本操作。

1) 锯条安装根据工件材料及厚度选择合适的锯条，安装在锯弓上。锯齿应向前，松紧应适当，一般用两个手指的力能旋紧为止。锯条安装好后，不能有歪斜和扭曲，否则锯削时易折断。

2) 工件安装工件伸出钳口不应过长，防止锯削时产生振动。锯线应和钳口边缘平行，并夹在台虎钳的左边，以便操作。工件要夹紧，并应防止变形或夹坏已加工表面。

3) 锯削姿势与握锯锯削时站立姿势：身体正前方与台虎钳中心线成大约45°角，右脚与台虎钳中心线成75°角，左脚与台虎钳中心线成30°角。握锯时右手握柄，左手扶弓，如图3-11所示。推力和压力的大小主要由右手掌握，左手压力不要太大。

4) 锯削的姿势有两种，一种是直线往复运动，适用于锯薄形工件和直槽；另一种是摆动式，锯割时锯弓两端做类似锉外圆弧面时的锉刀摆动一样。这种操作方式，两手动作自然，不易疲劳，切削效率较高。

(2) 起锯方法。

起锯方法有两种，如图3-12所示。一种是从工件远离操作者身体的一端起锯，称为远起锯；另一种是从工件靠近操作者身体的一端起锯，称为近起锯。一般情况下采用远起锯较好。无论用哪一种起锯的方法，起锯角度都不要超过15°。为使起锯的位置准确和平稳，起锯时可用左手大拇指挡住锯条的方法来定位。

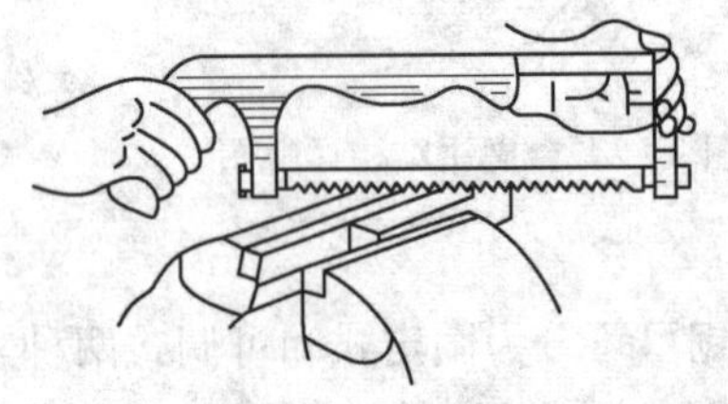

图3-11 手锯的握法

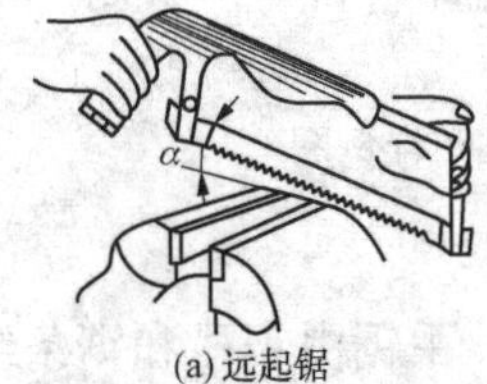

(a) 远起锯

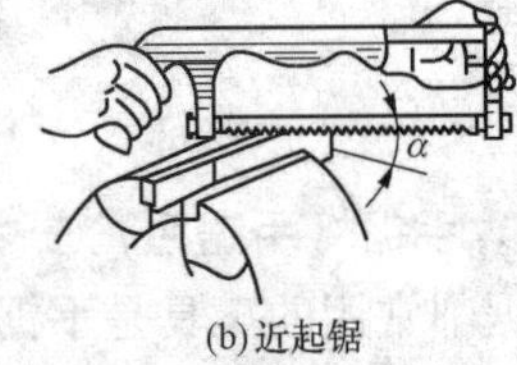

(b) 近起锯

图3-12 起锯方法

1) 锯削速度和往复长度：锯削速度以每分钟往复20～40次为宜；速度过快锯条容易磨钝，反而会降低切削效率；速度太慢，效率不高。

2) 锯削时最好使锯条的全部长度都能进行锯割，一般锯弓的往复长度不应小于锯条长度的2/3。

8. 弯管器

弯管器就是弯曲圆管的专用工具，如图3-13所示。弯管器的使用方法是把PVC/金属管（部分管需要）先放入带导槽的固定轮与固定杆之间，然后用活动杆的导槽导住圆管，用固定杆紧固住圆管，将弹簧放入需要弯曲的圆管部位，活动杆柄顺时针方向平稳转动。操作时要缓慢平稳用力，尽量以较大的半径加以弯曲，弹簧可以保持圆管在一定的范围内铜管不会被弯扁，避免出现死弯或裂痕，如图3-14所示。

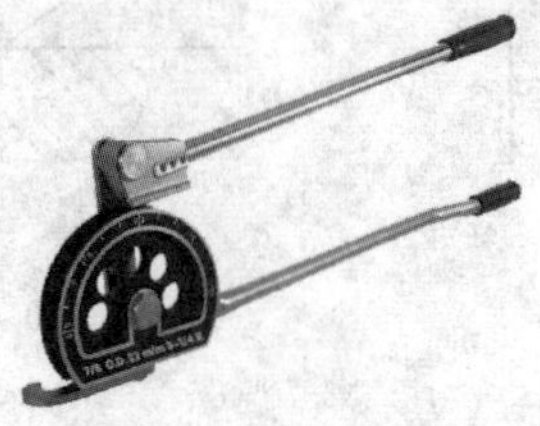

图3-13 弯管器样例图

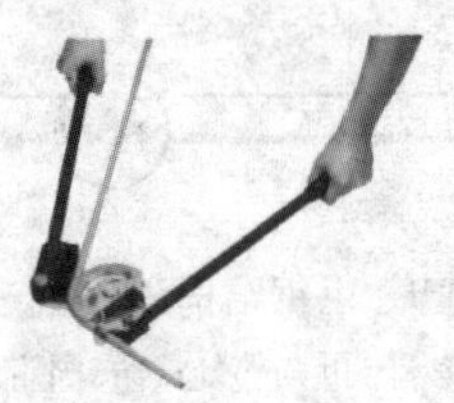

图3-14 弯管器使用示范

9. 人字梯

人字梯样例如图 3 - 15 所示，使用示范如图 3 - 16 所示。

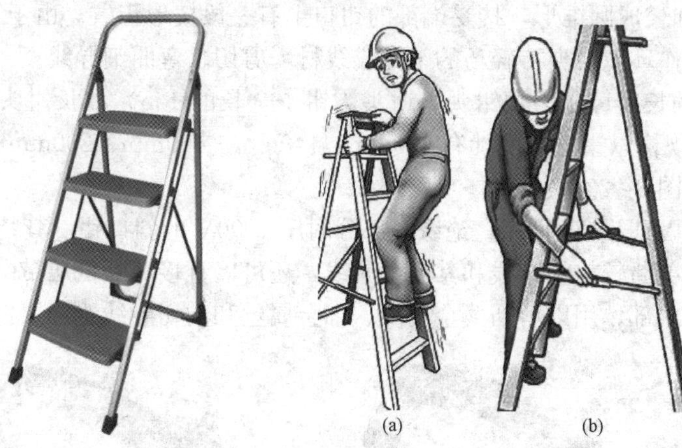

图 3 - 15　人字梯样例图　　图 3 - 16　人字梯使用示范图

10. 工具腰包

工具腰包（图 3 - 17）的作用是在配电作业时、登高作业时佩戴于腰部，用于各种工具器材的携带，便于工作环境下使用。

（1）木柄羊角锤（图 3 - 18）。

羊角锤应用杠杆原理，一头可用来拔钉子，另一头用来敲钉子，属敲击类工具。

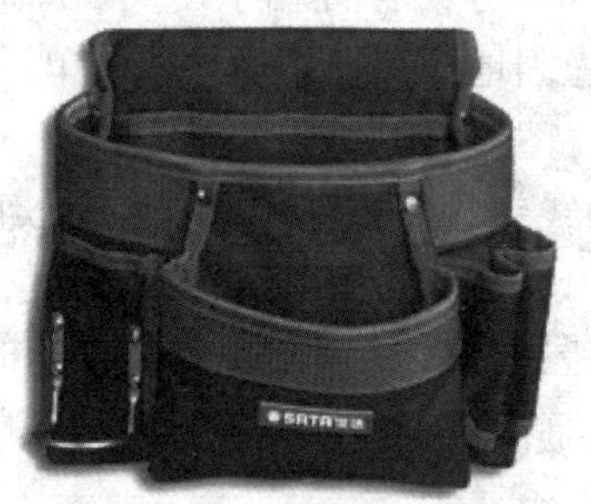

图 3 - 17　工具腰包样例图片

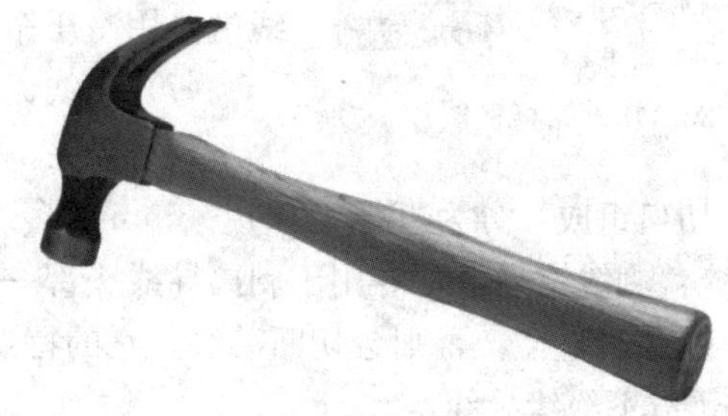

图 3 - 18　木柄羊角锤样例图片

（2）六角扳手（图 3 - 19）。

六角扳手用于装拆大型六角螺钉或螺母，外线电工可用它装卸铁塔之类的钢架结构。

（3）钢丝钳（图 3 - 20）。

钢丝钳是经过 VDE 认证程序，绝缘套耐压 1000V 的钢丝钳，是夹持或折断金属薄板以及切断金属丝（导线）。

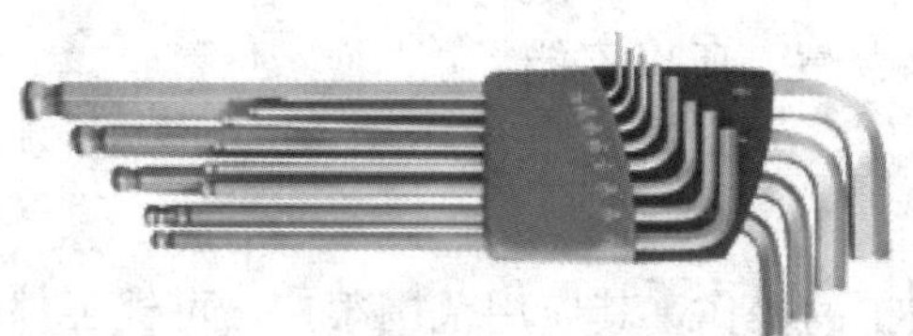

图 3 - 19　六角扳手样例图片

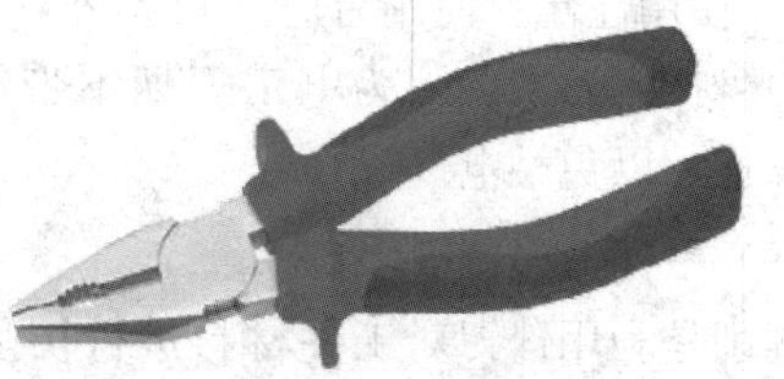

图 3 - 20　钢丝钳样例图片

(4) 尖嘴钳(图 3-21)。

1) 尖嘴钳是经过 VDE 认证程序,绝缘套耐压 1000V 的尖嘴钳。

2) 尖嘴头部细长成圆锥形,接受端部的钳口上有一段棱形齿纹,由于它的头部尖而长,适合在较窄小的工作环境中夹持轻巧的工件或线材,剪切、弯曲细导线。

3) 根据钳头的长度可分为短钳头(钳头为钳子全长的 1/5)和长钳头(钳头为钳子全长的 2/5)两种。规格以钳身长度计有 125mm、140mm、160mm、200mm 四种。

(5) 斜口钳(图 3-22)。

斜口钳是经过 VDE 认证程序,绝缘套部分耐压 1000V 的斜口钳。其特点为剪切口与钳柄成一角度,用以剪断较粗的导线和其他金属线,还可以直接剪断低压带电导线。在工作场所比较狭窄和设备内部,用以剪切薄金属片、细金属丝和剖切导线绝缘层。

图 3-21 尖嘴钳样例图片

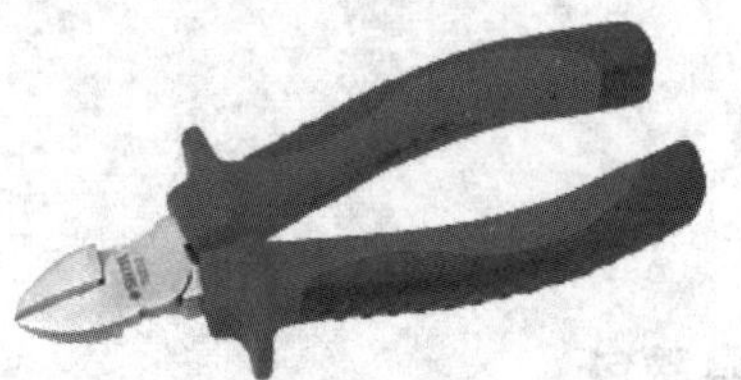

图 3-22 斜口钳样例图片

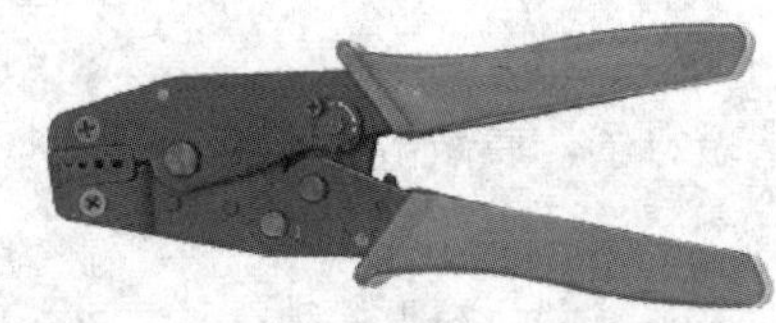

图 3-23 压著钳样例图片

(6) 压著钳(图 3-23)。

压著钳主要用于各种端子的压接。压力调整旋钮可调整张开钳口尺寸,方便各种端子使用。将铜质裸压接线端头用冷压钳稳固地压接在多股导线或单股导线上。

(7) 剥线钳(图 3-24)。

1) 结构:剥线钳由钳头和手柄两部分组成,钳头由压线钳和切口组成,分为直径为 0.5~3mm 的多个切口,以适用不同规格线芯的剥削。

2) 功能:剥线钳是电工专用于剥离导线头部一段表面绝缘层的工具。使用时切口大小应略大于导线芯线直径,否则会切断芯线。它的特点是使用方便。剥离绝缘层不伤线芯,适用芯线 6mm^{2}以下绝缘导线。

3) 使用注意不允许带电剥线。

(8) 电工刀(图 3-25)。

1) 结构:电工刀也是电工常用的工具之一,是一种切削工具。

2) 功能:主要用于剥削导线绝缘层、剥削木榫、电工材料的切割等。

3) 使用注意:使用时应刀口朝外,以免伤手。用毕,随即把刀身折入刀柄。因为电工刀柄不带绝缘装置,所以不能带电操作,以免触电。

图 3-24 剥线钳样例图片

(9) 平锉刀(图 3-26)。

锉削是利用锉刀对工件材料进行切削加工的操作,其应用范围很广,可锉工件的外表面、内孔、沟槽和各种形状复杂的表面。

1）锉刀种类［图 3-27（a)］。

普通锉：按断面形状不同分为五种，即平锉、方锉、圆锉、三角锉、半圆锉。

整形锉：用于修整工件上的细小部位。

特种锉：用于加工特殊表面。

2）选择锉刀。

根据加工余量选择：若加工余量大，则选用粗锉刀或大型锉刀；反之则选用细锉刀或小型锉刀；

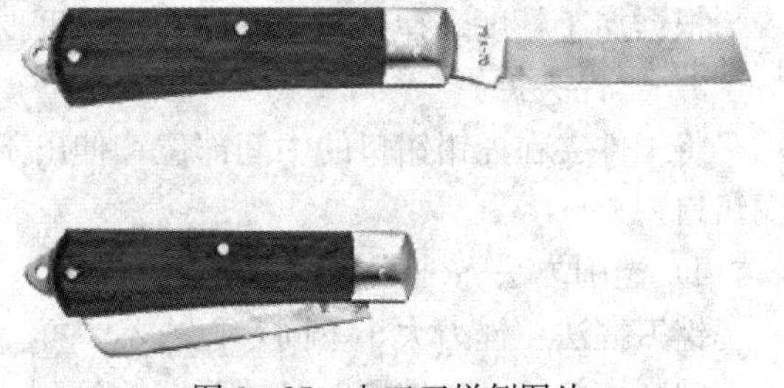

图 3-25　电工刀样例图片

图 3-26　平锉刀样例图

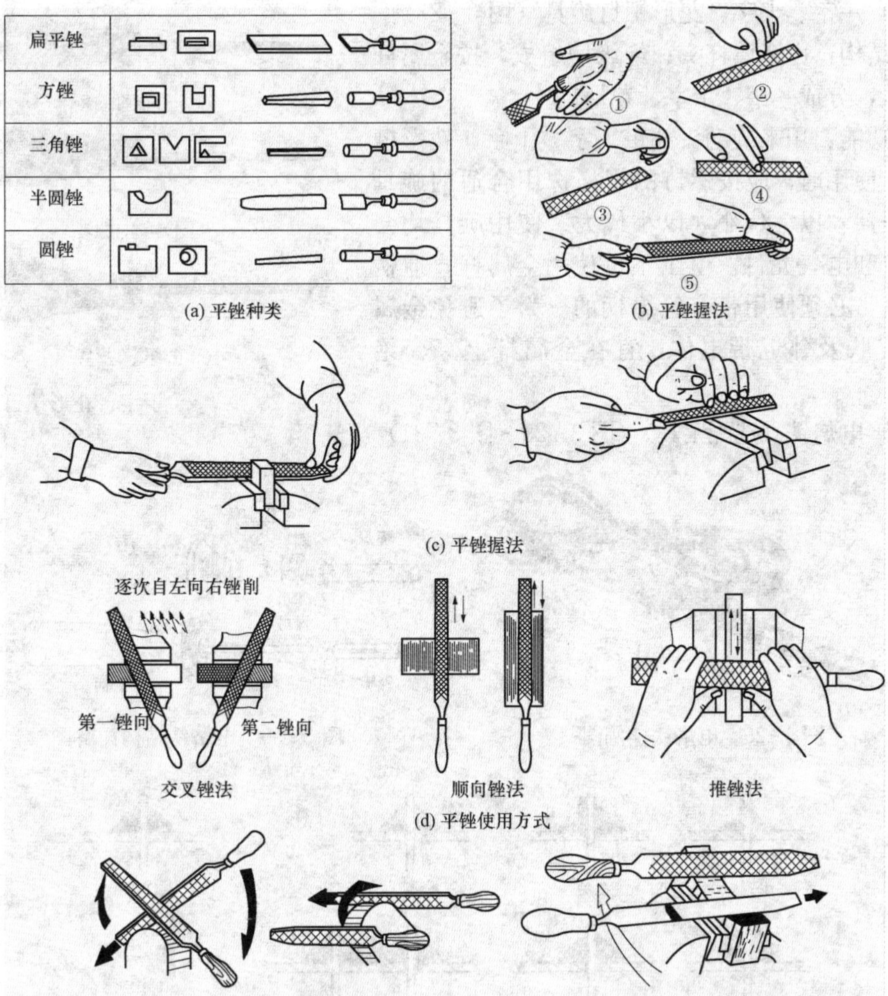

扁平锉
方锉
三角锉
半圆锉
圆锉

(a) 平锉种类

① ② ③ ④ ⑤

(b) 平锉握法

(c) 平锉握法

逐次自左向右锉削

第一锉向

第二锉向

交叉锉法

顺向锉法

推锉法

(d) 平锉使用方式

(e) 圆形材料的挫法

(f) 柱体材料的挫法

图 3-27　平锉刀的种类及用法

根据加工精度选择：若工件的加工精度要求较高，则选用细锉刀，反之则用粗锉刀。

3）工件夹持。

将工件夹在虎钳钳口的中间部位，伸出不能太高，否则易振动，若表面已加工过，则垫铜钳口。

4）锉削方法。

锉刀握法：锉刀大小不同，握法不一样。较大型锉刀的握法。

锉削姿势：开始锉削时身体要向前倾斜10°左右，左肘弯曲，右肘向后。锉刀推出1/3行程时身体向前倾斜15°左右，此时左腿稍直，右臂向前推，推到2/3时，身体倾斜到18°左右，最后左腿继续弯曲，右肘渐直，右臂向前使锉刀继续推进至尽头，身体随锉刀的反作用方向回到15°位置。

锉削力的运用：锉削时有两个力，一个是推力，一个是压力，其中推力由右手控制，压力由两手控制，而且，在锉削中，要保证锉刀前后两端所受的力矩相等，即随着锉刀的推进左手所加的压力由大变小，右手的压力由小变大，否则锉刀不稳易摆动。

（10）一字、十字、花形螺钉旋具（图3-28）。

1）结构：由金属杆头和绝缘柄组成，按金属杆头部形状，分成一字、十字、花形。

2）功能：用来旋动头部带一字、十字、花形槽的螺钉。使用时，应按螺钉的规格选用合适的旋具刀口。任何“以大代小，以小代大”使用旋具均会损坏螺钉和电气元件。电工不可使用金属杆直通柄根的旋具，必须使用带有绝缘柄的。为了避免金属杆触及皮肤及邻近带电体，宜在金属杆上穿套绝缘管。

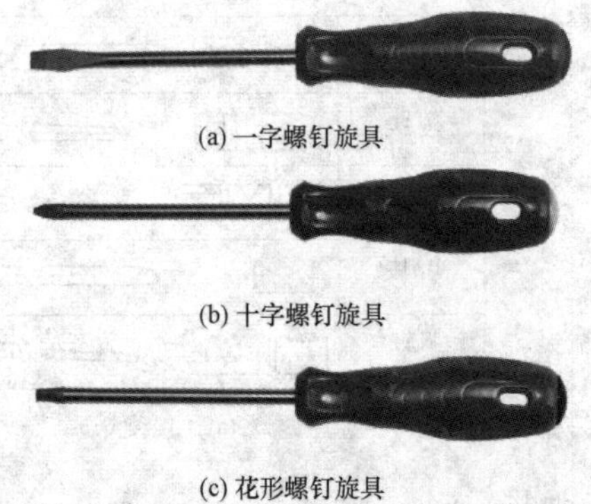

(a) 一字螺钉旋具

(b) 十字螺钉旋具

(c) 花形螺钉旋具

图3-28　一字、十字、花形螺钉旋具图

（11）电烙铁（选配工具）（图3-29～图3-31）。

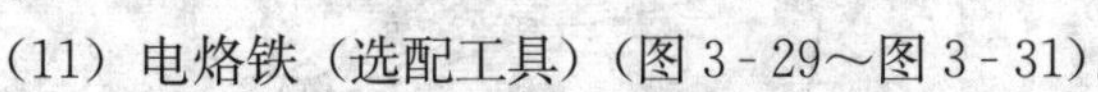

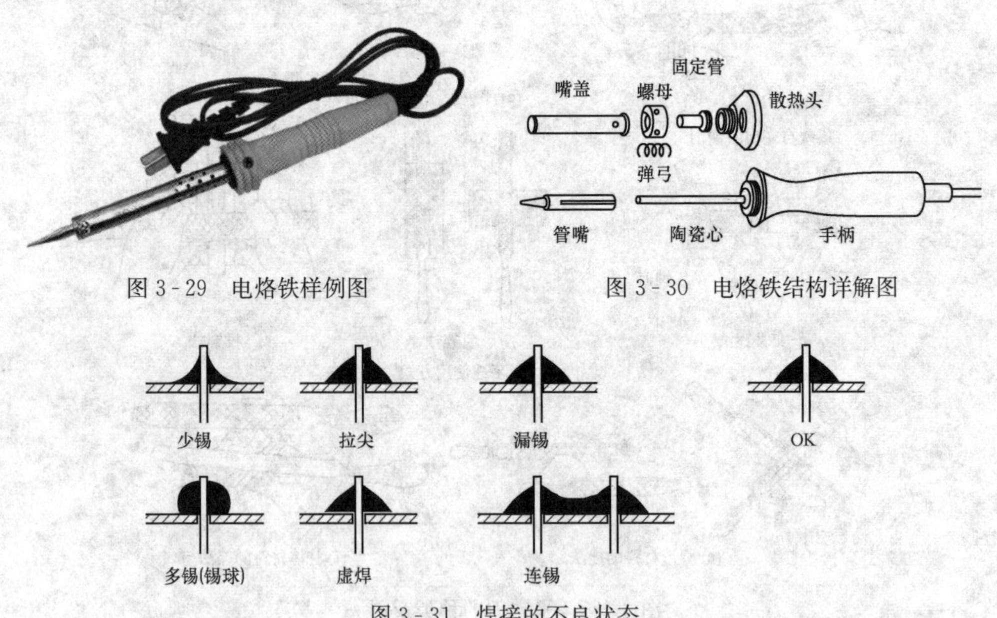

图3-29　电烙铁样例图

图3-30　电烙铁结构详解图

图3-31　焊接的不良状态

（12）吸锡器（图3-32和图3-33）。

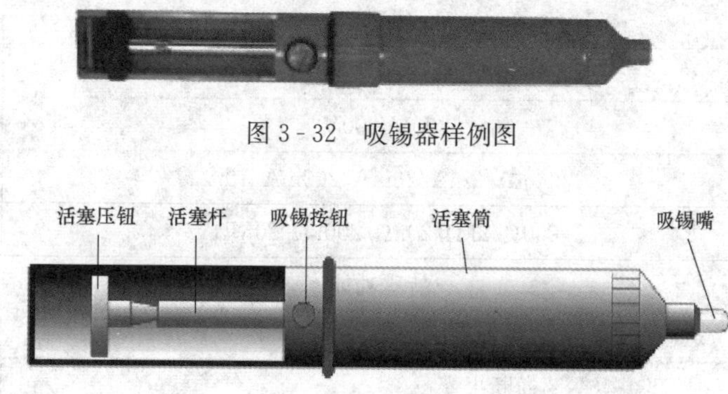

图3-32　吸锡器样例图

图3-33　结构详解图

吸锡器是常用的拆焊工具，使用方便、价格适中。吸锡器如图3-30所示，实际是一个小型手动空气泵，压下吸锡器的压杆，就排除了吸锡器腔内的空气；释放吸锡器压杆的锁钮，弹簧推动压杆迅速回到原位，在吸锡器腔内形成空气的负压力，就能够把熔融的焊料吸走。在电烙铁加热的帮助下，用吸锡器很容易拆焊电路板上的元件。

（13）活动扳手（图3-34）。

1）结构。它由头部和柄部组成。头部由定唇、活动唇、蜗轮、轴销和手柄组成。旋动蜗轮可调节扳口的大小，以便在它规格范围内适应不同大小螺母的使用，其结构如图3-35所示。

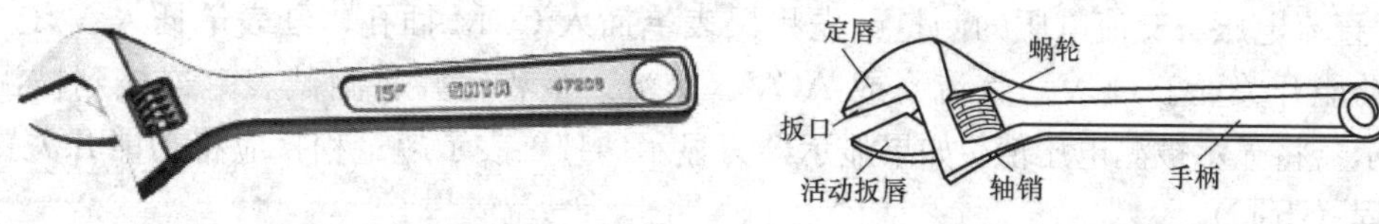

图3-34　吸锡器样例图

图3-35　结构详解图

2）功能及使用。活扳手是用来紧固和装拆旋转六角或方角螺钉、螺母的一种专用工具。使用活扳手时，应按螺母大小选择适当规格的活扳手。扳大螺母时，常用较大力矩，所以手应握在手柄尾部，以加大力矩，利于扳动；扳小螺母时，需要的力矩不大，但容易打滑，手可握在靠近头部的位置，可用拇指调节和稳定螺杆。

3.2.2　测量工具

1. VC830L万用表

（1）外观小巧精致美观，手感舒适。

（2）大屏幕显示，字迹清楚。

（3）抗干扰能力强。

（4）全保护功能，防高压打火电路设计。

（5）基本功能。

VC830L万用表外形图如图3-36所示，其基本功能见表3-1。

图3-36　VC830L万用表外形图

表 3-1　　　　VC830L 万用表基本功能

基本功能	量程	基本准确度
直流电压	200mV/2V/20V/200V/600V	±（0.5%+4）
交流电压	200V/600V	±（1.2%+10）
直流电流	200μA/2mA/20mA/200mA/10A	±（1.5%+3）
电阻	200Ω/2kΩ/20kΩ/200kΩ/20MΩ	±（0.8%+5）
特殊功能		
	二极管测试	√
	通断报警	√
	低电压显示	√
	输入阻抗	10MΩ
	采样频率	3 次/s
	交流频响	（40～400）Hz
	操作方式	手动量程
	最大显示	1999
	液晶尺寸	57mm×33mm
	电源	9V（6F22）

1）直流电压、交流电压的测量：先将黑表笔插入 COM 插孔，红表笔插入 V/Ω 插孔，然后将功能开关置于 DCV（直流）或 ACV（交流）量程，并将测试表笔连接到被测源两端，显示器将显示被测电压值。如果显示器只显示"1"，表示超量程，应将功能开关置于更高的量程（下同）。

2）直流电流的测量 ：先将黑表笔插入 COM 插孔，红表笔插入 10A 孔。再将功能开关置于 DCA 量程，将测试表笔串联接入被测电路，显示器即显示被测电流值。

3）电阻的测量：先将黑表笔插入 COM 插孔，红表笔插入 V/Ω 插孔（注意：红表笔极性此时为"+"，与指针式万用表相反），然后将功能开关置于 OHM 量程，将两表笔连接到被测电路上，显示器将显示出被测电阻值。

4）二极管的测试：先将黑表笔插入 COM 插孔，红表笔插入 V/Ω 插孔，然后将功能开关置于二极管挡，将两表笔连接到被测二极管两端，显示器将显示二极管正向压降的电压值。当二极管反向时则过载。根据万用表的显示，可检查二极管的质量及鉴别所测量的管子是硅管还是锗管。

测量结果若在 1V 以下，红表笔所接为二极管正极，黑表笔为负极。

测量显示为 550～700mV 者为硅管；150～300mV 者为锗管。

如果两个方向均显示超量程，则二极管开路；若两个方向均显示"0"V，则二极管击穿、短路。

5）晶体管放大系数 h_{FE} 的测试：将功能开关置于 h_{FE} 挡，然后确定晶体管是 NPN 型还是 PNP 型，并将发射极、基极、集电极分别插入相应的插孔。此时，显示器将显示出晶体

管的放大系数 h_{FE} 值。

基极判别：将红表笔接某极，黑表笔分别接其他两极，若都出现超量程或电压都小，则红表笔所接为基极；若一个超量程，一个电压小，则红表笔所接不是基极，应换脚重测。

管型判别：在上面测量中，若显示都超量程，为 PNP 管；若电压都小（0.5～0.7V），则为 NPN 管。

6）集电极、发射极判别：用 h_{FE} 挡判别。在已知管子类型的情况下（此处设为 NPN 管），将基极插入 B 孔，其他两极分别插入 C、E 孔。若结果为 $h_{FE}=1\sim10$（或十几），则三极管接反了；若 $h_{FE}=10\sim100$（或更大），则接法正确。

7）带声响的通断测试：先将黑表笔插入 COM 插孔，红表笔插入 V/Ω 插孔，然后将功能开关置于通断测试挡（与二极管测试量程相同），将测试表笔连接到被测导体两端。如果表笔之间的阻值低于 30Ω，蜂鸣器会发出声音。

2. ZC25-3 绝缘电阻表（0～500V）（选配工具）

绝缘电阻表是一种测量电器设备及电路绝缘电阻的仪表。

（1）结构和工作原理。

绝缘电阻表外形如图 3-37（a）所示，主要包括三个部分：手摇直流发电机（或交流发电机加整流器）、磁电式流比计和接线桩（L、E、G），其工作原理可用图 3-37（b）来说明。

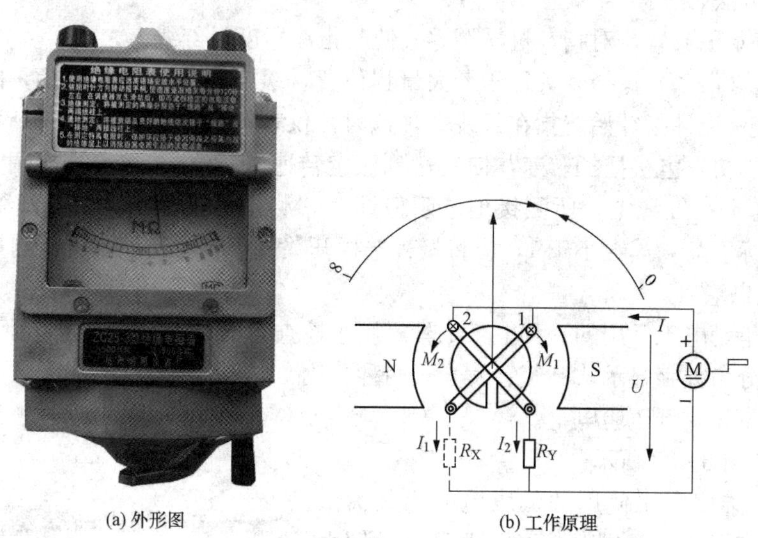

(a) 外形图　　(b) 工作原理

图 3-37　ZC25-3 绝缘电阻表（0～500V）外形图

（2）测量前的检查。

1）检查绝缘电阻表是否正常。

2）检查被测电气设备和电路，看是否已切断电源。

3）测量前应对设备和线路进行放电，减少测量误差。

（3）使用方法。

1）将绝缘电阻表水平放置在平稳牢固的地方。

2）正确连接线路。

3）摇动手柄，转速控制在120r/min左右，允许有±20%的变化，但不得超过25%。摇动一分钟后，待指针稳定下来再读数。

4）绝缘电阻表未停止转动前，切勿用手触及设备的测量部分或绝缘电阻表接线桩。

5）禁止在雷电时或附近有高压导体的设备上测量绝缘。

6）应定期校验，检查其测量误差是否在允许范围以内。

（4）选用绝缘电阻表主要考虑它的输出电压及测量范围（见表3-2）。

表3-2　　绝缘电阻表的输出电压及测量范围

被测对象	被测设备或线路额定电压/V	选用的绝缘电阻表/V
线圈的绝缘电阻	500V以下	500
	500V以上	1000
电机绕组绝缘电阻	500V以下	1000
变压器绕组绝缘电阻	500V以上	1000～2500
电器设备和电路绝缘	500V以下	500～1000
	500V以上	2500～5000

（5）测量方法。

1）将仪表水平放置，对指针机械调零，使其指在标度尺红线上。

2）将量程（倍率）选择开关置于最大量程位置，缓慢摇动发电机摇柄，同时调整“测量标度盘”，使检流计指针始终指在红线上，这时，仪表内部电路工作在平衡状态。当指针接近红线时，加快发电机摇柄转速，使其达到额定转速（120r/min），再次调节“测量标度盘”，使指针稳定在红线上，所测接地电阻值即为“测量标度盘”读数（R_P）乘以倍率标度。若“测量标度盘”读数小于1，应将量程选择开关置于较小一挡，重新测量。

3. 低压验电笔

低压验电笔是电工常用的一种电工工具。用于检查500V以下导体或各种用电设备的外壳是否带电。分为数字显示式和氖管发光式两种。

（1）氖管发光式低压验电笔。

1）外形如图3-38所示。

2）结构：维修电工使用的低压验电笔又称试电笔，试电笔有钢笔式和螺钉旋具式两种，它们由氖管、电阻、弹簧和笔身等组成，如图3-39所示。

图3-38　氖管发光式低压验电笔外形图

3）功能及使用。验电笔使用时将笔尖触及被测物体，以手指触及笔尾的金属体，使氖管小窗背光朝自己，以便于观察，如氖管发亮说明设备带电。灯越亮则电压越高，越暗电压越低。另外，低压验电笔还有如下几个用途：

①在220V/380V三相四线制系统中，可检查系统故障或三相负荷不平衡。无论是相间短路、单相接地、相线断线，还是三相负荷不平衡，中性线上均出现电压，若试电笔灯亮，则证明系统故障或负荷严重不平衡。

②检查相线接地。在三相三线制系统（Y接线），用试电笔分别触及三相时，发现氖管

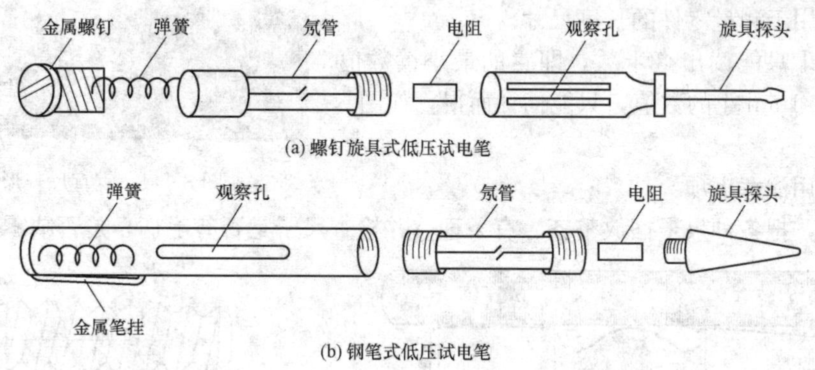

图 3-39　钢笔式和螺钉旋具式低压验电笔结构图

两相较亮，一相较暗，表明暗的一相有接地现象。

③用以检查设备外壳漏电。当电气设备的外壳（如电动机、变压器）有漏电现象时，则试电笔氖管发亮；如果外壳原是接地的，氖管发亮则表明接地保护断线或其他故障（接地良好氖管不亮）。

④用以检查电路接触不良。当发现氖管闪烁时，表明回路接头接触不良或松动，或是两个不同电气系统相互干扰。

用以区分直流电、交流电及直流电的正负极。试电笔通过交流电时，氖管的两个电极同时发亮；试电笔通过直流电时，氖管的两个电极只有一个发亮。这是因为交流电正负极交变，而直流电正负极不变。用试电笔测试直流电的正负极，氖管亮的那端为负极。人站在地上，用试电笔触及正极或负极，氖管不亮证明直流电不接地，否则直流电接地。

4）使用注意：使用中要防止金属体笔尖触及皮肤，以避免触电，同时也要防止金属体笔尖触及引起短路事故。试电笔只能用于 380V/220V 系统。试电笔使用前须在有电设备上验证是否良好。

（2）数字式低压验电笔。

1）外形如图 3-40 所示。

2）特点：

①无须电池驱动，方便经济。

②LCD 显示，读数直接明了。

图 3-40　数字式低压验电笔外形图

③直接测试：可直接或间接测量 12V、36V、55V、110V、220V 交/直流电，使用范围广。

④带电感应测试：可轻松地进行感应断点测试，断线点的测试，检测微波的辐射及泄漏情况等。

⑤测试范围 12～250V AC/DC。

3）注意事项：本产品不可测 380V 电源；请勿作为普通螺丝刀使用。

4. 钢直尺

钢直尺是最简单的长度量具，它的长度有 150mm，300mm，500mm 和 1000mm 四种规格。图 3-41 为常用的 300mm 钢直尺。

（1）外形如图 3-41 所示。

图 3-41　钢直尺外形图

钢直尺用于测量零件的长度尺寸。

测量结果只能读出毫米数，即它的最小读数值为 1mm，比 1mm 小的数值，只能估计而得，如图 3-42 所示。

（2）使用注意事项：

使用前，把各种尺子摆放整齐、有条理，并检查尺子是否有毛病，是否缺零件。

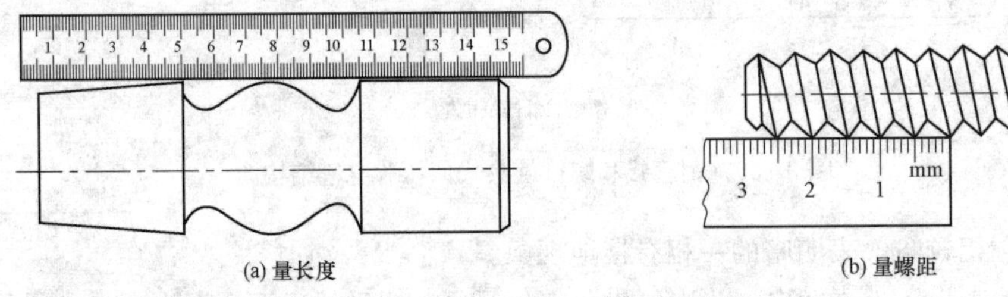

(a) 量长度　　(b) 量螺距

图 3-42　钢直尺测量零件的长度尺寸

在使用时，要轻拿轻放，不用时，放在盒盖上。

在测量前，把尺子擦拭干净。

在测量时，不能用力过猛，以免影响尺子的寿命和精度。

使用完成，把尺子擦拭干净，检查有无损坏，并涂油，放入盒内。

存放时，尺子不能与工具混放，以免损坏。

5. 直角尺

直角尺是标准的直角仪器，测定直角时使用，用目视判断可决定是否良好，但若要进行数字性的评价时，则需使用其他量规或测定器，外形如图 3-43 所示。

测量时，要使直角尺的一边贴住被测面并轻轻压住，然后再使另一边与被测件表面接触，如图 3-44 所示。

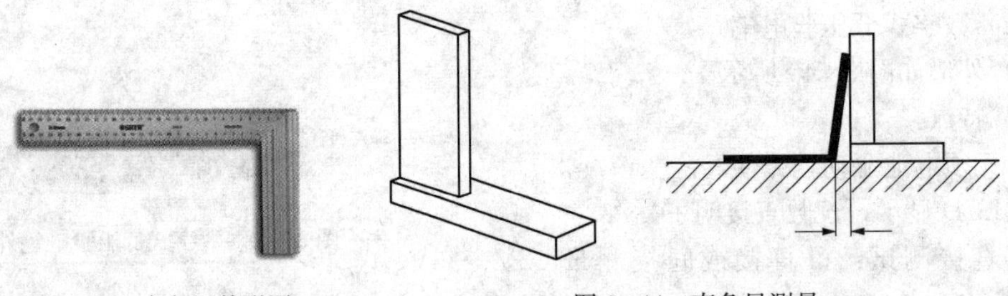

图 3-43　直角尺外形图　　图 3-44　直角尺测量

使用注意事项：

（1）使用前，把各种尺子摆放整齐、有条理，并检查尺子是否有毛病、缺零件等。

（2）在使用时，要轻拿轻放，不用时，放在盒盖上。

（3）在测量前，把尺子擦拭干净。

（4）在测量时，不能用力过猛，以免影响尺子的寿命和精度。

（5）使用完成，把尺子擦拭干净，检查有无损坏，并涂油，放入盒内。

（6）存放时，尺子不能与工具混放，以免损坏。

6. 钢卷尺

钢卷尺用于测量较长工件的尺寸或距离。

(1) 外形如图3-45所示。

(2) 组成及原理。

钢卷尺主要由尺带、盘式弹簧（发条弹簧）、卷尺外壳三部分组成，当拉出刻度尺时，盘式弹簧被卷紧，产生向回卷的力，当松开刻度尺的拉力时，刻度尺就被盘式弹簧的拉力拉回。

使用前根据所要测量尺寸的精度和范围选择合格的卷尺，保证所用卷尺是合格的一带合格标识。

图3-45　钢卷尺外形图

(3) 使用注意事项。钢卷尺的尺带一般镀铬、镍或其他涂料，所以要保持清洁，测量时不要使其与被测表面摩擦，以防划伤。使用卷尺时，拉出尺带不得用力过猛，而应徐徐拉出，用完也应让它徐徐退回。对于制动式卷尺，应先按下制动按钮，然后徐徐拉出尺带，用完后按下制动按钮，尺带自动收卷。尺带只能卷，不能折。不允许将卷尺放在潮湿和有酸类气体的地方，以防锈蚀。为了便于夜间或无光处使用，有的钢卷尺的尺带线纹面上涂有发光物质，在黑暗中能发光，使人能看清楚线纹和数字，在使用中应注意保护涂膜。

(4) 使用方法及读数。

以钢卷尺为例，一手压下卷尺上的按钮，一手拉住卷尺的头，就能拉出来测量了。

1) 直接读数法。测量时钢卷尺零刻度对准测量起始点，施以适当拉力，直接读取测量终止点所对应的尺上刻度。

2) 间接读数法。在一些无法直接使用钢卷尺的部位，可以用钢尺或直角尺，使零刻度对准测量点，尺身与测量方向一致；用钢卷尺量取到钢尺或直角尺上某一整刻度的距离，余长用读数法量出。

钢卷尺的使用中，产生误差的主要原因有下列几种：①温度变化的误差；②拉力误差；③钢尺不水平的误差。

(5) 使用后的保养。

首先钢卷尺使用后，要及时把尺身上的灰尘用布擦拭干净。然后用没有使用过的机油润湿，机油用量不宜过多，以润湿为准，存放备用。

7. 水平尺（选配工具）

口字形铝合金框架，表面喷塑处理，测量面铣加工处理。三个有机玻璃水准泡和塑料件组成。三个水准泡分别指示90°、180°、45°。以铣加工面，测量90°、180°、45°时，测量精度可达0.057°=1mm/m。可用于检验、测量，调试设备是否安装水平。水平尺还可用于检验、测量、划线、设备安装、工业工程的施工。常用产品规格：300mm、400mm、500mm、600mm、800mm、1000mm、1200mm、1500mm和1800mm。

(1) 外形如图3-46所示。

图3-46　水平尺外形图

（2）特点。

水平尺为镁铝合金材料，经过冲压成型，再经过人工刮研处理，所以本产品精度相当高，可以用于高精度水平测量，也可以做平行平尺使用。重量轻，不易变形，带有挂孔。

（3）用途。

主要用于检验各种机床以及其他设备导轨的平直度，设备的安装、检验、测量、划线、工业工程施工时使用测量水平的工具，并可检验微小倾角。

（4）使用方法。

将水平尺放在水平面上，然后看水平尺中间的气泡，如果气泡在中间，那么表示该平面水平。如果气泡偏向左边，表示该平面的右边低。如果气泡偏向右边，表示该平面的左边低。

（5）保管。

水平尺容易保管：悬挂、平放都可以，不会因长期平放影响其直线度、平行度。并且铝镁轻型水平尺不易生锈：使用期间不用涂油，长期不使用，存放时轻轻地涂上薄薄的一层一般工业油即可。

3.2.3 导线的连接

图 3-47 单芯铜导线连接示意图

1. 单芯铜导线连接实训（图 3-47）

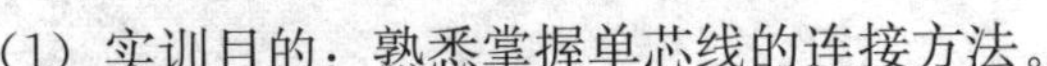

（1）实训目的：熟悉掌握单芯线的连接方法。

（2）实训内容：单芯线连接。

（3）实训用具：电工钳、钢卷尺、剥线钳、斜口钳。

（4）实训步骤：

绞接法：适用 $4mm^2$ 以下的单芯线，用分支线路的导线往干线上交叉，先打好一个圈结以防止脱落，然后再密绕 5 圈，分线缠绕完后，剪去余线。

缠卷法：适用于 $6mm^2$ 及以上的单芯线的分支连接。将分支线折成 90°紧靠干线，其总卷的长度为导线直径的 10 倍，单卷缠绕 5 圈后剪断余下线头。

（5）注意事项：具体规范标准参考管内穿线操作规范章节。

2. 分线打结连接实训（图 3-48）

（1）实训目的：了解线材的连接方法；熟悉掌握分线打结的连接方法。

（2）实训内容：分线打结连接。

（3）实训用具：电工钳、钢卷尺、剥线钳、斜口钳。

（4）实训步骤：适用 $4mm^2$ 以下的单芯线，用分支线路的导线往干线上交叉，先打好一个圈结以防止脱落，然后再密绕 5 圈，分线缠绕完后，剪去余线。

（5）注意事项：具体规范标准参考管内穿线操作规范章节。

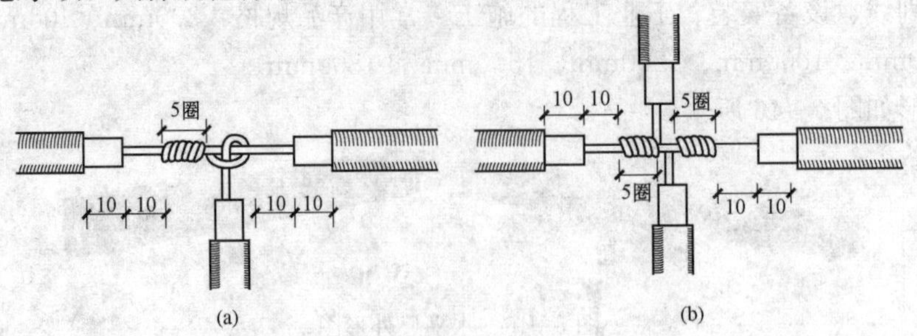

图 3-48 分线打结连接示意图

3. 十字分支导线两侧连接实训

（1）实训目的：熟悉掌握十字分支导线两侧连接方法。

（2）实训内容：十字分支导线两侧连接做法。

（3）实训用具：电工钳、钢卷尺、剥线钳、斜口钳。

（4）实训步骤：取任意一侧两根相邻的线芯，在接合处中央交叉，用其中的一根线芯作为绑线，在导线上缠绕 5～7 圈后，再用一另一根线芯与绑线相绞后，把原来绑线压住上面继续按上述方法缠绕，其长度为导线直径的 10 倍，最后缠卷的线端与一条线捻绞 2 圈后剪断。另一侧的导线依次进行。

（5）注意事项：具体规范标准参考管内穿线操作规范章节。

4. 多芯铜导线分支连接实训（图 3-49）

（1）实训目的：熟悉掌握多芯铜导线分支连接方法。

（2）实训内容：多芯铜导线分支连接做法。

（3）实训用具：电工钳、钢卷尺、剥线钳、斜口钳。

（4）实训步骤：

缠卷法：将分支线折成 90 °紧靠干线。在绑线端部适当处弯成半圆形，将绑线短端弯成与半圆形成 90°角，并与连接线靠紧，用较长的一端缠绕，其长度应为导线结合处直径的 5 倍，再将绑线两端捻绞 2 圈，剪掉余线。

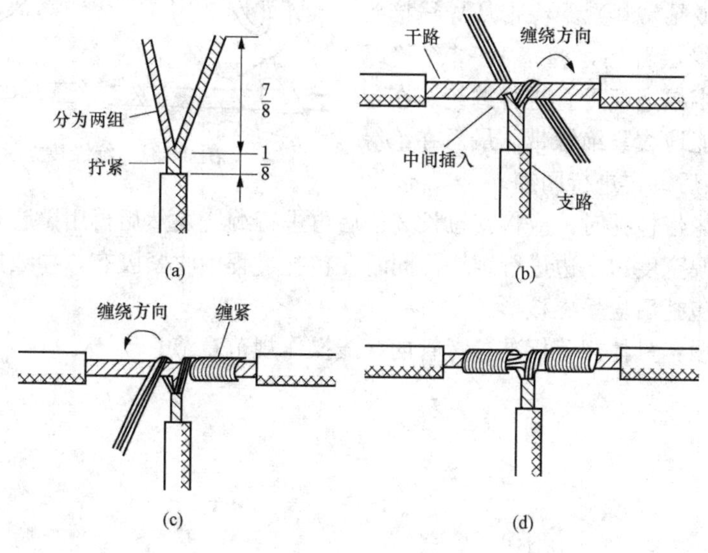

图 3-49　多芯铜导线分支连接示意图

单卷法：将分支线破开（或劈开两半），根部折成 90°紧靠干线，用分支线其中的一根在干线上缠圈，缠绕 3～5 圈后剪断，再用另一根线芯继续缠绕 3～5 圈后剪断，按此方法直至连接到双根导线直径的 5 倍时为止，应保护各剪断处在同一直线上。

复卷法：将分支线端破开劈成两半后与干线连接处中央相交叉，将分支线向干线两侧分别紧密缠绕后，余线按阶梯形剪断，长度为导线直径的 10 倍。

（5）注意事项：具体规范标准参考管内穿线操作规范章节。

5. 接线盒内接头连接实训（图 3 - 50）

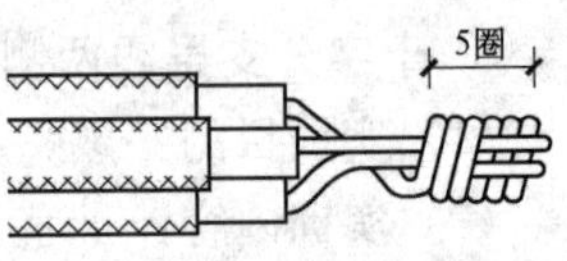

图 3 - 50　接线盒内接头连接示意图

（1）实训目的：了解多根线在盒内的连接方法；熟悉掌握接线盒内接头连接方法。

（2）实训内容：接线盒内接头连接做法。

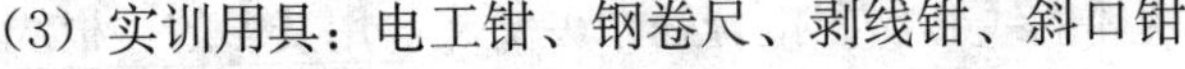

（3）实训用具：电工钳、钢卷尺、剥线钳、斜口钳。

（4）实训步骤：

单芯线并接头：导线绝缘头并齐合拢。在距绝缘台约 12mm 处用其中一根线芯在其连接端缠绕 5～7 圈后剪断，把余头并齐折回压在缠绕线上。

不同直径导线接头：如果是独根（导线截面小于 2.5mm^2）或多芯软线时，则应先进行刷锡处理。再将细线在粗线上距离绝缘层 15mm 处交叉，并将线端部向粗导线（独根）端缠绕 5～7 圈，将粗导线端折回压在细线上。

（5）注意事项：具体规范标准参考管内穿线操作规范章节。

6. 绝缘建立实训（图 3 - 51）

（1）实训目的：熟悉掌握导线包扎方法。

（2）实训内容：导线包扎做法。

（3）实训用具：斜口钳。

（4）实训步骤：

采用橡胶（或粘塑料）绝缘带从导线接头处始端的完好绝缘层开始，缠绕 1～2 个绝缘带幅宽度，再以半幅宽度重叠进行缠绕。在包扎过程中应尽可能地收紧绝缘带。最后在绝缘层上缠绕 1～2 圈后，再进行回缠。

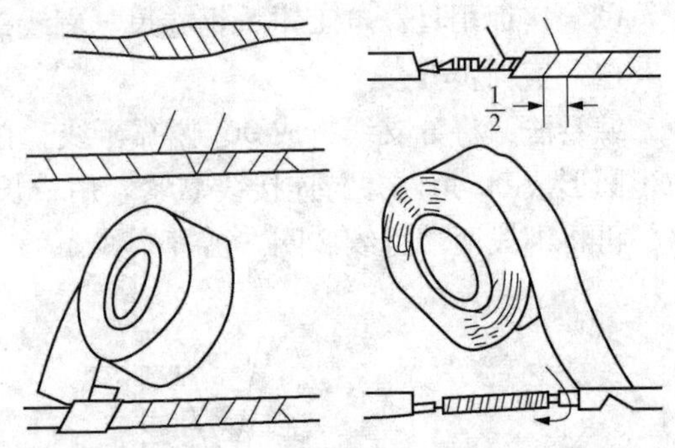

图 3 - 51　绝缘建立示意图

采用橡胶绝缘带包扎时，应将其拉长 2 倍后再进行缠绕。然后再用黑胶布包扎，包扎时要衔接好，以半幅宽度边压边进行缠绕，同时在包扎过程中收紧胶布，导线接头处两端应用黑胶布封严密。包扎后应呈枣核形。

（5）注意事项：具体规范标准参考管内穿线操作规范章节。

模块4 电　气　照　明

4.1 电气照明任务单

<table>
<tr><td>项目名称</td><td colspan="4">模块四　电气照明</td></tr>
<tr><td>项目内容</td><td colspan="2">要求</td><td>学生完成情况</td><td>自我评价</td></tr>
<tr><td rowspan="5">电气照明</td><td colspan="2">掌握电气照明的基本知识</td><td></td><td rowspan="5"></td></tr>
<tr><td colspan="2">掌握白炽灯照明线路、双控照明线路的安装与调试</td><td></td></tr>
<tr><td colspan="2">掌握节能灯、插座线路的安装和布线</td><td></td></tr>
<tr><td colspan="2">掌握吸顶灯照明线路的安装和布线</td><td></td></tr>
<tr><td colspan="2">利用所学知识完成电气装置项目综合训练（照明回路）</td><td></td></tr>
<tr><td>考核成绩</td><td colspan="4"></td></tr>
<tr><td colspan="5">教学评价</td></tr>
<tr><td colspan="2">教师的理论教学能力</td><td>教师的实践教学能力</td><td colspan="2">教师的教学态度</td></tr>
<tr><td colspan="2"></td><td></td><td colspan="2"></td></tr>
<tr><td>对本任务教学的意见及建议</td><td colspan="4"></td></tr>
</table>

4.2 电气照明实训

实训1 白炽灯照明线路

1. 实训目的

（1）熟练使用各种电工工具。

（2）掌握白炽灯线路的安装和布线。

2. 实训内容

按照图 4 - 1 进行白炽灯照明线路的安装与布线。

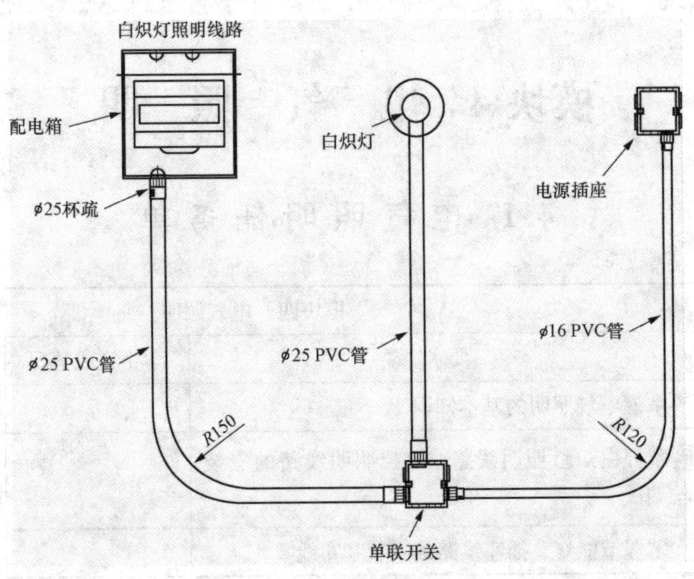

图 4-1　白炽灯照明线路

3. 实训用具

斜口钳、手动弯管器、弯管弹簧、钢直尺、钢卷尺、角度尺、手锯弓、锯条、手锤、手电钻、钻头、螺丝刀等。

4. 实训步骤

(1) 熟悉施工图。

(2) 选择器材：按照图 4-1 选择所需要的各种器材，见表 4-1。

表 4-1　白炽灯照明线路的安装与布线所需器材

序号	名称	型号	数量
1	PVC 管	ϕ16	1.5m
2	PVC 管	ϕ25	2.5m
3	PVC 杯疏	ϕ16	2 个
4	PVC 杯疏	ϕ25	3 个
5	86 型暗盒		2 只
6	配电箱		1 只
7	漏电保护器	DZ47-LE-2P-25A	1 只
8	低压断路器	DZ47-1P-3A	2 只
9	螺口平灯座		1 只
10	白炽灯泡	220V/40W	1 只
11	圆木		1 只
12	单联开关	CD200-DG86K2	1 只
13	电源插座	DG862K1	1 只

(3) 根据图纸确定电器安装的位置、导线敷设途径等。

(4) 在模拟墙体上，将所有的固定点打好安装孔眼。

(5) 装设管卡、PVC管及各种安装支架等。

(6) 敷设导线：根据图4-2原理图敷设导线。

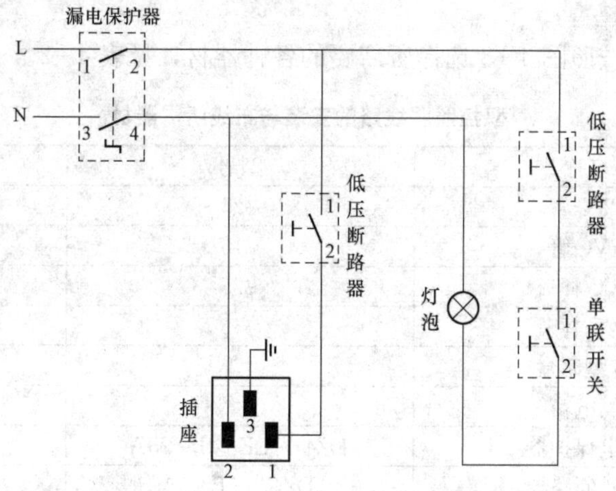

图4-2 白炽灯照明线路原理图

(7) 安装灯具和电器：将灯泡，开关、插座等安装固定好。

实训2 双控照明线路

1. 实训目的

(1) 熟练使用各种电工工具。

(2) 掌握照明线路中双控线路的安装和布线。

2. 实训内容

按照图4-3进行双控线路的安装与布线。

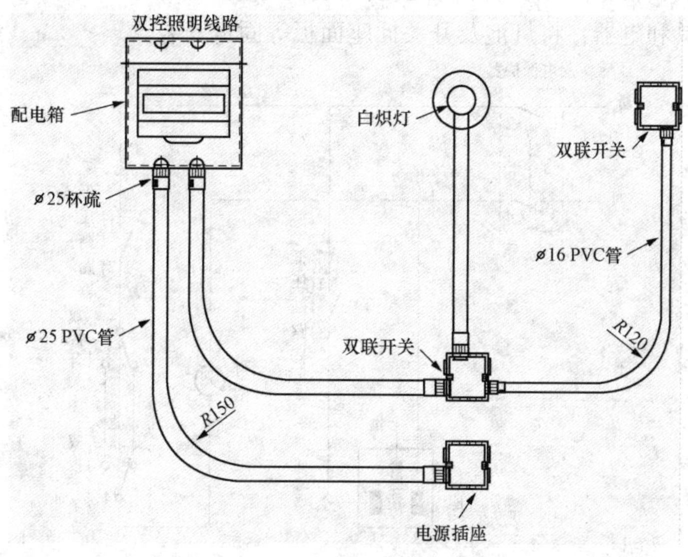

图4-3 双控照明线路

3. 实训用具

斜口钳、手动弯管器、弯管弹簧、钢直尺、钢卷尺、角度尺、手锯弓、锯条、手锤、手电钻、钻头、螺丝刀等。

4. 实训步骤

(1) 熟悉施工图。

(2) 选择器材：按照图 4-3 选择所需要的各种器材，见表 4-2。

表 4-2　双控照明线路的安装与布线所需器材

序号	名称	型号	数量
1	PVC 管	ϕ25	3m
2	PVC 管	ϕ16	1m
3	PVC 杯疏	ϕ25	5 个
4	PVC 杯疏	ϕ16	2 个
5	86 型暗盒		3 只
6	配电箱		1 只
7	漏电保护器	DZ47-LE-2P-25A	1 只
8	低压断路器	DZ47-1P-3A	2 只
9	螺口平灯座		1 只
10	白炽灯泡	220V/40W	1 只
11	圆木		1 只
12	双控开关	CD200-DG862K2	1 只
13	电源插座	DG862K1	1 只

(3) 根据图纸确定电器安装的位置、导线敷设途径等。

(4) 在模拟墙体上，将所有的固定点打好安装孔眼。

(5) 装设管卡、PVC 管及各种安装支架等。

(6) 敷设导线：根据图 4-4 原理图敷设导线。

(7) 安装灯具和电器：将灯泡及开关插座面板等固定安装。

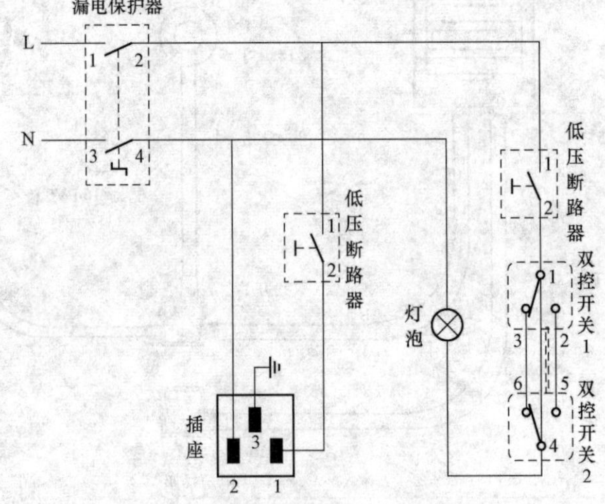

图 4-4　双控照明线路原理图

实训 3　节能灯、插座线路

1. 实训目的

(1) 熟练使用各种电工工具。

(2) 掌握节能灯、插座线路的安装和布线。

2. 实训内容

按照图纸进行节能灯、插座线路的安装与布线，如图 4-5 所示。

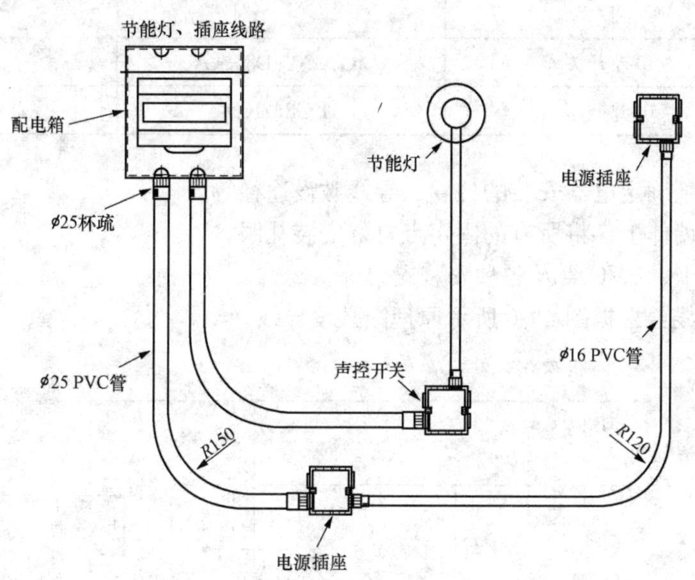

图 4-5　节能灯、插座线路

3. 实训用具

斜口钳、手动弯管器、弯管弹簧、钢直尺、钢卷尺、角度尺、手锯弓、锯条、手锤、手电钻、钻头、螺丝刀等。

4. 实训步骤

(1) 熟悉施工图。

(2) 选择器材：按照图 4-5 选择所需要的各种器材，见表 4-3。

表 4-3　　节能灯、插座线路的安装与布线所需器材

序号	名称	型号	数量
1	PVC 管	ϕ25	3m
2	PVC 管	ϕ16	1m
3	PVC 杯疏	ϕ25	5 个
4	PVC 杯疏	ϕ16	2 个
5	86 型暗盒		3 只
6	配电箱		1 只

续表

序号	名称	型号	数量
7	漏电保护器	DZ47-LE-2P-25A	1只
8	低压断路器	DZ47-1P-3A	2只
9	螺口平灯座		1只
10	节能灯泡	220V/8W	1只
11	圆木		1只
12	声控开关	CD200-D86SG	1只
13	电源插座	DG862K1	2只

（3）根据图纸确定电器安装的位置、导线敷设途径等。

（4）在模拟墙体上，将所有的固定点打好安装孔眼。

（5）装设管卡、PVC管及各种安装支架等。

（6）敷设导线：根据图4-6所示原理图敷设导线。

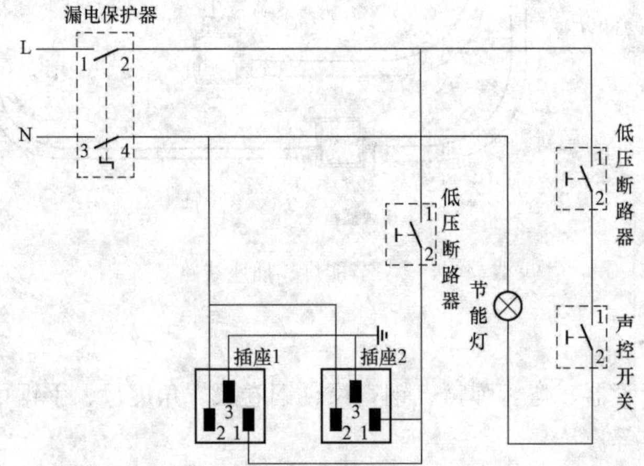

图4-6　节能灯、插座线路原理图

（7）安装灯具和电器：将灯泡及开关插座面板等固定安装。

实训4　吸顶灯控制线路

1. 实训目的

（1）熟练使用各种电工工具。

（2）掌握吸顶灯控制线路的安装和布线。

2. 实训内容

按照图4-7进行吸顶灯控制线路的安装与布线。

3. 实训用具

斜口钳、手动弯管器、弯管弹簧、钢直尺、钢卷尺、角度尺、手锯弓、锯条、手锤、手电钻、钻头、螺丝刀等。

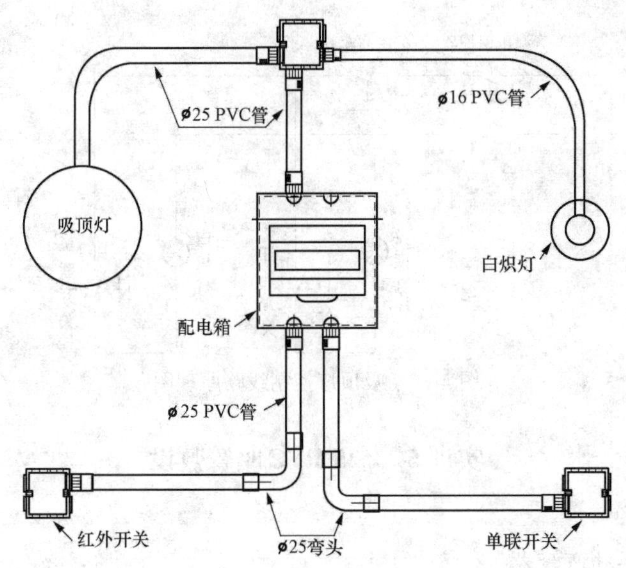

图 4-7　吸顶灯控制线路

4. 实训步骤

(1) 熟悉施工图。

(2) 选择器材：按照图 4-7 选择所需要的各种器材，见表 4-4。

表 4-4　吸顶灯控制线路的安装与布线所需器材

序号	名称	型号	数量
1	PVC 管	$\phi25$	3m
2	PVC 管	$\phi16$	1m
3	PVC 杯疏	$\phi25$	7 个
4	PVC 杯疏	$\phi16$	1 个
5	86 型暗盒		2 只
6	配电箱		1 只
7	漏电保护器	DZ47-LE-2P-25A	1 只
8	低压断路器	DZ47-1P-3A	1 只
9	螺口平灯座		1 只
10	白炽灯泡	220V/40W	1 只
11	圆木		1 只
12	单联开关	CD200-DG86K2	1 只
13	红外开关	D86HW	1 只
14	声控开关	CD200-D86SG	1 只

(3) 根据图纸确定电器安装的位置、导线敷设途径等。

(4) 在模拟墙体上，将所有的固定点打好安装孔眼。

(5) 装设管卡、PVC 管及各种安装支架等。

(6) 敷设导线：根据图 4-8 原理图敷设导线。

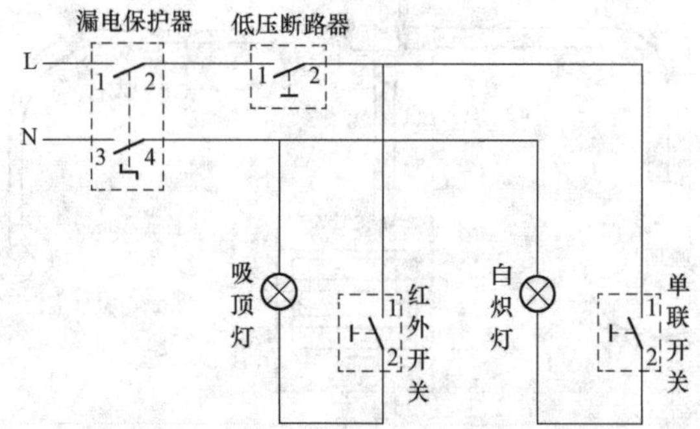

图 4-8　吸顶灯控制线路原理图

实训 5　ϕ25 PVC 暗管敷设

1. 实训目的

（1）熟练使用手动弯管器。

（2）掌握 ϕ25 PVC 暗管敷设的工艺。

2. 实训内容

正确使用手动弯管器，将 ϕ25 PVC 暗管折弯所需要的角度，管路的弯曲半径如图 4-9 所示，弯扁度在 0.1D 以下。按照工艺图敷设线路，如图 4-9 所示。

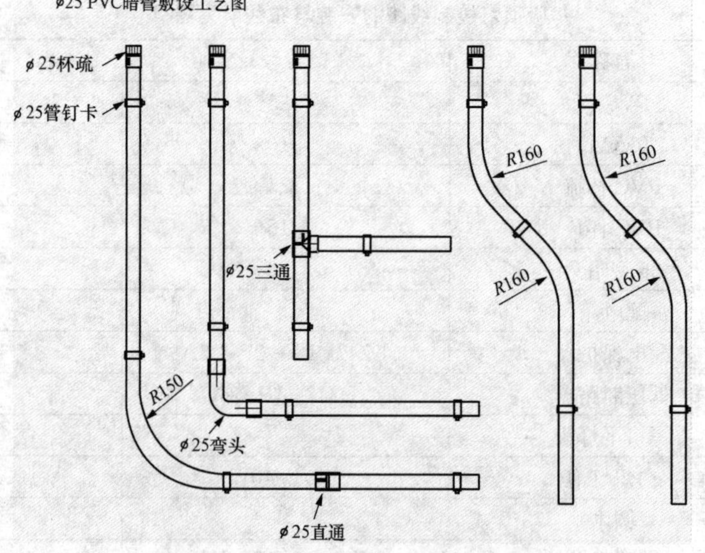

图 4-9　ϕ25 PVC 暗管敷设工艺图

3. 实训用具

手动弯管器、弯管弹簧、钢直尺、钢卷尺、手锯弓、锯条、手锤、手电钻、钻头等。

4. 实训步骤

（1）熟悉施工图。

（2）选择器材：按照图 4-9 所需要的器材选择 PVC 管、各种接头、线卡等，见表 4-5。

表 4-5　　ϕ25 PVC 暗管敷设所需器材

序号	名称	型号	数量
1	PVC 管	ϕ25	6m
2	PVC 杯疏	ϕ25	5 个
3	PVC 直通	ϕ25	1 个
4	PVC 三通通	ϕ25	1 个
5	PVC 弯头	90° ϕ25	1 个
6	管钉卡	ϕ25	17 个

(3) 划线定位：根据图 4-9 要求，在模拟墙体上进行划线定位，按弹出的水平线用小线和水平尺测量出 PVC 管子的准确位置并标出尺寸。

(4) 管路预制加工：使用手扳弯管器煨弯，将管子插入配套的弯管器，弯出所需弯度。

(5) 管路连接：将弯好的管路同其他管材连接起来。

(6) 管路固定：用管钉卡固定管路。

5. 注意事项

(1) 连接要紧密，管口要光滑，保护层应大于 15mm。

(2) PVC 塑料管长度、弯曲半径、安装允许偏差等符合相关操作规范。

实训 6 ϕ16 PVC 暗管敷设

1. 实训目的

(1) 熟练使用手动弯管器。

(2) 掌握 ϕ16 PVC 暗管敷设的工艺。

2. 实训内容

正确使用手动弯管器，将 ϕ16 PVC 暗管折弯所需要的角度，管路的弯曲半径如图 4-10 所示，弯扁度在 0.1D 以下。按照工艺图 4-10 敷设线路。

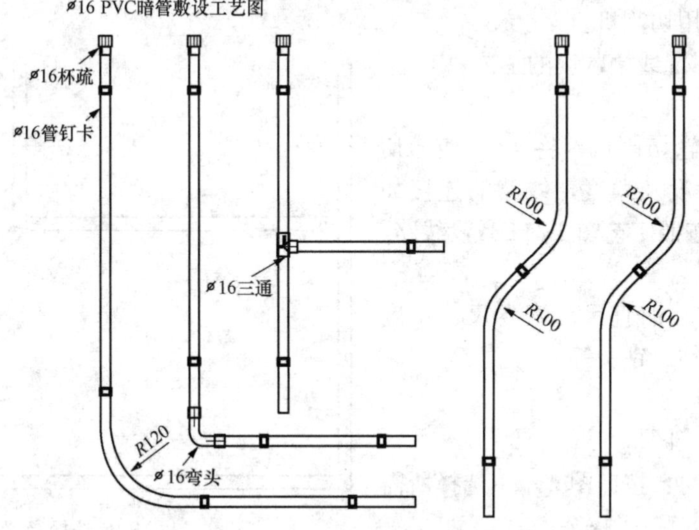

图 4-10 ϕ16 PVC 暗管敷设工艺图

3. 实训用具

手动弯管器、弯管弹簧、钢直尺、钢卷尺、手锯弓、锯条、手锤、手电钻、钻头等。

4. 实训步骤

(1) 熟悉施工图。

(2) 选择器材：按照图 4-10 所需要的器材选择 PVC 管、各种接头、线卡等，见表 4-6。

表 4-6　　ϕ16 PVC 暗管敷设所需器材

序号	名称	型号	数量
1	PVC 管	ϕ16	6m
2	PVC 杯疏	ϕ16	5 个
3	PVC 三通通	ϕ16	1 个
4	PVC 弯头	90°　ϕ16	1 个
5	管钉卡	ϕ16	17 个

(3) 划线定位：根据图 4-10 要求，在模拟墙体上进行划线定位，按弹出的水平线用铅笔和水平尺测量出 PVC 管子的准确位置并标出尺寸。

(4) 管路预制加工：使用手扳弯管器煨弯，将管子插入配套的弯管器，弯出所需弯度。

(5) 管路连接：将弯好的管路同其他管材连接起来。

(6) 管路固定：用管钉卡固定管路。

5. 注意事项

(1) 管路连接要紧密，管口要光滑，保护层应大于 15mm。

(2) PVC 塑料管长度、弯曲半径、安装允许偏差等符合相关操作规范。

实训 7　4025 线槽敷设

1. 实训目的

(1) 熟练使用切割机。

(2) 掌握 4025 线槽敷设的工艺。

2. 实训内容

正确使用砂轮切割机，将 4025 线槽切割成所需要的长度及角度，线路的连接如图 4-11 所示。按照工艺图 4-11 敷设线路。

3. 实训用具

砂轮切割机、钢直尺、钢卷尺、角度尺、手锤、手电钻、钻头等。

4. 实训步骤

(1) 熟悉施工图。

(2) 选择器材：按照图 4-11 选择所需要的线槽及螺栓，见表 4-7。

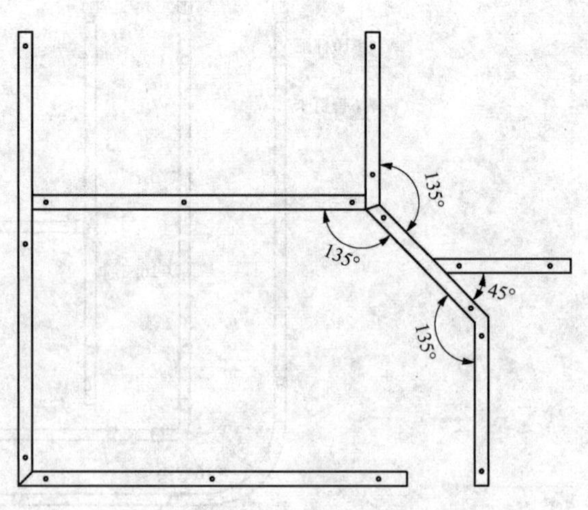

图 4-11　4025 线槽敷设工艺图

表 4-7　　4025 线槽敷设所需器材

序号	名称	型号	数量
1	线槽	4025	6m
2	安装螺栓		17 只

(3) 划线定位：根据图 4-11 要求，在模拟墙体上进行划线定位，按弹出的水平线用铅笔和水平尺测量出线槽的准确位置并标出尺寸。

(4) 线槽加工：使用砂轮切割机，将线槽切割成所需要的长度及角度。

(5) 线槽固定：用螺栓固定线槽。

5. 注意事项

(1) 线槽连接要紧密，端口要光滑。

(2) 安装允许偏差、固定螺栓等符合相关操作规范。

实训 8　护套线敷设

1. 实训目的

(1) 熟练使用电工工具。

(2) 掌握护套线敷设的工艺。

2. 实训内容

(1) 正确使用斜口钳将护套线剪成所需要的长度，线路的敷设如图 4-12 所示。

(2) 按照工艺图 4-12 敷设线路。

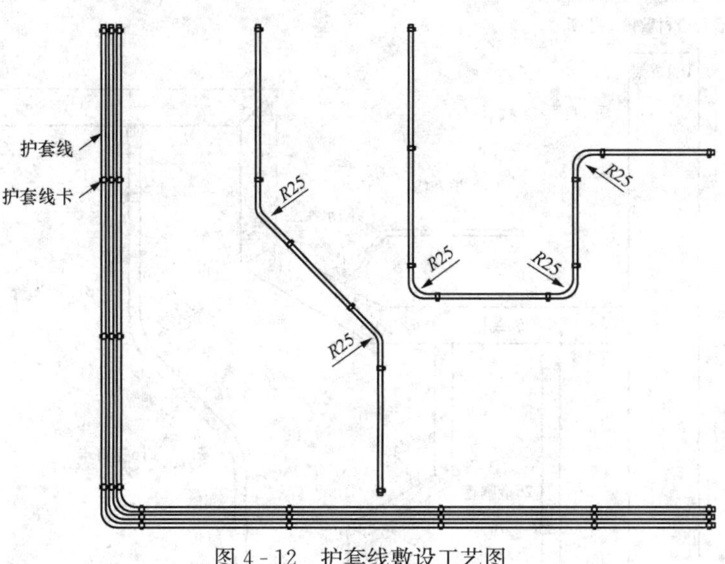

图 4-12　护套线敷设工艺图

3. 实训用具

斜口钳、钢直尺、钢卷尺、角度尺、手锤等。

4. 实训步骤

(1) 熟悉施工图。

（2）选择器材：按照图 4 - 12 选择所需要的护套线及护套线卡，见表 4 - 8。

表 4 - 8　　　　护套线敷设所需器材

序号	名称	型号	数量
1	护套线		10m
2	护套线卡		42 只

（3）划线定位：根据图 4 - 12 要求，在模拟墙体上进行划线定位，按弹出的水平线用铅笔和水平尺测量出护套线的准确位置并标出尺寸。

（4）护套线加工：使用斜口钳，将护套线剪成所需要的长度。

（5）护套线固定：用护套线卡固定护套线。

5. 注意事项

（1）平行几根护套线布线的工艺。

（2）护套线卡固定的位置和间距。

实训 9　各种管材敷设

1. 实训目的

（1）熟练使用各种电工工具。

（2）掌握桥架、PVC 管、线槽、金属管等敷设的工艺。

2. 实训内容

按照工艺图 4 - 13 敷设线路。

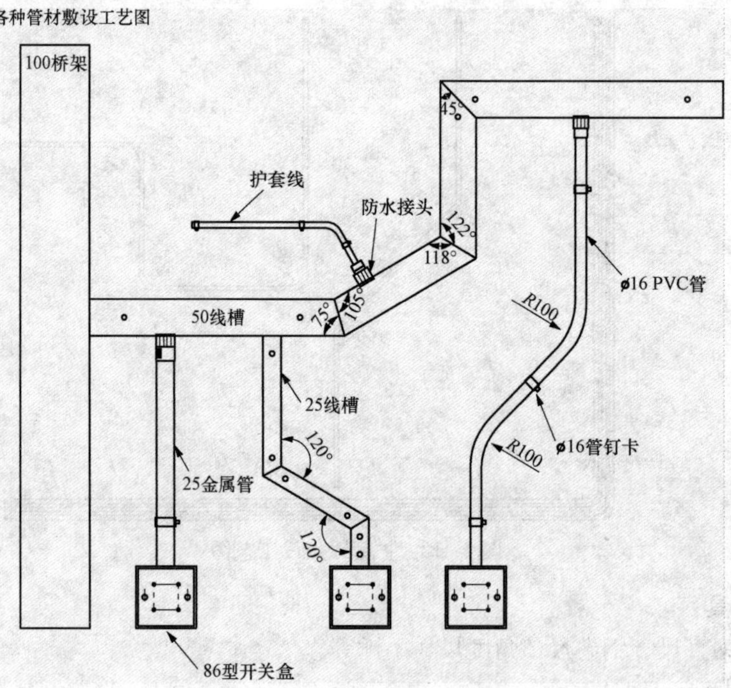

图 4 - 13　各种管材敷设工艺图

3. 实训用具

斜口钳、手动弯管器、弯管弹簧、钢直尺、钢卷尺、角度尺、手锯弓、锯条、手锤、手电钻、钻头等。

4. 实训步骤

（1）熟悉施工图。

（2）选择器材：按照图 4-13 选择所需要的各种器材，见表 4-9。

表 4-9　　各种管材敷设所需器材

序号	名称	型号	数量
1	PVC 管	ϕ16	1m
2	PVC 杯疏	ϕ16	1 个
3	PVC 杯疏	ϕ25	1 个
4	管钉卡	ϕ16	3 个
5	金属管	ϕ25	0.4m
6	线槽	2525	0.6m
7	线槽	5025	1.5m
8	桥架		1 根
9	86 型开关盒		3 只
10	护套线		0.5m
11	护套线卡		3 只
12	防水接头		1 只

（3）管路预制加工：

1）将 PVC 管加工成所需要的弯度及长度。

2）将线槽加工成所需要的角度及长度。

（4）护套线加工：将护套线剪成所需要的长度。

（5）测定 86 型暗盒位置：按照图纸测出 86 型开关盒的准确位置。

（6）管路连接：将加工好的各种管材，按照图纸连接好。

（7）管路固定：用各种管材配套的固定器材将管路固定。

5. 注意事项

（1）开关盒与线槽的接口。

（2）各种固定器材的位置和间距。

（3）管卡固定时，确保横平竖直，不得出现倾斜。

实训 10　电气装置项目（照明回路）综合训练

1. 综合训练要求

（1）根据要求现场完成不同线路系统的安装，具体要求如下：

1）在物体表面稳固的安装电缆、电缆有均匀的弯曲半径且不变形、电缆接入线槽及设备箱、盒时使用正确的终端配件等。

2）在线槽、导管及柔性导管内安装绝缘导线或绝缘电缆。

3）在电缆桥架（网孔式电缆桥架或槽式电缆桥架）上安装并固定绝缘电缆。

4）安装金属和塑料线槽。准确测量并制作指定长度和角度的线槽；正确装配多段线槽，连接处不变形，且尺寸误差、间隙控制在允许范围内；装配不同的终端配件，如在线槽上安装端盖；在物体表面上正确安装不同型号的线槽。

5）安装金属和 PVC 导管。在物体表面稳固的安装导管；弯管半径均匀，且不小于 $4R$，导管接入箱、板、槽时不变形，正确使用终端配件。

6）安装金属和塑料柔性导管。在物体表面上稳固的安装柔性导管；弯管半径均匀，不使柔性导管变形；柔性导管接入箱、板、槽时，使用正确的终端配件。

7）根据所给的施工说明（图 4-14 和图 4-15），装配电气控制箱，包含主开关、漏电保护器、小型断路器、控制设备（继电器、计时器等）、熔断器等。

8）根据电路图，完成配电箱制作及内部端子接线，接线时要求不露铜，且安全牢固。

（2）完成不同控制装置和插座的安装。

1）控制装置，如控制器、检测器、调节器和开关等。

2）插座，如单相、三相等。

3）根据提供的说明，安装和连接其他电器设备。

（3）选择合适的工具并正确使用。

（4）能阅读并修正施工图纸和文件，如布局图、电路图、书面说明等。

（5）以安全和专业的方式，规划、安装、检查和调试电气装置。

1）用提供的图纸和文件，规划施工操作。

2）根据提供的图纸和文件，安装设备和线路。

3）在通电之前，检查电气安装，以保证人身及电气安全。检查内容包括绝缘电阻检查、接地连续性检查、极性检查、目测检查。

4）通电后功能和运行检查：根据提供的说明，检查所安装设备的所有功能，以确保新装置的正确运行。

2. 实训耗材清单（表 4-10）

表 4-10　　电气装置综合训练所需耗材清单

序号	名称	型号及规格	单台数量	单位	备注
1	双层明装配电箱	PZ30－30	1	只	
2	灯泡	5W 螺口 E27 AC220V	4	只	
3	漏电断路器 1P＋N	DZ47sLE C32	1	只	
4	断路器，1P	DZ47s C6	2	只	
5	断路器，1P	DZ47s C10	2	只	
6	时间继电器	CDJS18A 10S AC220V	1	只	
7	交流接触器	CDCH8S－25 4P　4NO AC220V	1	只	
8	工业插座，5 极，3L＋N＋PE	AJ－115，插座	1	只	

续表

序号	名称	型号及规格	单台数量	单位	备注
9	开关面板	86 型，单联单控、单联双控	4	只	各 2 只
10	单相五孔插座	86 型，10A	1	只	
11	明盒	86 型，86mm×86mm×30mm	9	只	
12	开关盒	100mm×100mm×50mm	1	只	
13	E27 螺口灯座	86 型，86×86mm	4	只	
14	PVC 线槽	60mm×40mm，A 型，2m/根	2	根	
15	PVC 线槽	40mm×20mm，A 型，2m/根	1	根	
16	硬质 PVC 线管	ϕ20，壁厚 1.5mm，4m/根	1	根	
17	硬质 PVC 线管	ϕ16，壁厚 1.5mm，4m/根	1	根	
18	PVC 线管管卡	ϕ20	20	只	
19	PVC 线管管卡	ϕ16	20	只	
20	扎带固定座	STM－2S	5	只	
21	PVC 管适配器（杯梳）	ϕ20	12	只	
22	PVC 管适配器（杯梳）	ϕ16	12	只	
23	电缆接头	PG13.5	2	只	
24	束线带	长×宽：100mm×5mm	20	根	
25	多股软导线	红色，1.0mm^2	50	m	
26	多股软导线	蓝色，1.0mm^2	50	m	
27	多股软导线	黄绿色，1.0mm^2	10	m	
28	弹簧接线端子隔离挡板	雷普电气，挡板 D－JST2.5	1	只	
29	弹簧式接线端子，2.5mm^2	雷普电气，ST2.5，灰色	10	只	
30	弹簧式接线端子，2.5mm^2	雷普电气，ST2.5，蓝色	4	只	
31	弹簧式接线端子，2.5mm^2	雷普电气，ST2.5，黄绿色	2	只	
32	端子连接汇流条	雷普电气，FBS10－4	1	根	
33	电源线	3×1mm^2	1	m	
34	设备总电源		1	根	
35	三路分段开关	本特，ES-037	1	只	
36	2 路连接器	WAGO，222－412	5	只	

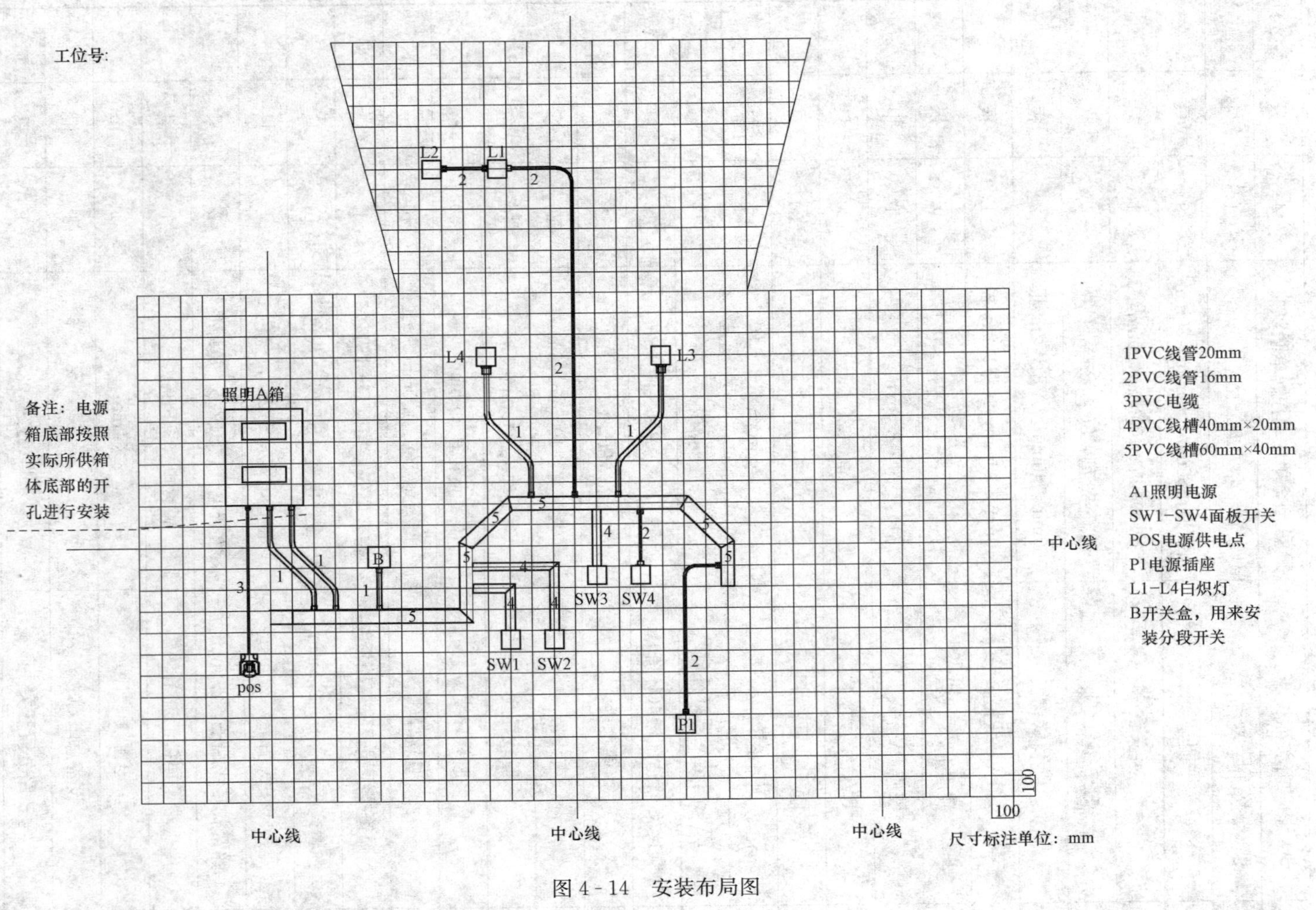
工位号:
备注：电源
箱底部按照
实际所供箱
体底部的开
孔进行安装
照明A箱
L2
L1
L4
L3
B
pos
SW1
SW2
SW3
SW4
P1
中心线
中心线
中心线
中心线
100
100
尺寸标注单位：mm
1PVC线管20mm
2PVC线管16mm
3PVC电缆
4PVC线槽40mm×20mm
5PVC线槽60mm×40mm
A1照明电源
SW1-SW4面板开关
POS电源供电点
P1电源插座
L1-L4白炽灯
B开关盒，用来安
装分段开关

图 4-14　安装布局图

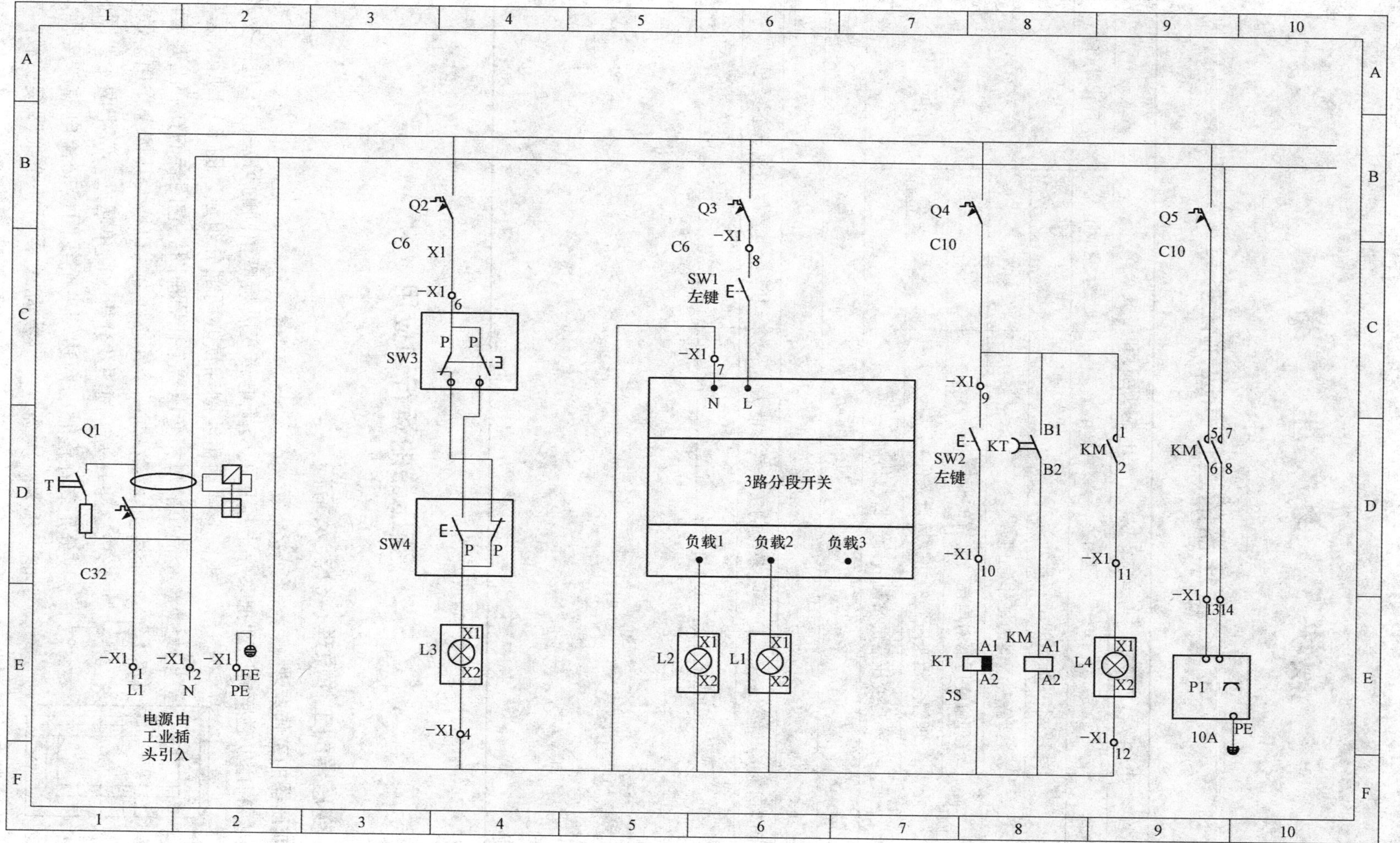
Q1
T
C32
-X1 1 L1
-X1 2 N
-X1 FE PE
电源由
工业插
头引入
Q2
C6
X1
-X1 6
SW3
SW4
L3
-X1 4
Q3
C6
-X1 8
SW1
左键
-X1 7
N
L
3路分段开关
负载1
负载2
负载3
L2
L1
Q4
C10
-X1 9
SW2
左键
KT
B1
B2
-X1 10
KT
A1
A2
5S
KM
A1
A2
KM
-X1 11
L4
-X1 12
Q5
C10
KM
5 7
6 8
-X1 13 14
P1
PE
10A

图 4-15　控制原理图

模块5 变 压 器

5.1 变压器的运行和应用任务单

<table>
<tr><td>任务名称</td><td colspan="4">变压器的运行和应用</td></tr>
<tr><td>任务内容</td><td colspan="2">要求</td><td>学生完成情况</td><td>自我评价</td></tr>
<tr><td rowspan="5">变压器的
运行和应用</td><td colspan="2">熟悉变压器的结构，分类</td><td></td><td rowspan="5"></td></tr>
<tr><td colspan="2">理解变压器的工作原理</td><td></td></tr>
<tr><td colspan="2">理解变压器对电压、电流的变换</td><td></td></tr>
<tr><td colspan="2">理解三相变压器的并联运行条件</td><td></td></tr>
<tr><td colspan="2">小型变压器的常见故障分析与排除</td><td></td></tr>
<tr><td>考核成绩</td><td colspan="4"></td></tr>
<tr><td colspan="5">教学评价</td></tr>
<tr><td colspan="2">教师的理论教学能力</td><td>教师的实践教学能力</td><td colspan="2">教师的教学态度</td></tr>
<tr><td colspan="2"></td><td></td><td colspan="2"></td></tr>
<tr><td>对本任务教学的
意见及建议</td><td colspan="4"></td></tr>
</table>

5.2 变压器的运行和应用

5.2.1 变压器的工作原理、分类及结构

1. 变压器的工作原理

变压器利用电磁感应原理把某一电压值的交流电转变成频率相同的另一电压值的交流电。它主要由线圈和铁心两部分组成。图 5 - 1 所示是一个简单的单相变压器工作原理图。它闭合的铁心上共有两个线圈，套在同一个铁心柱上，以增大其耦合作用。铁心形成磁路，为了画图及分析时简单起见，常把两个线圈画成分别套在铁心的两边。一个线圈接交流电源，接收电能，称为一次绕组，匝数为 N_1；另一个线圈接负载，输

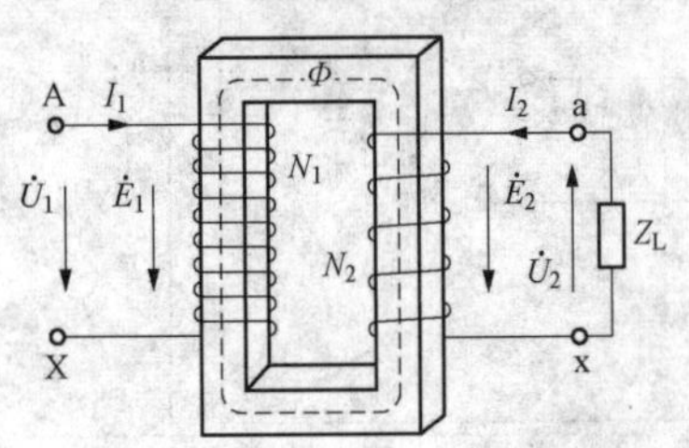

图 5 - 1 单相变压器工作原理

出电能，称为二次绕组，匝数为 N_2。

变压器的一次绕组接交流电压 U_1，二次绕组接负载 Z_L，此时由一、二次绕组磁动势 I_1N_1 和 I_2N_2 在铁心中产生正弦交变主磁通 Φ，其最大值为 Φ_m。此外，还有很小一部分磁通穿过一、二次绕组后沿周围空气而闭合，此为绕组的漏磁通。根据电磁感应原理，交变主磁通必定在一、二次绕组中产生感应电动势 E_1、E_2，根据理论计算，在忽略励磁磁动势以及绕组的电阻和电抗的理想情况下，电压方程式为

$$\left.\begin{aligned}U_1 = E_1 = 4.44fN_1\Phi_m\\U_2 = E_2 = 4.44fN_2\Phi_m\end{aligned}\right\} \tag{5-1}$$

变换上式得电压关系式为

$$\frac{U_1}{U_2} = \frac{E_1}{E_2} = \frac{N_1}{N_2} = K_u \tag{5-2}$$

式中：N_1，N_2 为一、二次绕组的匝数；E_1，E_2 为一、二次绕组的感应电动势，V；f 为电源频率，Hz；K_u 为匝数比，亦称电压比。

此式说明了变压器一、二次绕组上电压的比值等于两者的匝数比。改变一、二次绕组匝数，变压器就可实现电压变换。当一次绕组匝数 N_1 比二次绕组匝数 N_2 多时，称降压变压器；反之，称升压变压器。

由于 $U_1=E_1=4.44fN_1\Phi_m$，因此在使用变压器时必须注意：U_1 过高、f 过低或 N_1 过少，都会引起 Φ_m 过大，使变压器中用来产生磁通的励磁电流（即空载电流 I_o）大大增加而烧坏变压器。

当然，所有用于交流电路中的带铁心线圈的电器都要注意这个问题，如交流电动机、电磁铁、继电器、电抗器等，必须注意其额定电压与电源电压相符合，千万不要过电压运行。从美国、日本进口的电器要注意工作频率是 60Hz 还是 50Hz，60Hz 的电器用于 50Hz 的电网时，只能减小容量运行，不能满负荷工作。

2. 变压器的种类

变压器的分类方式很多，可按用途、结构、相数和冷却方式等进行分类。变压器的用途和常用的分类方法见表 5-1。

表 5-1　变压器的种类和用途

分类	名称	主要用途
按照用途分类	电力变压器	包括升压变压器、降压变压器、配电变压器、联络变压器、厂（或所）用变压器等，它在输配电系统中应用于变换电压、传送电能
	仪用互感器	电工测量与自动保护装置中使用
	电焊变压器	在各类钢铁材料的焊接上使用的交流电焊机
	电炉变压器	冶炼、加热、热处理用的变压器
	调压器	试验、实验室、工业上用作调压电压
	整流变压器	用于电力机车电源、直流调速用
	矿用变压器	用于有爆炸危险场所的矿井，以供动力和照明等

续表

分类	名称	主要用途
按照容量分类	中小型变压器	10～6300kV·A
	大型变压器	8000～63 000kV·A
	特大型变压器	9000kV·A 及以上
按工作特性分类	变压器	改变电压（有升压、降压、配电等）
	整流器	改变电流等
	感应式移相器	改变相位用于可控整流电路等
	变换阻抗	改变阻抗（如收音机上的输出变压器）
	饱和电抗器	用于稳压、恒流、电动机调速磁放大器等
按铁心结构形式分类	壳式铁心	小型变压器
	心式铁心	大、中型变压器
	渐开线形铁心	大、中型变压器（国内少见）
	C 型铁心	电子技术中的变压器
按冷却方式分类	油浸式变压器	油冷却、外部加风冷或水冷，用于大中型变压器
	油浸风冷式变压器	强迫油循环风冷，用于大型变压器
	自冷式变压器	空气冷却，用于中、小型变压器
	干式变压器	用于安全防火要求较高的场所，如地铁、机场、高层建筑
按相数分类	单相变压器	小型变压器用
	三相变压器	大、中型变压器用
按绕组数量分类	单绕组变压器	自耦变压器高、低压共用一个绕组
	双绕组变压器	每相有高、低压两个绕组
	三绕组变压器	每相有高、中、低压两个绕组
	多绕组变压器	如整流用六相变压器

3. 变压器的结构

变压器最主要的组成部分是铁心和绕组，称之为器身。通常绕组套在铁心上，绕组与绕组之间以及绕组与铁心之间都是绝缘的。此外还包括油箱和其他附件，图 5-2 所示为几种常见电力变压器的外形，图 5-3 所示则为油浸式电力变压器结构。

(a) 外形

(b) 器身

图 5-2　S9 系列 10kV 级电力变压器

（1）铁心。

铁心是变压器的磁路部分，通常由含硅量较高，厚度为 0.27mm、0.3mm、0.35mm 或 0.5mm，表面涂有绝缘漆的热轧或冷轧硅钢片（国产硅钢片的典型型号：DQ120～DQ151）叠装而成，它能够提供磁通的闭合路径。

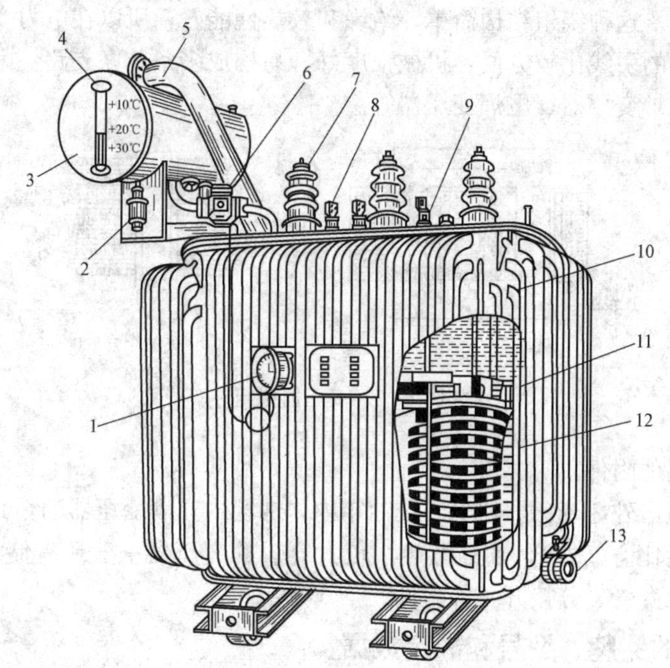

图 5-3 油浸式电力变压器结构

1—信号温度计；2—吸温器；3—储油柜；4—油表；5—安全气道；6—气体继电器；7—高压套管；8—低压套管；9—分接开关；10—油箱；11—铁心；12—线圈；13—放油阀门

铁心也是变压器器身的骨架，它由铁心柱、磁轭和夹紧装置组成。套装绕组的部分叫铁心柱，连接铁心柱形成闭合磁路的部分叫磁轭，夹紧装置则把铁心柱和磁轭连成一个整体。变压器铁心常用的有心式、壳式等形式，如图 5-4 所示。其中心式变压器的铁心被绕组包围，这类变压器的铁心结构简单，绕组套装和绝缘比较方便，绕组散热条件好，所以广泛应用于容量较大的电力变压器中；壳式变压器的铁心则包围绕组，这类变压器的机械强度好，铁心易散热，因此小型电源变压器大多采用壳式结构。此外还有 C 形铁心，其特点是铁损较小。

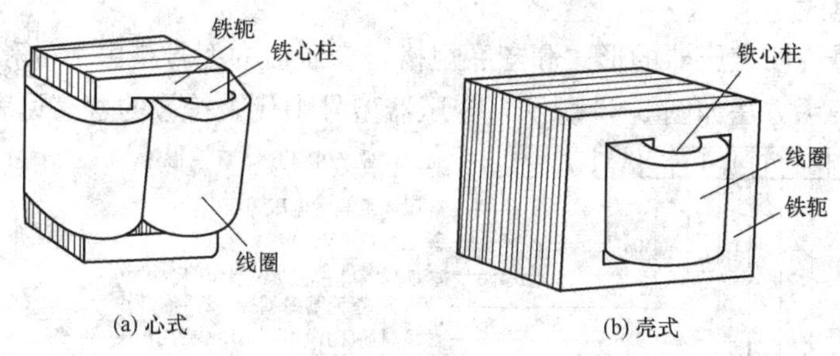

图 5-4 变压器的铁心

（2）绕组。

绕组是构成变压器的电路部分，一般用绝缘扁铜线或圆铜线在绕线模上绕制而成。绕组套装在变压器铁心柱上，按照高压绕组与低压绕组在铁心上的相互位置，绕组分为同心式和交叠式两种，如图 5 - 5 所示。同心式绕组为低压绕组在内层、高压绕组套装在低压绕组外层，这样便于绝缘。这种绕组结构简单，绝缘和教热性能好，所以在电力变压器中得到广泛采用。交叠式绕组的引线比较方便，机械强度好，易构成多条并联支路，因此常用于大电流变压器中，例如电炉变压器、电焊变压器等。

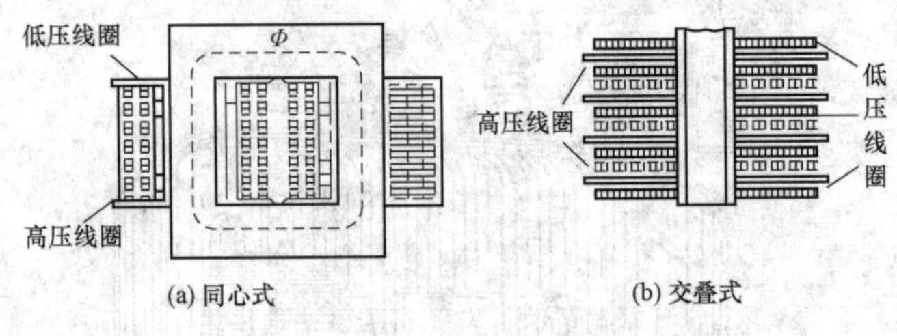

图 5 - 5　变压器绕组

（3）油箱及其他附件。

除了干式变压器外，变压器器身装在油箱内，油箱内充满变压器油，其目的是提高绝缘强度（油绝缘性能比空气好），加强散热。较大容量的变压器一般还有储油柜、安全气道、气体继电器、绝缘套管、分接开关等附件。

5.2.2　变压器的铭牌、型号和额定数据

1. 变压器的铭牌

每台变压器上都有一个铭牌，铭牌上标有型号、额定值和其他的一些数据。以电力变压器为例，其铭牌上的内容一般包括：

（1）电力变压器的形式、出厂序号、相数、冷却方式和使用场所，以及电力变压器的标准代号。

（2）电力变压器的额定容量、各侧线圈的额定电压、分接开关的位置和分接电压、额定电流及额定频率。

（3）电力变压器的接线图和联结组别。

（4）电力变压器的空载电流、空载损耗、阻抗电压和短路损耗。

（5）电力变压器的总质量、油质量和器身质量。

2. 变压器的型号

变压器的型号说明变压器的形式和产品规格，变压器的型号是由字母和数字组成的，变压器产品型号的表示方法如图 5 - 6 所示，变压器型号中代表符号的含义见表 5 - 2。

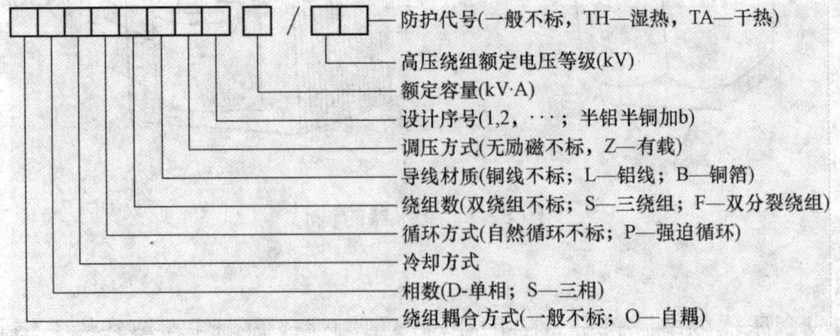

图 5 - 6　电力变压器产品型号的表示方法

表5-2　变压器型号中代表符号的含义

分类	类别	符号
相数	单相	D
	三相	S
线圈外冷却介质	矿物质	—
	不燃性油	B
	气体	Q
	干式空气自冷	G
	成形固体浇注	C
箱壳外冷却介质	油浸空气自冷	—
	油浸风冷	F
	油浸水冷	W
循环方式	自然循环	—
	强迫循环	P
	强迫导向	D
	导体内冷	N
	蒸发冷却	H
绕组数	双绕组	—
	三绕组	S
	自耦	O
调压方式	无励磁调压	—
	有载调压	Z
绕组导线材料	铜线	—
	铝线	L
	铜箔	B

举例来说，变压器的型号是S9-1600/10，表示三相油浸式自冷双绕组铜线，性能水平代号为“9”，额定容量为“1600kV·A”，高压额定电压等级为“10kV”的配电变压器。

又如OSFPSZ-120000/220，表示自耦三相风冷强迫油循环三绕组铜线有载调压，额定容量为“120 000kV·A”，高压额定电压等级为“220kV”的电力变压器。

3. 变压器的额定值

变压器的额定值是制造厂家设计制造变压器和用户安全合理使用的依据。变压器的额定值主要有以下几项内容：

(1) 额定容量(S_N)：指变压器在厂家铭牌规定的条件下，在额定电压、额定电流连续运行时所输送的容量。

(2) 额定电压(U_N)：指变压器厂时间运行时，所能承受的工作电压(铭牌上的U_N为变压器分接开关中间分接头的额定电压值)。

(3) 额定电流 (I_N)：指变压器在额定容量下，允许长期通过的电流。

(4) 容量比：指变压器各侧额定容量之比。

(5) 电压比 (变比)：指变压器各侧额定电压之比。

(6) 铜损 (短路损失)：指变压器一、二次侧电流流过一、二次绕组，在绕组电阻上所消耗的能量之和。

(7) 铁损：指变压器在额定电压下 (二次开路) 铁心中消耗的功率，包括磁滞损耗、涡流损耗和附加损耗。

(8) 百分阻抗 (短路电压)：指变压器二次侧短路，一次侧施加电压并慢慢使电压加大，当二次侧产生的短路电流等于额定电流时，一次侧施加的电压

$$U_K = 短路电压 / 额定电压 \times 100\% \quad (5-3)$$

三绕组变压器的百分阻抗有高中压、高低压、中低压绕组间三个百分阻抗。测量高中压绕组间的百分阻抗时，低压绕组须开路；其他的依此类推。

5.2.3 变压器的并列运行与常见故障分析

1. 变压器的并列运行

在电力系统中，广泛地采用变压器的并列运行，这在技术上和经济上是合理的。例如，电厂和变电所的负载是受季节和用户影响的，为了提高变压器的利用率，就需要把一些变压器投入或者退出运行。在母线上或经过线路后，将两台或更多台变压器一次侧和二次侧之同极性的出线端互相连接，这种运行方式叫变压器的并联运行。如图 5-7 所示，其优点如下：

(1) 提高供电可靠性。当某台变压器运行中发生故障被从系统中切除后，并列的其他变压器可继续供电。

(2) 有利于经济运行。变压器并列运行时，可根据实际负荷的变化和需要，灵活调节投入的台数和容量，尽量减少变压器超负荷或轻负荷，降低电能损耗，提高系统功率因数。

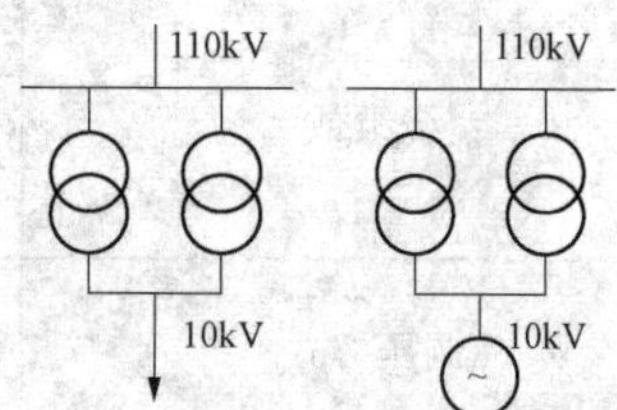

图 5-7　变压器的并联运行方式

(3) 方便安排计划检修。需要对变压器进行检修时，可以先并列上一台变压器，再将需要检修的变压器换下来，达到检修、供电两不误。

(4) 减少初期投资。变电所的负荷一般都是逐步增加起来的，并列运行可以根据负荷的发展分期安装几台变压器，从而减少初期的投资。

2. 变压器并列运行的条件

正常并联运行的变压器应该是，在空载时，并联的线圈之间没有循环电流，也就是没有铜、铁损耗；在负载时，各变压器线圈中的负载电流要按它们的容量成正比地分配，防止其中某台过载，使并联的变压器容量都得到充分的利用。为了达到上述的目的，并联运行的变压器必须满足下列条件：

(1) 电压比相同 (允许差别≤±0.5%) 即额定电压比相同。若电压比不同，投入并联运行后变压器之间便有环流产生，这一环流对两台变压器来说大小相等，但方向相反，即由一台变压器流到另一台变压器而不送到负载。环流的大小与电压比的差成正比，环流会增加变压器的损耗。另外，即使电压比相同而高、低压电压不同也不行，否则也会产生环流并使负荷分配不平衡。

（2）联结组别相同如果将不同联结组别的变压器并联，接在电网上，其相应的低压绕组端子上将存在着相位差。相位差的值为30°或是30°的倍数，从而使环流成倍地大于额定电流。因此，不同联结组别的变压器是绝对不允许并联运行的。在实际运行中，线圈联结组别不同的变压器并列运行，各变压器之间的循环电流大大超过其额定电流，所以必须严格遵守。

（3）阻抗电压百分数$U_d\%$要接近相等，否则并联变压器负荷电流就不按容量成比例分配。一般规定阻抗电压值在±10%误差范围内，阻抗角相差为10°～20°。

（4）三相相序相同如果并联运行的各变压器的联结组别、电压比和阻抗电压值均相同，但由于接入电网时的相序有错，则变压器绕组间将产生极大的循环电流，会烧毁绕组。为此并联前必须仔细核对相位，即测量各变压器相应端子的电压，测得两端子电压为零时，可认为两端子为同相。

（5）变压器容量比不可太大，容量不同的变压器，容量越小的短路电压有功分量就越大，因此变压器负载电流不同相，也会造成环流。所以，对并联变压器的容量差别也要有限制，一般容量比不超过3∶1。在相同的额定电压时，总负载在各并联连接的变压器上的分配与变压器的额定容量成正比，而与短路电压成反比。

3. 并列运行时的安全操作禁忌

变压器的并列运行，除了必须同时满足并列运行的条件之外，还不能忽视安全操作。

（1）并列运行需经过认真计划，并列操作不宜频繁进行，否则对变压器和开关设备不利。

（2）并列运行时必须根据变压器的技术数据认真核算，尤其在长时间运行时，要充分考虑并列运行的经济性。

（3）新投入运行和检修后的变压器，在并列运行之前，首先应该核相，并且选择变压器空载状态下试并列无误后，才可正式并列及带负荷。

（4）不允许使用隔离开关和跌开式熔断器进行变压器的并列或解列操作。不允许通过变压器倒送电。

（5）并列运行之前，应根据实际情况，预计负荷分配；并列之后，立即检查并列变压器的负荷电流分配是否合理。

（6）解列或停用一台并列运行的变压器，应根据实际情况，预计是否有可能造成一台变压器过负荷，在有可能造成变压器过负荷的情况下，变压器不能进行解列操作。

5.2.4　变压器的常见故障分析

1. 变压器常见故障分析

变压器常见故障现象及分析见表5-3。

表5-3　　变压器常见故障现象及分析

异常运行分类	征兆	原因及处理方法
变压器运行时声音异常	变压器声音增大	运行中的变压器，声音比往常增大，大致原因如下：①变压器本来负荷较大，此时又有大容量动力设备投入启动，变压器负荷声音增大；②电弧炉、大型晶闸管整流设备参加运行，带来谐波分量的影响；③电网中出现单相接地，变压器声音增大，如不出现其他的异常声音和现象，可以结合电流表、电压表指示情况进行综合分析，并对变压器进行一次详细检查，如果没有发展，可继续运行

续表

异常运行分类	征兆	原因及处理方法
变压器运行时声音异常	变压器出现不均匀杂音	变压器出现个别零件松动，尤其是铁心的穿心螺栓不够紧固，硅钢片振动加大，使得内部出现不均匀的噪声。如不及时处理，硅钢片绝缘膜进一步破坏，容易引起铁心局部过热，时间长了，此现象不断加剧，则应停用此变压器，吊出器身检查
	变压器有水沸腾声	变压器内部如有类似水沸腾的声音，且伴有温度急剧上升、油位增高时，则判断为绕组发生短路故障或分接开关因接触不良引起严重过热，此时应立即停用此变压器，吊出器身检查
	变压器的震动声、摩擦声	变压器运行时有规律的振动声、摩擦声一般是由于变压器自身振动引起一些零件的振动摩擦等。另外，谐波源的影响也是原因之一。所以，应找出根源，适当处理
	变压器有放电和爆裂声	变压器外部或内部发生局部放电会出现“噼啪”声，尤其在夜间或阴雨天气可看到套管附近有电晕或火花，这说明套管瓷件污秽严重或线夹接触不良。若放电声来自内部，可能是绕组或引出线对外壳闪络放电，或铁心接地线断线，造成铁心感应的高电压对外壳放电，或分接开关接触不良放电。不管哪种放电，时间长了都会严重损坏变压器的绝缘。因此，这种异常情况应慎重判断，及时停用该变压器，如判断故障在内部，则可吊出器身检查
变压器油色异常	变压器油一般为透明并略显黄色，非此颜色则视为异常	发现油色异常，应取油样进行化验分析。若发现油内含有炭粒和水分、油的酸价增高、闪点降低、绝缘强度也降低，则说明油质劣化，使变压器内发生绕组内部与外壳间的击穿故障。即油色异常也应抓紧分析，必要时停用此变压器，做进一步的检查
变压器溢油或喷油	变压器油溢出或喷出	当变压器二次系统突然发生短路，而保护装置拒动，或变压器内部有短路故障，而出气孔和防爆管堵塞等原因，内部的高温高热会使变压器喷油。如果变压器油量过多、气温又高，也可造成非内部故障性质的溢油。变压器一旦发生喷油后，可能引起气体保护动作。若变压器喷油，应立即停用，做进一步检查
变压器油位过低	非运行变压器由于器身温度变化引起的绝缘油体积变化带来的油位下降	原因如下： ①变压器运行中，因阀门、垫圈、焊接质量的问题，会发生渗漏油。 ②变压器本来油量不太足，加之气温降低的影响。 ③多次试验取油样而未及时补油。 ④由于油位计管堵塞、储油柜吸湿器堵塞等原因造成的假油位，未及时发现及补油。 长期油位过低会对变压器产生严重的危害。如低到一定程度，气体保护动作；绕组露出油面接触空气、吸收潮气，降低绝缘水平。 处理方法：变压器缺油时应及时补油；若因大量漏油使油位骤降，低至气体继电器以下或继续下降时，应停用此变压器

续表

异常运行分类	征兆	原因及处理方法
变压器油温显著上升	在正常负荷和正常冷却方式下，变压器油温较平时高出10℃以上，或负荷不变，油温不断上升时，经检查冷却装置及温度计也无问题，则视为内部故障	①变压器绕组匝间短路或层间短路。这时，会看到变压器一、二次三相电压和三相电流表现为不平衡，还将伴随有气体及差动保护动作，严重时甚至防爆管喷油。变压器停用后，用电桥测量三相绕组的直流电阻会得以查证。 ②变压器分接开关接触不良，接触电用过大，或变压器内部其他连接点有问题，均会造成放电或过热，导致影响变压器油温升高。这时，如化验分析绝缘油门点降低和高压绕组直流电阻有明显增大，可初步判断为分接开关接触不良所致。 ③变压器涡流的增大，使铁心过热加剧而引起硅钢片间绝缘的进一步损坏，增大铁损值，油温升高。穿心螺栓绝缘的损坏，会使穿芯螺栓与硅钢片短接。这时将有较大的电流通过穿心螺栓，使螺栓发热，因而也促使变压器油温的升高。此时可以通过观察气体保护信号有无频繁动作、变压器油门点下降等方法，进行初步判断。 上述几种情况均需对变压器进行器身检查
变压器过负荷	(1) 过负荷时，电流表、有功无功电能表指示会超过额定值。 (2) 油温上升声音有变化。 (3) 冷却装置可能启动。 (4) 信号屏上的“过负荷”字牌亮	遇到变压器过负荷，首先应及时调整运行方式，如有备用变压器，应立即投入。查明异常现象是哪部分出线引起的，必要时设法调整、转移、限制某些负荷。如果属于正常过负荷，可根据过负荷的倍数确定允许过负荷时间，若超过时间，应立即减小负荷。如果属于事故过负荷，可根据过负荷倍数及时间允许值，减小变压器的负荷。如倍数和时间超过允许值，应按照规定减小负荷，同时要注意加强对变压器的运行监视
变压器套管闪络放电	闪络放电	变压器套管表面沉积灰尘、煤灰及烟雾，也容易引起套管的网络。另外，套管制造上的缺陷，如套管密封不严，因进水使绝缘受潮而损坏或绝缘内部游离放电，套管上有较大的碎片及裂纹等，在遇到过电压时，极易闪络放电。闪络放电造成发热，严重时导致爆炸事故。因此，运行中的变压器，发现套管有严重破损和放电现象时，应立即停用处理
变压器异常气味	气味异常	运行中的变压器，某些部件或局部放电过热，会产生一些异常气味。例如，套管表面污秽沉积过多或破损，发生闪络放电，这时会有一种臭氧味；套管导电部分过热，也会产生一种焦味；冷却风扇、油泵烧毁，或控制箱内电气元件线路烧损，也会产生焦臭味。对于轻瓦斯动作时气体的气味，当然应该更加注意。变压器有异常气味出现，应查清根源，予以适当的处理

续表

异常运行分类	征兆	原因及处理方法
变压器分接开关故障	内部有放电声音，电流表指示随响声发生摆动，或轻瓦斯发生信号，检查发现绝缘油的闪点降低，氢、烃类含量急剧增加，一氧化碳、二氧化碳含量变化不大	分接开关故障一般原因如下： ①分接开关触点弹簧压力不足，触点滚轮压力不均，使有效接触面积减少，以及因使银层磨损严重等引起分接开关烧毁。 ②分接开关接触不良，又遇到短路电流的冲击而发生故障。 ③倒分接开关时操作方法不当，本来，未用位置触点长期浸在油中，可能因氧化而产生一层氧化膜，而在倒分接开关时，没有将分接开关手柄多转动几次，以消除接触面的氧化膜及油垢，或者也未测量分接头直流电阻，未能发现接触不良的问题，经受不了大电流的冲击。 ④相间绝缘距离不够大，或绝缘材料性能降低，在内部或外部过电压作用下容易发生短路。 若发现变压器电压、电流指示反常、温度上升、油色及声音发生较大的变化，应立即取油样做气相色谱分析。如鉴定为分接开关故障时，可试切换到完好的挡位，测量直流电阻合格后暂时运行。事态严重应立即停用
变压器冷却系统异常	冷却器出现风故障，或运行声音异常，或发备用冷却器投入信号，或冷却器全停	变压器冷却系统故障，其原因有机械方面的也有电气方面的。冷却风扇、油泵及其控制线路的损坏，某些阀门、水冷管路元件的损坏等都可能使冷却系统中断运行。注意三点：一是冷却系统中断后，变压器油温及储油柜油位都要上升，并有可能从防爆管溢油；二是冷却装置修复运行后，储油柜油位又可能下降，甚至使气体保护动作，这时应停用重保护；三是冷却系统中断后，要密切注意负荷状况，若冷却系统故障处理需要时间较长，而变压器负荷又很重，应考虑某些负荷限用调整
变压器差动保护动作	差动保护动作，变压器各侧断路器同时跳闸	差动保护动作，变压器各侧断路器同时跳闸时，应立即检查差动保护范围内所有一、二次设备，线路，包括电流互感器、穿墙套管以及二次差动保护回路等有无短路放电及其他异常现象。测量变压器绝缘电阻，检查有无内部故障，检查直流系统有无接地异常现象等。 经过上述检查如判明动作原因在外部，则变压器可不经过内部检查重新投入运行，否则，应对变压器做进一步检查、试验分析以确定故障性质，必要时要对其器身进行检查
变压器气体保护动作		轻瓦斯保护动作的原因有以下几个： ①因滤油、加油或冷却系统不严密等原因致使空气进入变压器。 ②因温度下降或漏油致使油位过低。 ③变压器内部有轻微程度故障，产生微弱气体。 ④保护装置二次回路故障引起误动作。 ⑤外部发生穿越性短路故障。 ⑥受强烈振动影响。 ⑦气体继电器本身有问题。

续表

异常运行分类	征兆	原因及处理方法
变压器气体保护动作	瓦斯保护是内部故障的主保护，它能反映变压器内部发生的各种故障。变压器内部故障时，一般是怕较轻微故障逐步发展为严重故障。所以，大部分先发出轻瓦斯动作信号，然后再重瓦斯动作跳闸	当变压器报出轻瓦斯保护信号后，值班人员应立即对变压器进行外部检查，包括油色、油位、油温、气体继电器气体量及负荷量。若外部检查未发现异常现象，可根据气体继电器中气体的性质及绝缘油气相色谱分析结论，查明故障性质。 运行中的变压器发生重瓦斯保护动作时，其原因可能是： ①变压器内部严重故障。 ②保护装置二次回路故障引起的误动作。 ③某些情况下，由于储油柜内的胶管安装不良，造成呼吸器堵塞，油温变化后，呼吸器突然冲开，储油柜冲动使气体继电器误动跳闸。 ④外部发生穿越性短路故障。 ⑤变压器附近有强烈振动。 当轻瓦斯信号和重瓦斯保护动作后，往往是变压器内部发生了比较严重的故障，此变压器未经进一步检查不许再投入运行。此时，只要其他设备的保护没有动作，就可以先投入备用变压器或备用电源，恢复对全部或部分用户的供电
变压器定时过电流保护动作	定时过电流保护动作，断路器跳闸	定时过电流保护动作、断路器跳闸应根据保护信号显示情况、相应断路器跳闸情况、设备故障情况等综合分析判断，进行处理。 若定时过电流保护动作，断路器跳闸，而气体、差动也有动作反应，则应对变压器本体进行检查。发现明显故障特征时，不可送电

2. 瓦斯继电器动作

瓦斯继电器动作，说明变压器可能有问题。若是信号动作而不跳闸，通常有下列原因：

(1) 油位降低，二次回路的故障，由外部检查可确定。

(2) 滤油、加油或冷却系统不严密，致使空气进入变压器，这时应鉴定变压器内部积聚的气体性质。例如有气体，且无色、无臭、不可燃，则为空气。如果在继电器顶端上面5～6mm处点火可燃的，则不是空气，可能是变压器故障产生的少量气体，例如因穿越性短路所致。此时，应检查油的闪燃点。如闪燃点较过去降低5℃以上，说明变压器内部已有故障，须进行内部修理。瓦斯继电器动作时的气体分析和处理要求见表5-4。

表5-4　瓦斯继电器动作时的气体分析和处理要求

气体性质	故障原因	处理要求
无色、无臭、不可燃	变压器内含有空气	允许继续运行
灰白色、有巨臭、可燃	纸质绝缘烧坏	应立即停电检修
黄色、难燃	木质部分烧坏	应停电检修
深灰和黑色、易燃	油内闪络和油质炭化	应分析油样，必要时停电检修

5.2.5 变压器常用控制与保护设备

1. 变压器常用控制设备

(1) 断路器是开关设备中最重要和最复杂的一种高压电器，具有良好的灭弧性能。它既能切换正常负荷，又可排除短路故障，具有控制和保护双重任务，在工厂变电所中广泛用作变配电线路、电力变压器或高压电动机的控制、保护开关。断路器按所采用的灭弧介质不同，分油断路器（多油和少油两种）、空气断路器、真空断路器和六氟化硫（SF_6）断路器等多种。断路器的操作机构，按其合闸能源的不同可分为手动式、电磁式、弹簧式、气动式、液压式等。

1）少油断路器。少油断路器的油只作灭弧介质之用，截流部分是借空气和陶瓷绝缘材料或其他有机绝缘材料来绝缘的。它用油量少，油箱结构坚固，安装简便，使用安全。其缺点是：不适于频繁操作和严寒地区，附装电流互感器比较困难，抢修周期较短。

2）真空断路器。真空断路器指的是触点在真空中断开电路的断路器，这种断路器的灭弧是一个真空度保持在 10^{-6}～10^{-2} Pa 严格密封的部件。靠真空作为灭弧和绝缘介质。灭弧室内的动、静触点分别焊接在动、静电导杆上，借助于波纹管实现动密封，在机构驱动力作用下沿灭弧室做轴向移动。触点周围有一个用来吸附燃弧时触点上产生的金属蒸气的屏蔽罩，使电弧电流在第一次过零时即可熄灭。所以燃弧时间只有半个周期，不受开断电流大小的影响。保持真空断路器的真空密封外壳的高度真空是保证真空断路器安全可靠运行的重要条件。真空断路器有以下优点与缺点，见表 5-5。

表 5-5　　真空断路器的优点与缺点

真空断路器优点	真空断路器缺点
触点开距小	造价较高
燃弧时间短，触点烧损轻	过载能力过差
体积小，重量轻	需要装设监视（灭弧室）真空度变化的监视装置
防火防爆	开断小电感电流时，有可能产生较大的过电压，必须配有专用的 R-C 吸收器或金属氧化物避雷器，才能有效地限制操作过电压
维修量小	
操作噪声小	
适用于频繁操作，特别适用于开断容性负载电流	

3）六氟化硫断路器。六氟化硫（SF_6）断路器是一种采用化学性能非常稳定的 SF_6 惰性气体作为灭弧和绝缘介质的新型断路器。灭弧室结构一般为单压式（灭弧室在常态时只有单一压力的 SF_6 气体）。分闸过程中压气缸与动触点同时运动，将压气室内的气体压缩；当触点分离后，电弧即在高速气流纵吹作用下熄灭。由于 SF_6 气体具有优良的绝缘和灭弧性能，使 SF_6 断路器具有开断能力强、断口电压高、允许连续开断次数多、适于频繁操作、噪声小、检修周期长等许多优点。

(2) 负荷开关。负荷开关是一种性能介于隔离开关和断路器之间的简易电器，由于有简单的灭弧装置，所示具有一定的灭弧能力，可用来切断正常负荷电流，但不能切断故障时的短路电流。因此负荷开关必须与高压熔断器配合使用，由后者来承担切断短路电流的作用。

(3) 隔离开关。隔离开关是一种没有灭弧装置的开关设备，不能用它来接通和切断负荷电流，更不能切断短路电流，只能在电气线路已被切断的情况下用来隔离电源，满足运行方式、调度及保证检修工作的安全。合闸状态能可靠地通过正常负荷电流与短路故障电流。隔离开关都设有防止误操作（不允许断路器在关合状态下进行分合闸操作）的机械或电气联锁。

2. 变压器常用保护设备

(1) 高压熔断器。高压熔断器具有结构简单、体积小、重量轻、维护方便等优点。在35kV及以下小容量电网中用来保护线路或变压器等电气设备。熔断器主要由熔管、接触导电系统、支持绝缘子和底座等组成。

(2) 保护继电器常用的保护继电器按其结构原理分，通常有电磁式、感应式和晶体管式等；按其保护功能分有电流继电器、时间继电器、中间继电器和信号继电器等。保护继电器新产品为插入式结构，体积小，更换方便。

模块 6　常用低压电器

6.1　常用低压电器的识别、拆装与检修任务单

任务名称	常用低压电器的识别、拆装与检修		
任务内容	要求	学生完成情况	自我评价
常用低压电器的识别、拆装与检修	掌握按钮的结构、作用、电路符号，并能够熟练使用万用表进行测量		
	掌握接触器的结构、作用、电路符号，并能够熟练使用万用表进行测量		
	掌握热继电器的结构、作用、电路符号，并能够熟练使用万用表进行测量		
	掌握时间继电器的结构、作用、电路符号，并能够熟练使用万用表进行测量		
	掌握低压断路器的作用、电路符号，并能够熟练使用万用表进行测量		
	掌握熔断器的结构、作用、电路符号和类型，并能够熟练使用万用表进行测量		
考核成绩			
教学评价			
教师的理论教学能力	教师的实践教学能力	教师的教学态度	
对本任务教学的意见及建议			

6.2　常用低压电器的识别、拆装与检修

电器是指用于接通和断开电路或对电路和电气设备进行保护、控制和调节的电工器件，根据其在电路中所起的作用不同，可分为控制电器和保护电器，控制电器主要控制电路的接

通或断开，例如刀开关、接触器等。保护电器主要的作用是保护电源不工作在短路状态，保护电动机不工作在过载状态，例如热继电器、熔断器都属于保护电器。根据电器的工作电压等级可分为高压电器和低压电器，所谓的低压电器是指用于交流电压 1200V、直流电压 1500V 及以上电路中的电器。

低压电器的用途广泛，功能多样，种类繁多，结构各异。常用低压电器分类参见表 6 - 1。

表 6 - 1　　常用低压电器分类

分类方法	类别	说明	举例
按低压电器的用途和所控制的对象分类	低压配电电器	主要用于低压配电系统及动力设备中电能的输送和分配的电器	低压开关、低压熔断器、断路器等
	低压控制电器	主要用于电力拖动及自动控制系统中各种控制线路和控制系统的电器	接触器、起动器、控制继电器、控制器、主令电器、电阻器、变阻器、电磁铁、保护器等
按低压电器的动作方式分类	自动切换电器	依靠电器本身参数的变化或外来信号的作用自动完成接通或分断等动作的电器	接触器、继电器等
	非自动切换电器	主要依靠外力（如手控）直接操作来进行切换的电器	按钮、低压开关等
按低压电器的执行机构分类	有触点开关电器	具有可分离的动触点和静触点，主要利用触点的接触和分离来实现线路的接通和断开控制	接触器、继电器等
	无触点开关电器	没有可分离的触点，主要利用半导体元器件的开关效应来实现线路的通断控制	接近开关、固体继电器等

1. 刀开关

刀开关如图 6 - 1 所示，是一种结构最简单且应用最广泛的手控低压电器，主要类型有负荷开关（如胶盖刀开关和铁壳开关）和板形刀开关。在低压电路中用于不频繁地接通和分断电路，或用于隔离电路与电源，故又称隔离开关。广泛用在照明电路，有时也用来控制小容量（5.5kW）电动机的直接起动与停止。

刀开关一般由闸刀（动触点）、静插座（静触点）、手柄和绝缘底板等组成。其主要技术参数有额定电流、额

(a) 外形

QS　QS

三极刀开关　二极刀开关

(b) 符号

图 6 - 1　刀开关的外形与符号

定电压、极数、控制容量等。

刀开关一般根据其控制回路的电压、电流来选择。刀开关的额定电压应大于或等于控制回路的工作电压。正常情况下，刀开关一般能接通和分断其额定电流，因此，对于普通负载可根据负载的额定电流来选择刀开关的额定电流。对于用刀开关控制电动机时，考虑其起动电流可达 4～7 倍的额定电流，选择刀开关的额定电流，宜选为电动机额定电流的 3 倍左右。在选择胶盖瓷底刀开关时，应注意是三极的还是两极的。

刀开关的常见故障及维修方法见表 6-2。

表 6-2　　刀开关常见故障及维修方法

序号	故障现象	故障原因	维修方法
1	开关触点过热或熔焊	刀片、刀座烧毛	修磨动、静触点
		速断弹簧压力不当	调整防松螺母
		刀片、刀座表面氧化	清除表面氧化层
		刀片动、静触点插入深度都不够	调整操作机构
		带负荷起动大容量设备，大电流冲击有短路电流	排除短路点，更换大容量开关
2	开关与导线接触部位过热	连接螺栓松动，弹簧垫片失效	紧固螺栓，更换垫圈
		螺栓过小	更换螺栓
		过渡接线因金属不同而发生电化学腐蚀	采用铜铝过渡线
3	开关合闸后缺相	静触点弹性消失或开口过大，刀片与夹座未接触	修整静触点
		熔丝熔断或虚接触	更换熔丝，拧紧连接熔丝螺钉
		触点表面氧化或有尘污	清除触点表面氧化物
		进出线氧化，造成接线柱接触不良	清除氧化层
4	铁壳开关操作手柄带电	电源进出线绝缘不良	更换导线
		碰壳和开关地线接触不良	紧固接地线

2. 组合开关（转换开关）

组合开关又叫转换开关，是一种转动式的刀开关，如图 6-2 所示，主要用于接通或切断电路、换接电源、控制小型笼型三相异步电动机的起动、停止、正反转或局部照明。组合开关有若干个动触片和静触片，分别装于数层绝缘件内，静触片固定在绝缘垫板上，动触片装在转轴上，随转轴旋转而变更通、断位置。

3. 低压断路器

低压断路器是当电路发生严重过载、短路以及失压等故障时能自动切断电路，有效地保护串接在其后的电气设备，在正常条件下，也可用于不频繁地接通和断开电路及控制电动机，当发生严重过电流、过载、短路、断相、漏电等故障时，能自动切断线路，起到保护作用，而且在分断故障电流后，一般不需要更换部件，因此断路器是低压线路中常用的具有齐

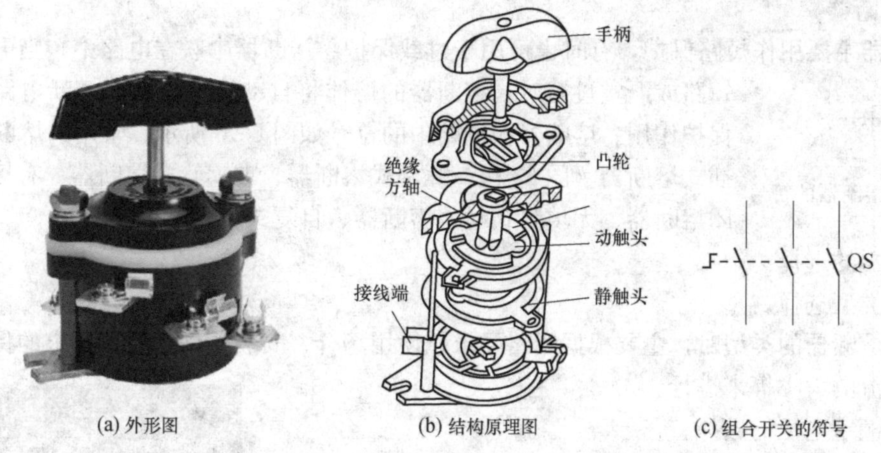

图 6-2　组合开关的外形、结构原理图与符号

备保护功能的控制电器。在实际中得到广泛的应用。其常见外形如图 6-3 所示，其电路符号如图 6-4 所示。

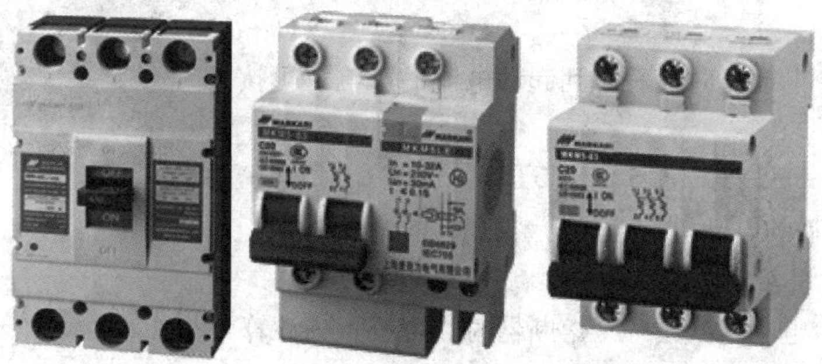

图 6-3　几种常用断路器的外形图

断路器的种类很多，人们比较习惯的是按结构形式把断路器分为万能框架式、塑壳式和模块式三种。断路器的结构如图 6-5 所示。它是刀开关、熔断器、热继电器和欠电压继电器的组合。它既能自动控制，也能手动控制。

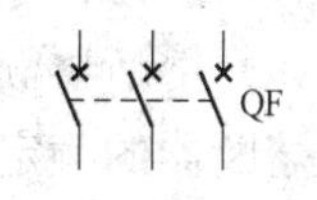

图 6-4　断路器符号

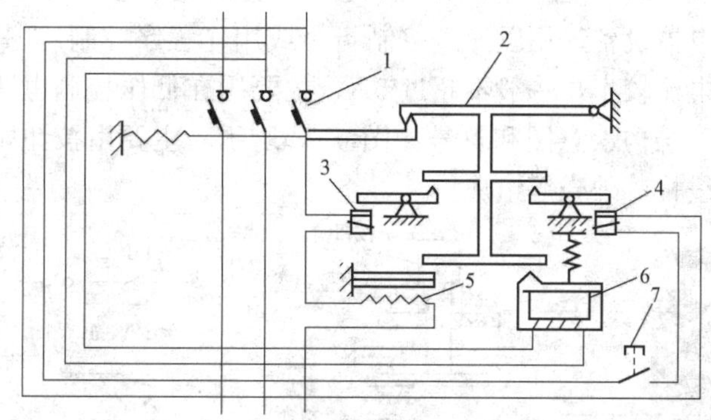

图 6-5　断路器结构原理图

1—主触点；2—自由脱扣器；3—过电流脱扣器；4—分励脱扣器；5—热脱扣器；6—失电压脱扣器；7—起动按钮

4. 熔断器

熔断器主要用作短路保护，有时也可用于过载保护。熔断器串联在电路中，当电路发生短路或严重过载时，熔断器的熔体将自动熔断，从而切断电路，起到保护作用。熔断器在电路中的符号如图 6-6 所示。常用的熔断器有瓷插式熔断器（图 6-7）、螺旋式熔断器、玻璃管式熔断器、有填料式封闭熔断器、无填料式封闭熔断器、自复式熔断器等。

FU

图 6-6　熔断器的符号

熔断器的选择：

（1）类型选择。

选择熔断器的类型时，主要根据线路要求、使用场合、安装条件、负载要求的保护特性和短路电流的大小等来进行。

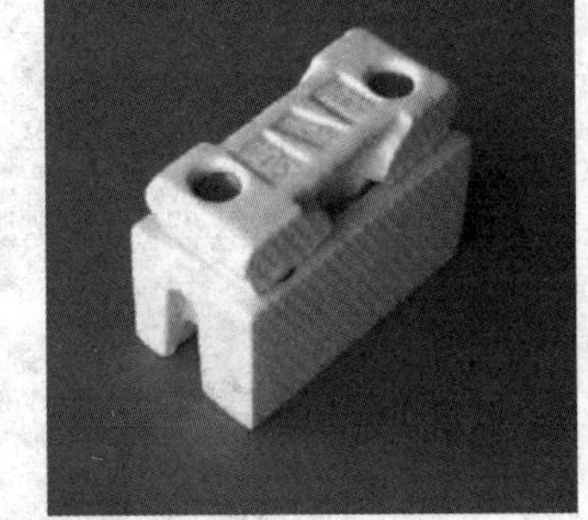

图 6-7　瓷插式熔断器的外形图

（2）额定电压的选择。

额定电压应大于或等于线路的工作电压。

（3）熔体额定电流的选择。

1）对于电炉、照明等电阻性负载的短路保护，应使熔体的额定电流 I_R 等于或稍大于电路的工作电流 I，即

$$I_R \geqslant I \tag{6-1}$$

2）保护单台电动机时，考虑到起动电流的影响，可按下式选择

$$I_R \geqslant (1.5 \sim 2.5) I_N \tag{6-2}$$

对于频繁起动的电动机，上式的系数取 3～3.5。

式中，I_N 为电动机额定电流。

3）保护多台电动机共用一个熔断器时，可按下式计算

$$I_R \geqslant (1.5 \sim 2.5) I_{Nmax} + \sum I_N \tag{6-3}$$

式中：I_{Nmax}为容量最大的一台电动机的额定电流；$\sum I_N$ 为其余电动机额定电流之和。

（4）熔断器额定电流的选择。

熔断器的额定电流必须大于或等于所装熔体的额定电流。

5. 按钮

按钮是一种接通或分断小电流电路的主令电器（所谓主令电器是自动控制系统中用于接通或断开控制电路的电器设备，用以发送控制指令或用作程序控制），其结构简单，应用广泛。触点允许通过的电流较小，一般不超过 5A，主要用在低压控制电路中，手动发出控制信号。按钮的外形图、结构示意图和符号如图 6-8 所示，主要由按钮帽、复位弹簧、动断触点、动合触点、接线柱、外壳等组成。

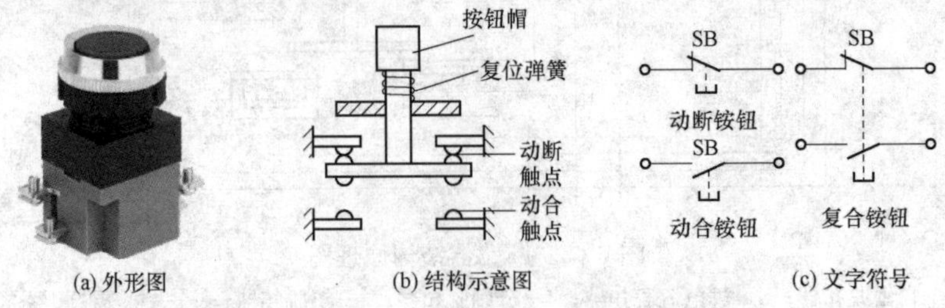

(a) 外形图　(b) 结构示意图　(c) 文字符号

图 6-8　按钮的外形图、结构示意图和符号

由于按钮的触点结构、数量和用途不同，按钮又分为停止按钮（动断按钮）、起动按钮（动合按钮）和复合按钮（既有动断触点，又有动合触点）。按按钮的触点分为常闭触点（动断触点）和常开触点（动合触点）两种。动断触点是按钮未按下时闭合、按下后断开的触点。动合触点是按钮未按下时断开、按下后闭合的触点。按钮按下时，动断触点先断开，然后动合触点闭合；松开后，依靠复位弹簧使触点恢复到原来的位置。

按钮常见的故障及维修方法见表 6-3。

表 6-3　　按钮的常见故障及维修方法

<table>
<tr><th>序号</th><th>故障现象</th><th colspan="2">故障原因</th><th>维修方法</th></tr>
<tr><td rowspan="2">1</td><td rowspan="2">按起动按钮时有被电麻感觉</td><td colspan="2">按钮帽的缝隙钻进了金属粉末或铁屑等</td><td>清扫按钮，给按钮罩一层塑料薄膜</td></tr>
<tr><td colspan="2">按钮防护金属外壳接触了带电导线</td><td>检查按钮内部接线，消除碰壳</td></tr>
<tr><td rowspan="2">2</td><td rowspan="2">按停止按钮时不能断开电路</td><td rowspan="2">按钮非正常短路所致</td><td>铁屑、金属末或油污短接了动断触点</td><td>清扫触点</td></tr>
<tr><td>按钮盒胶木烧焦炭化</td><td>更换按钮</td></tr>
<tr><td rowspan="2">3</td><td rowspan="2">按停止按钮后再按起动按钮，被控制电器不动作</td><td colspan="2">停止按钮的复位弹簧损坏</td><td>调换复位弹簧</td></tr>
<tr><td colspan="2">起动按钮动合触点氧化、接触不良</td><td>清扫、打磨动、静触点</td></tr>
</table>

6. 行程开关

行程开关又称限位开关，它是利用生产机械某些运动部件对它的碰撞来发出开关量控制信号的主令电器，一般用来控制生产机械的运动方向、速度、行程远近或定位，其外形如图 6-9 所示，可实现行程控制以及限位保护的控制。行程开关属于行程原则控制的范围，即生产机械的行程改变电路状态的基准。行程开关的结构示意图和符号如图 6-10 所示。

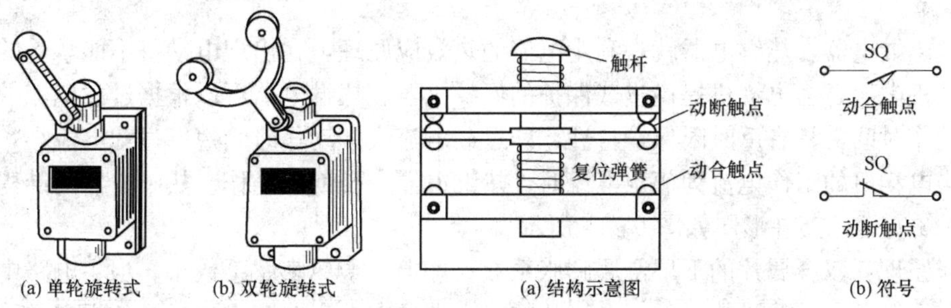

(a) 单轮旋转式　(b) 双轮旋转式

图 6-9　LX19 系列行程开关外形图

(a) 结构示意图　(b) 符号

图 6-10　行程开关的结构示意图和符号

工作原理：当操作头感受到运动部件的碰撞后，将力传递到触点系统，使触点的开闭状态发生变化，触点已接在控制电路中，从而使相应的电器动作，达到控制的目的。

7. 接触器

接触器是一种用于频繁地接通或断开交直流主电路、大容量控制电路等大电流电路的自动切换电器。在功能上接触器除能自动切换外，还具有手动开关所缺乏的远距离操作功能和失电压（或欠电压）保护功能，但没有自动开关所具有的过载和短路保护功能。接触器生产方便，成本低，主要用于控制电动机、电热设备、电焊机、电容器等，是电力拖动自动控制线路中应用最广泛的电器元件，其外形图和符号如图 6-11 所示。

组成及分类：接触器主要由线圈、铁心、衔铁、动触点与静触点、灭弧装置等部分组成，按流过接触器触点电流的性质可分为交流接触器和直流接触器。交流接触器的结构如图 6-12 所示。根据用途不同，交流接触器的触点分主触点和辅助触点两种。主触点一般比较大，接触电阻较小，用于接通或分断较大的电流，常接在主电路中；辅助触点一般比较小，接触电阻较大，用于接通或分断较小的电流，常接在控制电路（或称辅助电路）中。有时为了接通和分断较大的电流，在主触点上装有灭弧装置，以熄灭由于主触点断开而产生的电弧，防止烧坏触点。

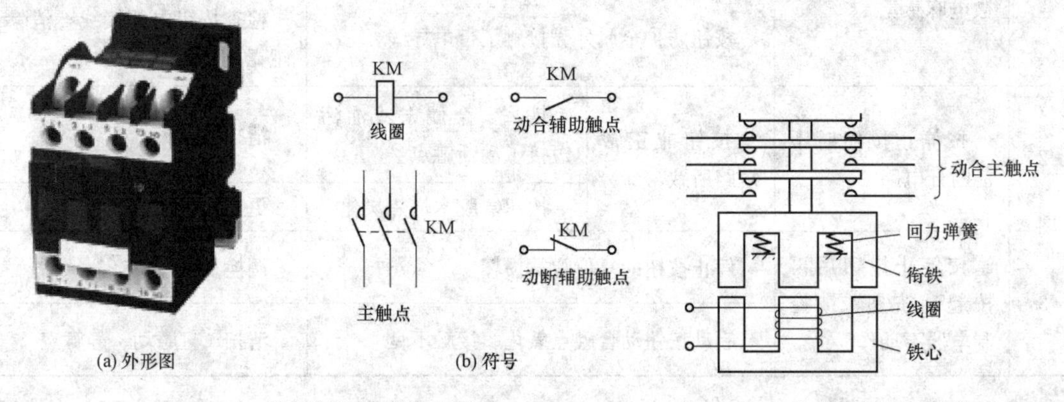

(a) 外形图　(b) 符号

图 6-11　接触器的外形图和符号　　图 6-12　交流接触器的结构示意图

8. 继电器

继电器是一种根据外来电信号来接通或断开电路，以实现对电路的控制和保护作用的自动切换电器，继电器的种类很多，根据用途可分为控制继电器和保护继电器；根据反映的不同信号可分为电压继电器、电流继电器、时间继电器、热继电器、速度继电器、中间继电器。

(1) 热继电器。热继电器就是利用电流的热效应原理，在出现电动机不能承受的过载时切断电动机电源，为电动机提供过载保护的保护电器。热继电器可以根据过载电流的大小自动调整动作时间，具有反时限保护特性，即过载电流大，动作时间短；过载电流小，动作时间长。当电动机的工作电流为额定电流时，热继电器应长期不动作。热断电器的结构和符号如图 6-13 所示，其外形图如图 6-14 所示。

工作原理：双金属片的下层金属膨胀系数大，上层金属膨胀系数小。当主电路中电流超过容许值而使双金属片受热时，双金属片的自由端便向上弯曲超出扣板，扣板在弹簧的拉力下将动断触点断开。触点是接在电动机的控制电路中的，控制电路断开便使接触器的线圈断电，从而断开电动机的主电路。

(2) 时间继电器。时间继电器是指当感测机构接收到外界动作信号，经过一段时间后触点才动作的继电器，其符号如图 6-15 所示。时间继电器按动作原理可分为电磁式、空气阻尼式（外形如图 6-16)、电动式和电子式；按延时方式可分为通电延时和断电延时两种。

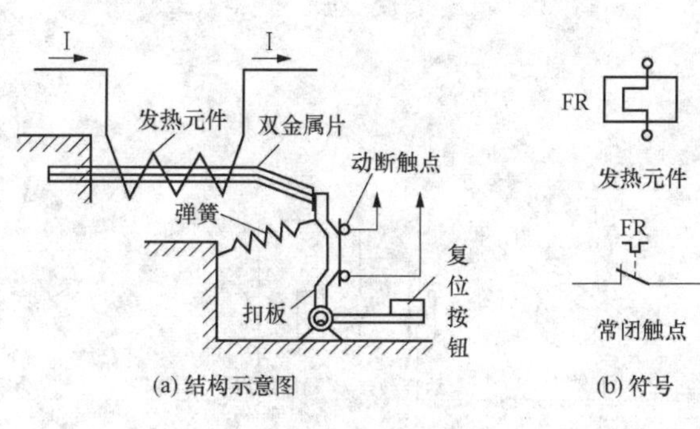

图 6-13 热继电器的结构示意图和符号

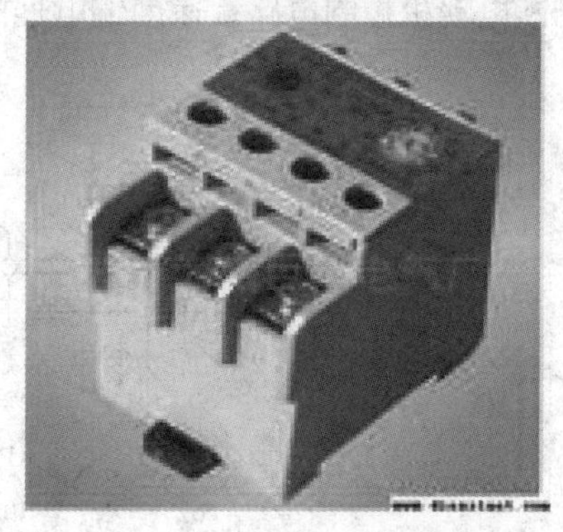

图 6-14 双金属片式热继电器外形图

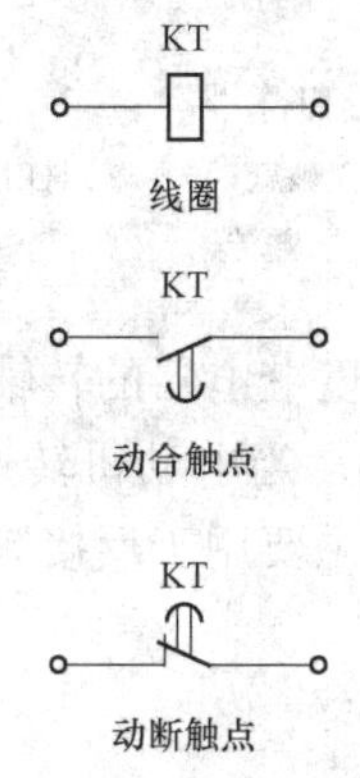

图 6-15 时间继电器的符号

图 6-16 空气阻尼式时间继电器外形图

空气阻尼型时间继电器的延时范围大（有 0.4～60s 和 0.4～180s 两种），其结构简单，但准确度较低。当线圈通电时，衔铁及托板被铁心吸引而瞬时下移，使瞬时动作触点接通或断开。但是活塞杆和杠杆不能同时跟着衔铁一起下落，因为活塞杆的上端连着气室中的橡皮膜，当活塞杆在释放弹簧的作用下开始向下运动时，橡皮膜随之向下凹，上面空气室的空气变得稀薄而使活塞杆受到阻尼作用而缓慢下降。经过一定时间，活塞杆下降到一定位置，便通过杠杆推动延时触点动作，使动断触点断开，动合触点闭合。从线圈通电到延时触点完成动作这段时间就是继电器的延时时间。延时时间的长短可以用螺钉调节空气室进气孔的大小来改变。吸引线圈断电后，继电器依靠恢复弹簧的作用而复原。空气经出气孔被迅速排出。通电延时型空气阻尼式时间继电器结构如图 6-17 所示。

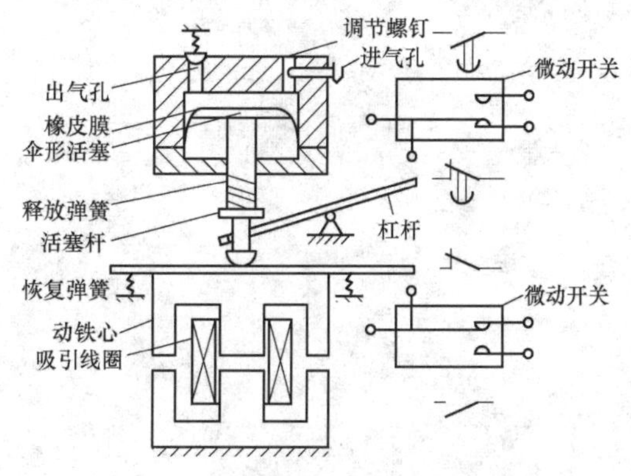

图 6-17 通电延时型空气阻尼式时间继电器结构示意图

（3）速度继电器。速度继电器是一种利用速度原则对电动机进行控制的自动电器，当电动机转速下降到一定值时，由速度继电器切断电动机控制电路。速度继电器的结构和符号如图 6 - 18 所示。

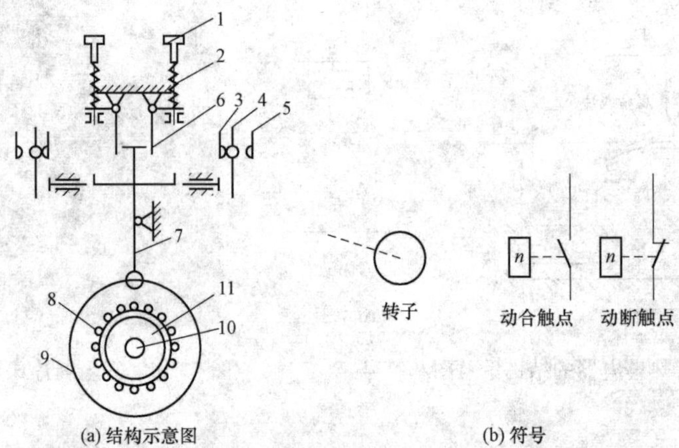

图 6 - 18 速度继电器的结构示意图和符号

1—调节螺钉；2—反力弹簧；3—动断触点；4—动触点；5—动合触点；6—返回杠杆；7—摆杆；8—笼型导条；9—圆环；10—转轴；11—永磁转子

速度继电器主要由转子、定子和触点三部分组成。速度继电器的转轴与被控电动机的轴相连接。当电动机轴旋转时，速度继电器的转子随之转动；当电动机转速升高到一定值时，触点动作；当电动机转速下降到一定值时，触点复位。它主要用于反接制动控制电路中。

模块 7　三相异步电动机及其拖动控制

7.1　三相异步电动机任务单

<table>
<tr><td>任务名称</td><td colspan="4">三相异步电动机</td></tr>
<tr><td>任务内容</td><td colspan="2">要求</td><td>学生完成情况</td><td>自我评价</td></tr>
<tr><td rowspan="4">三相异步电动机的正转控制</td><td colspan="2">掌握三相异步电动机的结构</td><td></td><td rowspan="4"></td></tr>
<tr><td colspan="2">掌握三相异步电动机的工作原理</td><td></td></tr>
<tr><td colspan="2">掌握三相异步电动机的起动、制动与调速</td><td></td></tr>
<tr><td colspan="2">总结与考核</td><td></td></tr>
<tr><td>考核成绩</td><td colspan="4"></td></tr>
<tr><td colspan="5">教学评价</td></tr>
<tr><td colspan="2">教师的理论教学能力</td><td>教师的实践教学能力</td><td colspan="2">教师的教学态度</td></tr>
<tr><td colspan="2"></td><td></td><td colspan="2"></td></tr>
<tr><td>对本任务教学的意见及建议</td><td colspan="4"></td></tr>
</table>

7.2　三相异步电动机常识

电机是根据电磁原理实现电能和机械能相互转换或电能特性变换的机械。常见电机的种类如下：

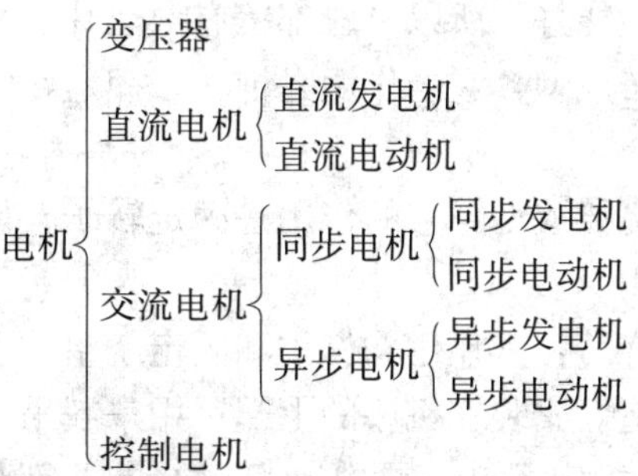

电动机的作用是将电能转换为机械能。在生产上主要用的是交流电动机，特别是三相异步电动机。仅在需要均匀调速以及在某些电力牵引和起重设备中才采用直流电动机。同步电

动机主要应用于功率较大、不需要调速、长期工作的各种生产机械，如压缩机、水泵、通风机等。此外，在高精度、高速度的机电一体化产品中还用到各种控制电机，用作执行元件或信号传递、变换元件。

1. 三相异步电动机的结构

三相异步电动机的种类很多，但各类三相异步电动机的基本结构是相同的，它们都由定子和转子这两大基本部分组成，在定子和转子之间具有一定的气隙。此外，还有端盖、轴承、接线盒、吊环等其他附件，如图7-1和图7-2所示。

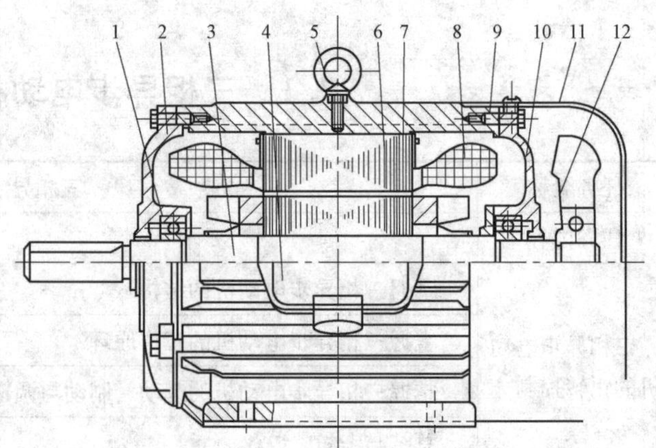

图7-1　封闭式三相笼型异步电动机结构图

1—轴承；2—前端盖；3—转轴；4—接线盒；5—吊环；6—定子铁心；7—转子；8—定子绕组；9—机座；10—后端盖；11—风罩；12—风扇

(1) 定子部分。定子是指电动机中静止不动的部分，是用来产生旋转磁场的。三相电动机的定子一般由外壳、定子铁心、定子绕组等部分组成。

1) 外壳。三相电动机外壳包括机座、端盖、轴承盖、接线盒及吊环等部件。

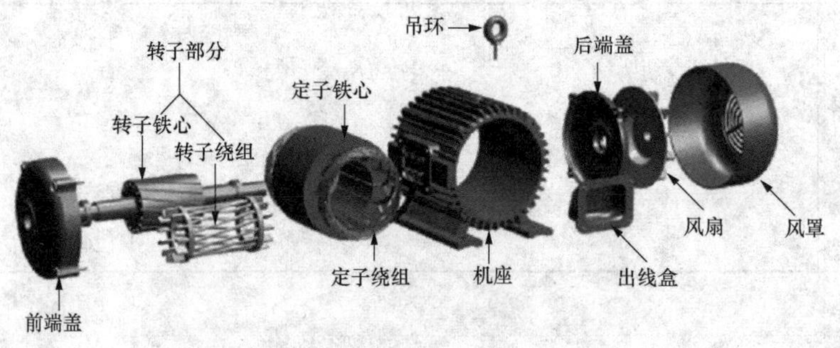

图7-2　三相笼型异步电动机组成部件图

机座：用铸铁或铸钢浇铸成型，它的作用是保护和固定三相电动机的定子绕组。中、小型三相电动机的机座还有两个端盖支承着转子，它是三相电动机机械结构的重要组成部分。通常，机座的外表要求散热性能好，所以一般都铸有散热片。

端盖：用铸铁或铸钢浇铸成型，它的作用是把转子固定在定子内腔中心，使转子能够在定子中均匀地旋转。

轴承盖：用铸铁或铸钢浇铸成型，它的作用是固定转子，使转子不能轴向移动，另外起存放润滑油和保护轴承的作用。

接线盒：一般是用铸铁浇铸，其作用是保护和固定绕组的引出线端子。

吊环：一般是用铸钢制造，安装在机座的上端，用来起吊、搬抬三相电动机。

2) 定子铁心。异步电动机定子铁心是电动机磁路的一部分，由0.35～0.5mm厚表面涂有绝缘漆的薄硅钢片叠压而成。由于硅钢片较薄而且片与片之间是绝缘的，所以减少了由于交变磁通通过而引起的铁心涡流损耗。铁心内圆有均匀分布的槽口，用来嵌放定子绕圈。定子铁心及冲片示意图如图 7-3 所示。

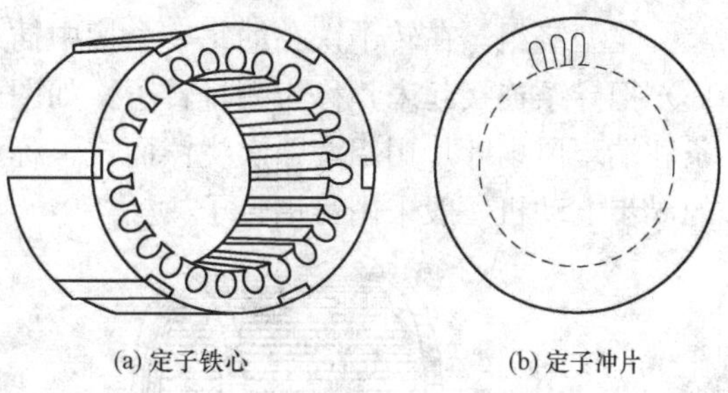

(a) 定子铁心　　(b) 定子冲片

图 7-3 定子铁心及冲片示意图

3）定子绕组。定子绕组是电机定子的电路部分，应用绝缘铜线或铝线绕制而成。中、小型三相电动机多采用圆漆包线，大、中型三相电动机的定子线圈则用较大截面的绝缘扁铜线或扁铝线绕制后，再按一定规律嵌入定子铁心槽内。三相异步电动机定子绕组的三个首端 U1、V1、W1 和三个末端 U2、V2、W2，都从机座上的接线盒中引出。图 7-4（a）为定子绕组的星形接法；图 7-4（b）为定子绕组的三角形接法。三相绕组具体应该采用何种接法，应视电力网的线电压和各相绕组的工作电压而定。目前我国生产的三相异步电动机，功率在 4kW 以下者一般采用星形接法，在 4kW 以上者采用三角形接法。

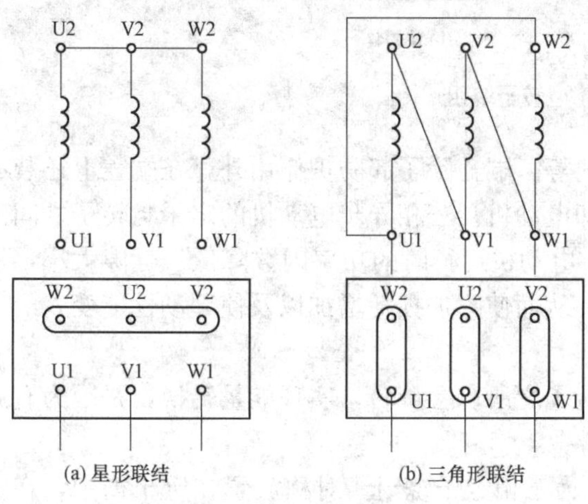

(a) 星形联结　　(b) 三角形联结

图 7-4 三相定子绕组的接法

（2）转子部分。转子是指电动机的旋转部分，主要用来产生旋转力矩，拖动生产机械旋转。转子由转轴、转子铁心、转子绕组构成。

1）转子铁心。转子铁心是用 0.5mm 厚的硅钢片叠压而成，套在转轴上，作用和定子铁心相同，一方面作为电动机磁路的一部分，一方面用来安放转子绕组，如图 7-5 所示。

2）转子绕组 。异步电动机的转子绕组分为绕线型与笼型两种，由此分为绕线转子异步电动机与笼型异步电动机。

①绕线型绕组。与定子绕组一样也是一个三相绕组，一般接成星形，三相引出线分别接到转轴上的三个与转轴绝缘的集电环上，通过电刷装置与外电路相连，这就有可能在转子电路中串接电阻或电动势以改善电动机的运行性能，如图 7-6 所示。

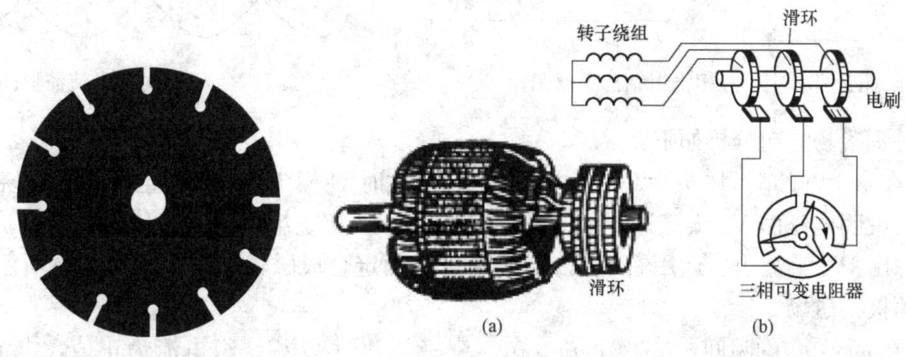

图 7-5 转子冲片示意图　　图 7-6 三相绕线型转子异步电动机转子

②笼型绕组。在转子铁心的每一个槽中插入一根铜条，在铜条两端各用一个铜环（称为端环）把导条连接起来，称为铜排转子，如图 7-7（a）所示。也可用铸铝的方法，把转子导条和端环风扇叶片用铝液一次浇铸而成，称为铸铝转子，如图 7-7（b）所示。100kW 以下的异步电动机一般采用铸铝转子。

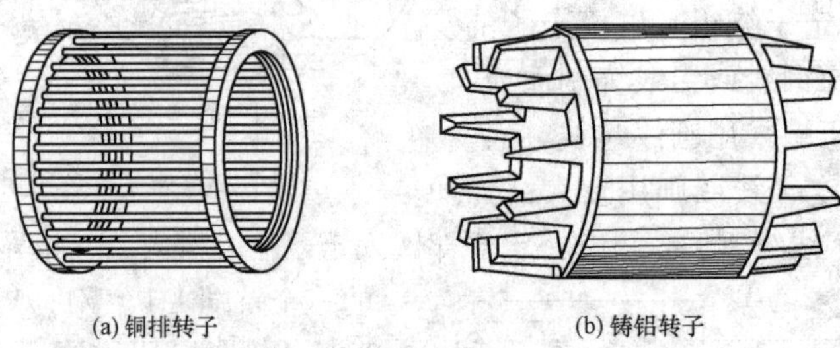

图 7-7　笼型转子绕组

（3）其他部分。其他部分包括端盖、风扇等。端盖除了起防护作用外，在端盖上还装有轴承，用以支撑转子轴。风扇则用来通风冷却电动机。三相异步电动机的定子与转子之间的空气隙，一般仅为 0.2～1.5mm。气隙太大，电动机运行时的功率因数降低；气隙太小，使装配困难，运行不可靠，高次谐波磁场增强，从而使附加损耗增加以及使起动性能变差。

2. 三相异步电动机的工作原理

（1）旋转磁场的产生。三相异步电动机转子之所以会旋转，实现能量转换，是因为有旋转磁场的存在。

如图 7-8 所示，U1U2、V1V2、W1W2 为三相定子绕组，对称放置在定子槽中，在空间彼此相隔 120°，三相绕组的首端 U1、V1、W1 接在三相对称电源上，有三相对称电流 i_U、i_V、i_W 通过三相绕组（习惯规定电流参考方向由首端指向末端），设电源的相序为 U、V、W，i_U 的初相角为零，如图 7-9 所示波形图。

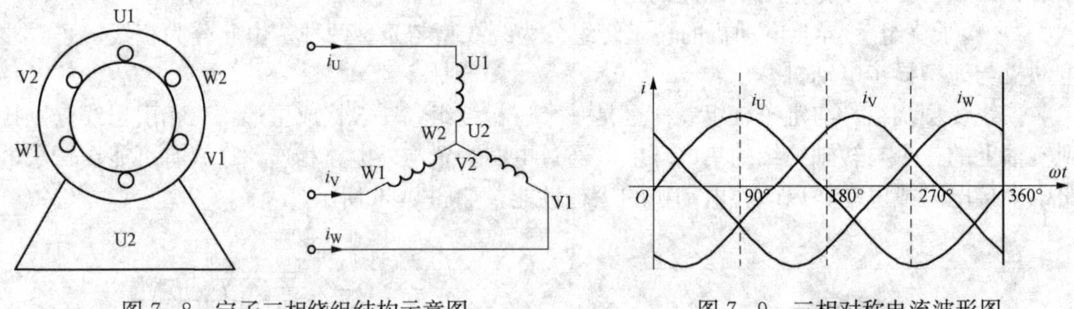

图 7-8　定子三相绕组结构示意图

图 7-9　三相对称电流波形图

各时刻磁场方向分析如下：

1）在 $\omega t=0$ 的瞬间：$i_U=0$，$i_V<0$，$i_W>0$。此时 U 相绕组内没有电流；V 相绕组电流为负值，说明电流由 V2 端流进，由 V1 端流出；而 W 相绕组电流为正值，说明电流由 W1 端流进，由 W2 端流出。运用右手螺旋定则，可以确定合成磁场如图 7-10（a）所示，为一对极（两极）磁场。

2）在 $\omega t=90°$的瞬间：$i_U>0$，$i_V<0$，$i_W<0$。此时 U 相绕组电流为正值，电流由 U1 端流进，由 U2 端流出；V 相绕组电流为负值，电流由 V2 端流进，由 V1 端流出；而 W 相

绕组电流为负，电流由W2端流进，由W1端流出。合成磁场如图7-10（b）所示。

3）在$\omega t=180°$的瞬间：$i_U=0$，$i_V>0$，$i_W<0$。此时U相绕组内没有电流；V相绕组电流为正值，电流由V1端流进，由V2端流出；W相绕组电流为负值，电流由W2端流进，由W1端流出。合成磁场如图7-10（c）所示。

4）在$\omega t=270°$的瞬间：$i_U<0$，$i_V>0$，$i_W>0$。此时U相绕组电流为负值，电流由U2端流进，由U1端流出；V相绕组电流为正值，电流由V1端流进，由V2端流出；而W相绕组电流为正，电流由W1端流进，由W2端流出。合成磁场如图7-10（d）所示。

5）在$\omega t=360°$的瞬间：情况同（1）。合成磁场如图7-10（e）所示。

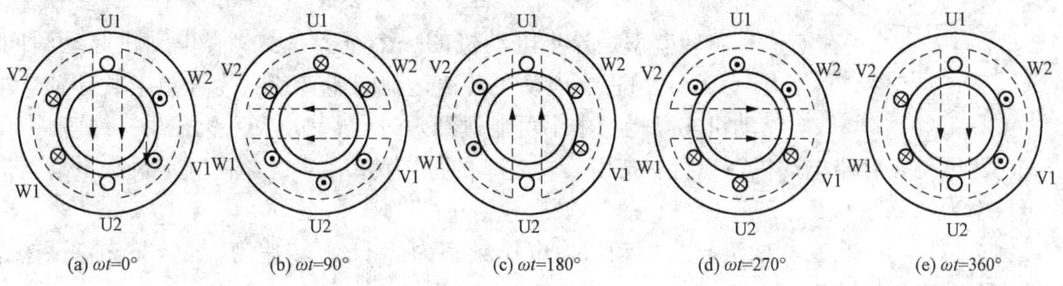

图7-10　两极旋转磁场示意图

综上所述，可以得出如下结论：当$\omega t=90°$时，合成磁场转过了90°，如图7-10（b）所示；当$\omega t=180°$时，合成磁场方向旋转了180°，如图7-10（c）所示；当$\omega t=270°$时，合成磁场旋转了270°，当$\omega t=360°$时，合成磁场旋转了360°，即转1周，如图7-10（e）所示。所以对称三相电流i_U、i_V、i_W分别通入对称三相绕组U1U2、V1V2、W1W2中所形成的合成磁场，是一个随时间变化的旋转磁场。

以上分析的是电动机产生一对磁极时的情况，当定子绕组连接形成的是两对磁极时，运用相同的方法可以分析出此时电流变化一个周期，磁场只转动了半圈，即转速减慢了一半。由此类推，当旋转磁场具有p对极时（即磁极对数为$2p$），交流电每变化一个周期，其旋转磁场就在空间转动$1/p$转。因此，三相异步电动机定子旋转磁场每分钟的转速n_1、定子电流频率f及磁极对数p之间的关系是

$$n_1=\frac{60f}{p} \tag{7-1}$$

三相异步电动机转速和磁极对数的对应关系见表7-1。

表7-1　三相异步电动机转速和磁极对数的对应关系

磁极对数p	1	2	3	4	5	6
转速n_1/(r/min)	3000	1500	1000	750	600	500

（2）三相异步电动机的转动原理。当电动机的定子绕组通以三相交流电时，便在气隙中产生旋转磁场。设旋转磁场以n_1的速度顺时针旋转，相当于磁场不动，转子导体逆时针方向切割磁力线，产生感应电动势、感应电流，其方向可根据右手定则判断（假定磁场不动，导体以相反的方向切割磁力线）。由于转子电路为闭合电路，在感应电动势的作用下，产生了感应电流，由于载流导体在磁场中要受到力的作用，因此，可以用左手定则确定转子导体

所受电磁力的方向，如图 7-11 所示。这些电磁力对转轴形成一电磁转矩，其作用方向同旋转磁场的旋转方向一致。这样，转子便以一定的速度沿旋转磁场的旋转方向转动起来。

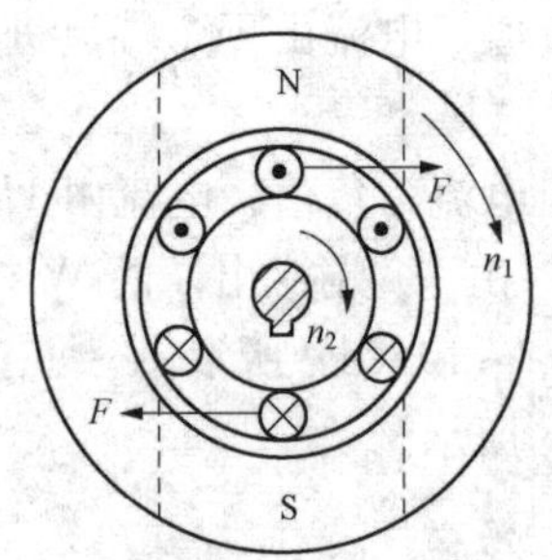

图 7-11　三相异步电动机的转动原理

电动机在正常运转时，其转速 n 总是稍低于同步转速 n_0，转子转速 n 不可能达到同步转速 n_1（若 $n_1=n$，转子和旋转磁场不存在相对运动，转子不切割磁力线，转子受电磁力 $F=0$），因而称为异步电动机。异步电动机同步转速和转子转速的差值与同步转速之比称为转差率，用 s 表示，即

$$s=\frac{n_1-n}{n_1} \tag{7-2}$$

转差率是异步电动机的一个重要参数。在电动机起动瞬间，$n=0$，$s=1$；当电动机转速达到同步转速（为理想空载转速，电动机实际运行中不可能达到）时，$n=n_1$，$s=0$。

由此可见，异步电动机在运行状态下，转差率的范围为 $0<s<1$，在额定负载下运行时的转差率为 0.02～0.06。

例 7-1　有一台三相四级异步电动机，电压频率为 50Hz，转速为 1440r/min，试求这台异步电动机的转差率。

解：因为磁极对数 $p=2$，所以同步转速为

$$n_1=\frac{60f}{p}=\frac{60\times 50}{2}\text{r/min}=1500\text{r/min}$$

转差率为

$$s=\frac{n_1-n}{n_1}=\frac{1500-1440}{1500}=0.04$$

（3）三相异步电动机的铭牌（图 7-12）。

三相异步电动机		
型　号 Y132M-4	功　率 7.5kW	频　率 50Hz
电　压 380V	电　流 15.4A	接　法 △
转　速 1440r/min	绝缘等级 B	工作方式连续
年　月　日	编号	××电机厂

图 7-12　三相异步电动机的铭牌

1）型号。三相异步电动机型号主要说明电动机的机型、规格如图 7-13 所示。

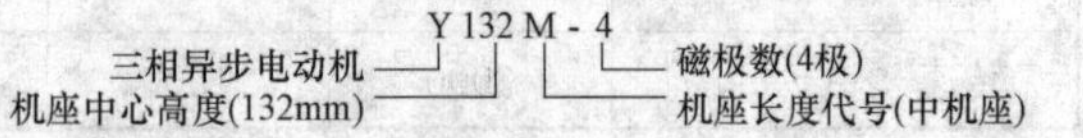

Y 132 M - 4
三相异步电动机 —— Y
机座中心高度(132mm) —— 132
机座长度代号(中机座) —— M
磁极数(4极) —— 4

图 7-13　三相异步电动机型号

2）额定值。在异步电动机铭牌上标注有一系列额定数据。在一般情况下，电动机都按其铭牌上标注的条件和额定数据运行，即所谓的额定运行。异步电动机的额定数据主要有：

①额定功率 P_N。在额定运行情况下，电动机轴上输出的机械功率称为额定功率，单位为 kW，即千瓦。

②额定电压 U_N。在额定运行情况下，外加于定子绕组上的线电压称为额定电压，单位为 V 或 kV，即伏或千伏。

③额定电流 I_N。电动机在额定电压下，轴端有额定功率输出时定子绕组线电流，单位为 A，即安。

④额定频率 f_N。我国规定标准工业用电的频率为 50Hz。

⑤额定转速 n_N。指电动机在额定运行时电动机的转速，单位为 r/min，即转/分。

(4) 接线方法。电动机出线盒中有六个接线柱，分上下两排，用金属连接板可以把三相定子绕组接成星形（Y）或三角形（△）。星形接法是把三相定子绕组的三个末端连接在一起，三角形接法是首尾依次相接。

3. 三相异步电动机的起动、调速和制动

所谓三相异步电动机的起动是指三相异步电动机通电后转速从零开始逐渐加速到额定转速这一段过程。在这个过程中，我们要考虑电动机的起动性能，包括起动电流大小、起动转矩高低、起动过程的平滑性、是否经济可靠等。

在起动的瞬间电动机转速为 0，转差率 $s=1$，也就是说旋转磁场和静止转子间的相对速度很大，因此转子中感应电动势很大，转子电流也就很大，定子电流随着转子电流的增大而增大。电动机直接起动的电流约为额定电流的 5～7 倍。起动电流过大将会使供电线路产生较大的电压降，造成电网电压显著下降，从而影响在同一电网上的其他用电设备的正常工作。

对于正在起动的电动机本身，也会因电压下降过大，起动转矩减少，延长起动时间，甚至不能起动。为了改善电动机的起动过程，要求电动机在起动时既要把起动电流限制在一定数值内，同时还要有足够大的起动转矩，以便缩短起动过程，提高生产率。

三相异步电动机按转子结构的不同可分为笼型异步电动机和绕线转子异步电动机。由于两者的构造不同，起动的方法也不同，下面分别介绍笼型异步电动机和绕线转子异步电动机的起动方法。

(1) 笼型异步电动机的起动。

1) 直接起动。所谓电动机的直接起动是指将电动机的定子绕组直接接到额定电源电压上，接线图如图 7-14 所示。笼型异步电动机采用全压直接起动时，控制线路简单，维修工作量较少。但是，并不是所有异步电动机在任何情况下都可以采用全压起动，这是因为异步电动机的全压起动电流一般可达额定电流的 5～7 倍，过大的起动电流会降低电动机寿命，致使变压器二次电压大幅度下降，减少电动机本身的起动转矩，甚至使电动机根本无法起动，还会影响同一供电网路中其他设备的正常工作。

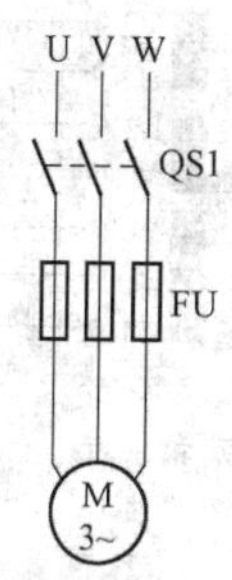

图 7-14　三相异步电动机直接起动接线图

如何判断一台电动机能否全压起动呢？一般规定，电动机容量在 10kW 以下者，可直接起动。10kW 以上的异步电动机是否允许直接起动，要根据电动机容量和电源变压器容量的比值来确定。对于给定容量的电动机，一般用下面的经验公式来估计

$$\frac{I_{st}}{I_N} \leqslant \frac{3}{4} + \frac{\text{供电变压器容量(kW)}}{4 \times \text{电动机额定功率(kW)}} \tag{7-3}$$

若计算结果满足上述经验公式，一般可以全压起动，否则不予全压起动，应考虑采用降压起动。

2) 降压起动。当电动机不能直接起动时，可通过降低加在定子绕组上的电压来起动，

降压起动的主要目的是为了限制起动电流，但同时也限制了起动转矩，因此，这种方法只适用于轻载或空载情况下起动。常用的降压起动方法有下列几种：

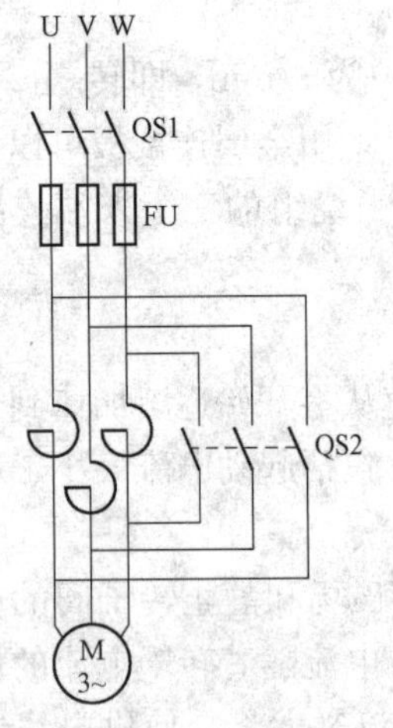

图 7-15　三相笼型异步电动机定子电路串联电抗器减压起动接线图

①串电阻（或电抗）降压起动控制电路。起动控制线路如图 7-15 所示。

在电动机起动过程中，常在三相定子电路中串接电阻（或电抗）来降低定子绕组上的电压，使电动机在降低了的电压下起动，以达到限制起动电流的目的。一旦电动机转速接近额定值时，切除串联电阻（或电抗），使电动机进入全电压正常运行。

②Y-△降压起动控制电路。起动控制电路如图 7-16 所示。这种方法只适用于正常运转时定子绕组做三角形联结的电动机。起动时，先将定子绕组改接成星形，使加在每相绕组上的电压降低到额定电压的 1/3，从而降低了起动电流；待电动机转速升高后，再将绕组接成三角形，使其在额定电压下运行。星形起动和三角形直接起动时线电流的关系如图 7-17 所示。

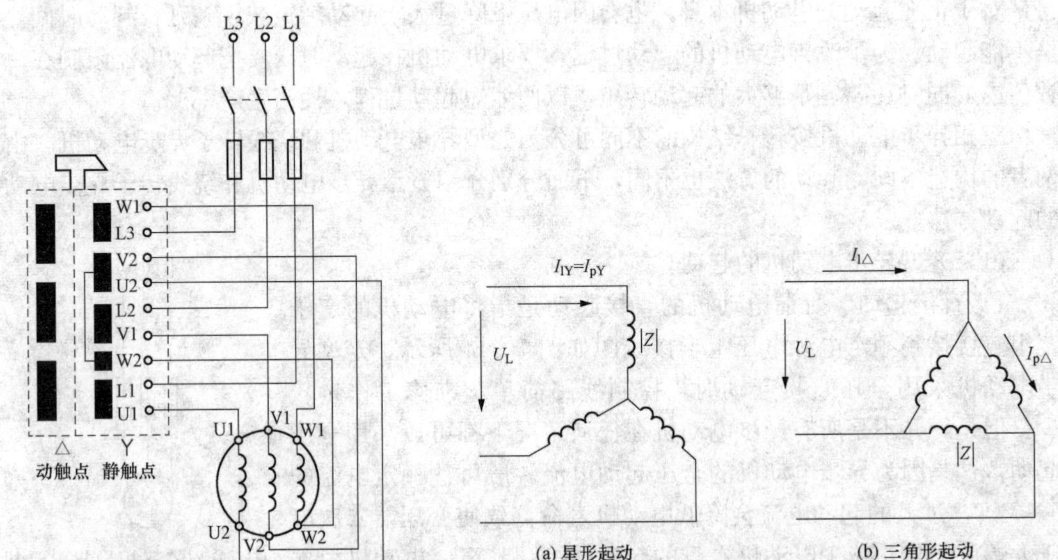

图 7-16　笼型异步电动机 Y-△降压起动电路　　图 7-17　星形起动和三角形直接起动时线电流的关系

当电动机正常工作时

$$I_{L\triangle}=\sqrt{3}I_{P\triangle}=\sqrt{3}\,\frac{U_L}{|Z|} \tag{7-4}$$

当电动机星形起动时

$$I_{LY}=I_{PY}=\frac{U_L/\sqrt{3}}{|Z|} \tag{7-5}$$

$$\frac{I_{LY}}{I_{L\triangle}}=\frac{1}{3} \tag{7-6}$$

通过计算可以看出，电压下降了 $1/\sqrt{3}$，电流下降了 1/3。所以星形起动时的起动电流（线电流）仅为三角形直接起动时电流（线电流）的 1/3，即 $I_{Yst}=(1/3)I_{\triangle st}$；由于转矩与电压的平方成正比，所以起动转矩也减小到直接起动时的 1/3。因此，这种方法只适合于空载或轻载时起动。

③自耦变压器起动控制电路。起动控制电路如图 7-18 所示。对容量较大或正常运行时做星形联结的电动机，可应用自耦变压器降压起动。自耦变压器降压起动的优点是不受电动机绕组接线方法的限制，可按照允许的起动电流和所需的起动转矩选择不同的抽头，自耦变压器备有 40%、60%、80%等多种抽头，使用时要根据电动机起动转矩的要求具体选择。常用于起动容量较大的电动机。其缺点是设备费用高，不宜频繁起动。

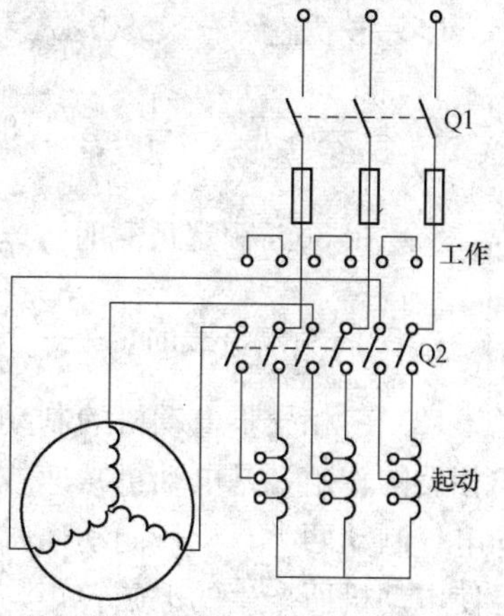

图 7-18　笼型异步电动机自耦变压器降压起动电路

例 7-2　有一 Y225M-4 型三相异步电动机，其额定数据见表 7-2。

表 7-2　　**额定数据**

功率	转速	电压	效率	功率因数	I_{st}/I_N	T_{max}/T_N	T_{st}/T_N
45kW	1480r/min	380V	92.3%	0.88	7	2.2	1.9

试求：(a) 额定电流 I_N；(b) 额定转差率 s_N；(c) 额定转矩 T_N；最大转矩 T_{max}；起动转矩 T_{st}。

解：(a) 4～100kW 的电动机通常都是 380V、三角形联结。

因为 $P_2=P_1\times\eta$，所以 $P_1=P_2/\eta$。又 $P_1=\sqrt{3}U_1I_1\cos\varphi$，所以 $I_N=\dfrac{P_2}{\sqrt{3}U_1\cos\varphi\eta}=\dfrac{45\times10^3}{\sqrt{3}\times380\times0.88\times0.923}\text{A}=84.2\text{A}$。

(b) $s_N=\dfrac{n_0-n}{n_0}=\dfrac{1500-1480}{1500}=0.013$。

(c) $T_N=9550\dfrac{P_2}{n}=9550\times\dfrac{45}{1480}\text{N}\cdot\text{m}=290.4\text{N}\cdot\text{m}$；

$T_{max}=2.2\times T_N=2.2\times290.4\text{N}\cdot\text{m}=638.9\text{N}\cdot\text{m}$；

$T_{st}=1.9\times T_N=1.9\times290.4\text{N}\cdot\text{m}=551.8\text{N}\cdot\text{m}$。

例 7-3　在上题中：(a) 若负载转矩为 510.2N·m，试问：在 $U=U_N$ 和 $U=0.9U_N$ 两种情况下，能否起动？(b) 采用 Y-△降压起动时，求起动电流和起动转矩。(c) 当负载转矩为额定转矩 T_N 的 80%和 50%时，电动机能否起动？

解：(a) 当 $U=U_N$ 时，$T_{st}=551.8\text{N}\cdot\text{m}>510.2\text{N}\cdot\text{m}$，所以能起动。

当 $U=0.9U_N$ 时，$T_{st}=(0.9)^2\times551.8\text{N}\cdot\text{m}=447\text{N}\cdot\text{m}<510.2\text{N}\cdot\text{m}$，所以不能起动。

(b) $I_{st\triangle}=7\times I_N=7\times84.2\text{A}=589.4\text{A}$；

$I_{stY}=\frac{1}{3}I_{st\triangle}=\frac{1}{3}\times 589.4\text{A}=196.5\text{A}$；

$T_{stY}=\frac{1}{3}\times T_{st\triangle}=\frac{1}{3}\times 551.8\text{N}\cdot\text{m}=183.9\text{N}\cdot\text{m}$。

(c) 在80%额定负载时，$\frac{T_{stY}}{T_N\times 80\%}=\frac{183.9}{290.4\times 0.8}=\frac{183.9}{232.3}<1$，不能起动。

在50%额定负载时，$\frac{T_{stY}}{T_N\times 50\%}=\frac{183.9}{290.4\times 0.5}=\frac{183.9}{145.2}>1$，能起动。

(2) 三相异步电动机的制动。所谓电动机的制动是指在电动机的轴上加一个与其旋转方向相反的转矩，是电动机减速或停止。根据制动转矩产生的方法不同，制动可分为机械制动和电气制动两类，机械制动通常是靠摩擦方法产生制动转矩，如电磁抱闸制动，而电气制动是使电动机所产生的电磁转矩与电动机所产生的旋转方向相反，三相异步电动机的电气制动有能耗制动、反接制动、再生制动（发电反馈制动）。

1）机械制动。利用机械装置使电动机断开电源后迅速停转的方法叫机械制动。常用的方法是电磁抱闸制动。

①电磁抱闸的结构（图7-19）。主要由制动电磁铁和闸瓦制动器两部分组成。

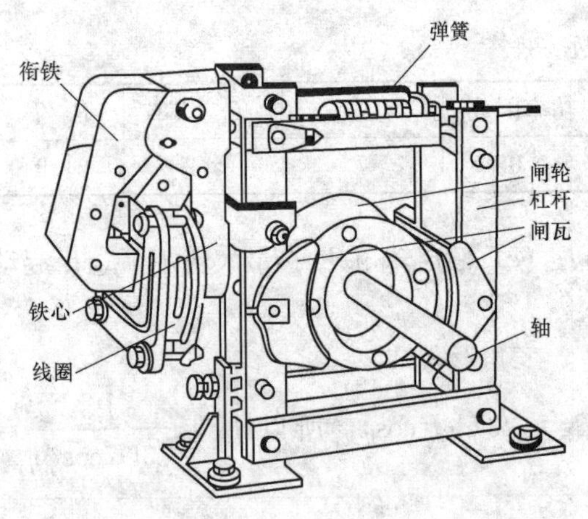

图7-19 电磁抱闸结构示意图

制动电磁铁由铁心、衔铁和线圈三部分组成。闸瓦制动器包括闸轮、闸瓦、杠杆和弹簧等，闸轮与电动机装在同一根转轴上。断电制动型的性能是：当线圈得电时，闸瓦与闸轮分开，无制动作用；当线圈失电时，闸瓦紧紧抱住闸轮制动。通电制动型的性能是：当线圈得电时，闸瓦紧紧抱住闸轮制动；当线圈失电时，闸瓦与闸轮分开，无制动作用。

②电磁抱闸制动的特点。

优点：电磁抱闸制动，制动力强，广泛应用在起重设备上。它安全可靠，不会因突然断电而发生事故。

缺点：电磁抱闸体积较大，制动器磨损严重，快速制动时会产生振动。

2）电气制动。

①能耗制动。电动机切断交流电源后，转子因惯性仍继续旋转，立即在两相定子绕组中通入直流电，在定子中即产生一个静止磁场。转子中的导条就切割这个静止磁场而产生感应电流，在静止磁场中受到电磁力的作用。这个力产生的力矩与转子惯性旋转方向相反，称为制动转矩，它迫使转子转速下降。当转子转速降至0，转子不再切割磁场，电动机停转，制动结束。此方法是利用转子转动的能量切割磁通而产生制动转矩的，实质是将转子的动能消耗在转子回路的电阻上，故称为能耗制动。能耗制动原理图如图7-20所示。

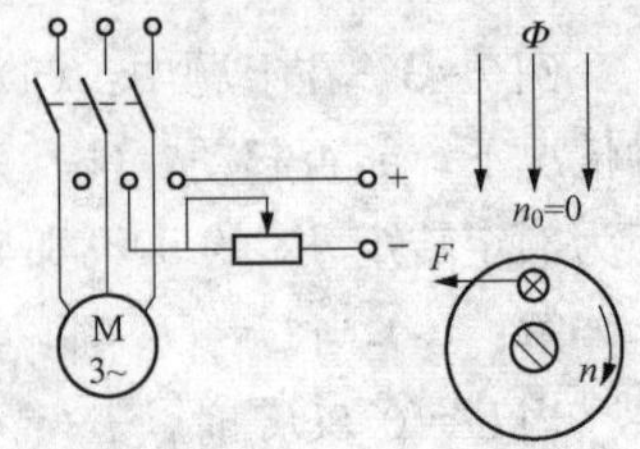

图7-20 能耗制动原理图

能耗制动的特点：

优点：制动力强、制动平稳、无大的冲击；应用能耗制动能使生产机械准确停车，被广泛用于矿井提升和起重机运输等生产机械。

缺点：需要直流电源，低速时制动力矩小；电动机功率较大时，制动的直流设备投资大。

②反接制动。电动机停车时将三相电源中的任意两相对调，使电动机产生的旋转磁场改变方向，电磁转矩方向也随之改变，成为制动转矩。反接制动原理如图 7-21 所示。

注意：当电动机转速接近零时，要及时断开电源，防止电动机反转。

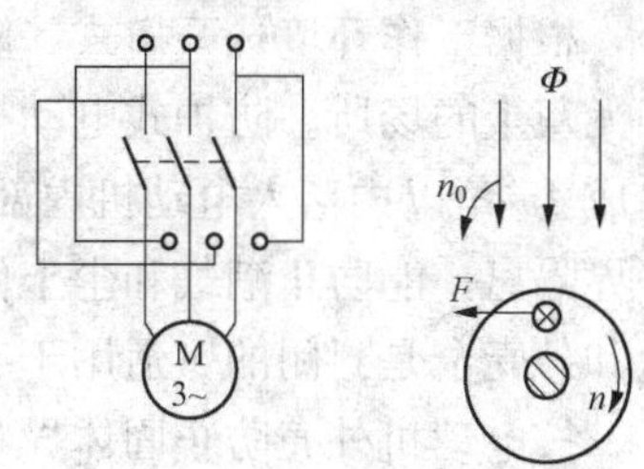

图 7-21　反接制动原理图

特点：结构简单，制动效果好，但由于反接时旋转磁场与转子间的相对运动加快，因而电流较大。对于功率较大的电动机制动时必须在定子电路（笼型）或转子电路（绕线型）中接入电阻，用以限制电流。

③再生制动。电动机转速超过旋转磁场的转速时，电磁转矩的方向与转子的运动方向相反，从而限制转子的转速，起到了制动作用。因为当转子转速大于旋转磁场的转速时，有电能从电动机的定子返回给电源，实际上这时电动机已经转入发电机运行，所以这种制动称为发电反馈制动。再生制动原理如图 7-22 所示。

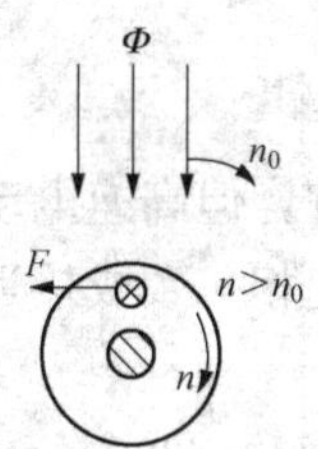

图 7-22　再生制动原理图

特点：经济性好，将负载的机械能转换为电能反送电网，但应用范围不广。

(3) 三相异步电动机的选用。三相异步电动机是工农业生产中应用最广泛的一种动力机械。合理的选择与使用电动机能保证电动机安全、经济、高效地运行；选择使用不得当，轻者造成浪费，重者烧毁电动机，造成经济损失。三相异步电动机的选择主要从功率、种类、形式、转速以及正确地选择它的保护和控制电器等方面考虑。

1）功率的选择。电动机的功率（容量）必须根据生产机械所需要的功率来确定。电动机的功率选得过大，设备费用必然增加，不经济。选择得过小，长期在过载状态下运行，可能使电动机很快烧毁。但是由于生产机械的工作情况多种多样，要准确地选择电动机的容量需根据电动机的运行情况，采用不同的选择方式。

①连续运行的电动机的功率选择。当电动机在恒定负载下连续运行时，其电动机的额定功率等于或稍大于生产机械所需要的功率即可，一般额定功率为

$$P_N \geqslant \frac{K_P}{\eta_1 \eta_2} \tag{7-7}$$

式中：P_N 为生产机械的输出功率，kW；η_1 为传动机械的效率，直接连接时 $\eta_1=1$，皮带传动时 $\eta_1=0.95$；η_2 为生产机械本身的效率；K 为余量系数，一般为 1.05～1.4。

选择时，先根据式（7-7）算出功率值，再查产品目录，选择电动机的额定功率等于或略大于算出的功率值，选取标准容量的电动机。

②短时运行的电动机的功率选择

短时工作制电动机的铭牌上标有短时额定输出功率和工作连续时间，我国规定的短时工作连续时间有 10min、30min、60min 和 90min 等四种。短时工作的电动机，输出功率的计算和连续工作制相同。

2）类型的选择。

首先是种类的选择。没有特殊要求，一般均应采用三相交流异步电动机，异步电动机又

有笼型和绕线型两种类型，一般功率小于100kW，而且不要求调速的生产机械都应使用笼型电动机。例如泵类、风机、压缩机等，只有对需要大起动转矩或要求有一定调速范围的情况下，才使用绕线型电动机，如起重机、卷扬机等。

其次是外形结构的选择。选择电动机的外形结构，主要是根据安装方式选立式或卧式等，根据工作环境选开启式、防护式、封闭式和防爆式等。开启式通风散热良好，适用于干燥无灰尘的场所。防护式电动机的外壳有防护装置，能防止水滴、铁屑和其他杂物与垂直方向成45°角以内落入电动机内部，但不防尘，适用于干燥灰土较少的场所。封闭式的内部与外界隔离，能防止潮气和尘土侵入，适用于灰尘多和水土飞扬的场所。防爆式电动机的接线盒和外壳全是封闭的，适用于有爆炸性气体的场所。

按电动机外壳防止固体异物进入电动机内部及防止人体触及内部或带电运动部分，分为0～6级共七级；按电动机外壳防水进入内部的程度，分为0～8级共九级。

3）电压和转速的选择。

电动机的额定电压应根据其功率的大小和使用地点的电源电压来决定，应选择与供电电压相一致。一般100kW以下的，选适合380V/220V供电网的低电压电动机；100kW以上的大功率异步电动机，才考虑采用3000V或6000V的高压电动机。

三相异步电动机的额定转速是根据生产机械的要求决定的。

功率相同的电动机转速越高，则极对数越少，体积越小，价格越便宜，但高速电动机的转矩小，起动电流大。选择时应使电动机的转速尽可能与生产机械的转速相一致或接近，以简化传动装置。

例7-4 Y280-4型三相异步电动机的技术数据如下：$P_{2N}=75\text{kW}$，$U_N=380$，$\cos\varphi_N=0.88$，$n_N=1480\text{r/min}$，$\eta_N=0.927$，$I_{st}/I_N=7.0$，$f=50\text{Hz}$。试求：(a) 定子绕组的额定电流；(b) 起动电流；(c) 额定转矩。

解：(a) 根据式（7-7）求得额定电流

$$I_N=\frac{P_{2N}}{\sqrt{3}N_N\cos\varphi_N\eta_N}=\frac{75\times10^3}{\sqrt{3}\times380\times0.88\times0.927}\text{A}=139.7\text{A}$$

(b) 起动电流　　$I_{st}=7.0\times I_N=7.0\times139.7\text{A}=997.9\text{A}$

(c) 额定转矩　　$T_N=9550\frac{P_{2N}}{n_N}=9550\frac{75}{1480}\text{N}\cdot\text{m}=484\text{N}\cdot\text{m}$

例7-5 某泵站安装了一台离心式水泵，已知该泵轴上功率为27kW，转速为1480r/min，效率为$\eta_2=0.84$，电动机与泵之间由联轴器直接传动，试选一台合适的电动机。

解：(a) 根据式（7-7），取$K=1.1$，因电动机与水泵直接传动，故取$\eta_1=1$，则电动机功率

$$P_N=\frac{KP}{\eta_1\eta_2}=\frac{1.1\times27}{1\times0.84}\text{kW}=35.4\text{kW}$$

(b) 型式选择。因泵站潮湿，有水飞溅，效应选择封闭式笼型电动机，Y系列电动机的防护等级为IP44，适宜于水土飞溅场所使用，应选用Y系列电动机。

(c) 根据已决定的电动机类型、泵要求的转速和计算出的电动机功率，查电动机产品目录，选用Y225-4型、37kW、380V、50Hz、1480r/min的电动机。

异步电动机的产品名称代号及其汉字意义见表7-3。

表 7-3　　异步电动机的产品名称代号及其汉字意义

产品名称	新代号	汉字意义	老代号
异步电动机	Y	异	J，IQ
绕线转子异步电动机	YR	异绕	JR
防爆型异步电动机	YB	异爆	JB，JBS
高起动转矩异步电动机	YQ	异起	JQ，JQO

小型 Y、Y-L 系列笼型异步电动机是取代 JO 系列的新产品。Y 系列定子绕组为铜线. Y—L 系列为铝线。电动机功率是 0.55～90kW。同样功率的电动机，Y 系列比 JO 系列体积小，重量轻，效率高，噪声低，起动转矩大，性能好，外观美，功率等级和安装尺寸及防护等级符合国际标准，目前国产 YX 系列电动机是节能效果最好的一种。

（4）三相异步电动机故障分析与维护。三相异步电动机在运行中由于受电源、使用环境、摩擦、振动、绝缘老化等因素的影响，难免发生故障。为了能在短时间内有效地排除电动机故障，就必须准确分析故障原因，进行相应处理，这是防止故障扩大、保证设备正常运行的一项重要的工作。三相异步电动机较常见的故障见表 7-4。

表 7-4　　三相异步电动机常见故障及解决方法

故障现象	产生原因	解决方法
通电后电动机不能转动，但无异响，也无异味和冒烟	（1）电源未通（至少两相未通）； （2）熔丝熔断（至少两相熔断）； （3）过电流继电器调得过小； （4）控制设备接线错误	（1）检查电源回路开关，熔丝、接线盒处是否有断点，修复； （2）检查熔丝型号、熔断原因，换新熔丝； （3）调节继电器整定值与电动机配合； （4）改正接线
通电后电动机不转，然后熔丝烧断	（1）缺一相电源，或定干线圈一相反接； （2）定子绕组相间短路； （3）定子绕组接地； （4）定子绕组接线错误； （5）熔丝截面过小； （6）电源线短路或接地	（1）检查刀开关是否有一相未合好，或电源回路有一相断线；消除反接故障； （2）查出短路点，予以修复； （3）消除接地； （4）查出误接，予以更正； （5）更换熔丝； （6）消除接地点
通电后电动机不转有嗡嗡声	（1）定、转子绕组有断路（一相断线）或电源一相失电； （2）绕组引出线始末端接错或绕组内部接反； （3）电源回路接点松动，接触电阻大； （4）电动机负载过大或转子卡住； （5）电源电压过低； （6）小型电动机装配太紧或轴承内油脂过硬； （7）轴承卡住	（1）查明断点予以修复； （2）检查绕组极性；判断绕组末端是否正确； （3）紧固松动的接线螺栓，用万用表判断各接头是否假接，予以修复； （4）减载或查出并消除机械故障； （5）检查是否把规定的△接法误接为 Y；是否由于电源导线过细使压降过大，予以纠正； （6）重新装配使之灵活；更换合格油脂； （7）修复轴承

续表

故障现象	产生原因	解决方法
电动机起动困难，额定负载时，电动机转速低于额定转速较多	（1）电源电压过低； （2）△接法误接为Y接法； （3）笼型转子开焊或断裂； （4）定转子局部线圈错接、接反； （5）修复电动机绕组时增加匝数过多； （6）电动机过载	（1）测量电源电压，设法改善； （2）纠正接法； （3）检查开焊和断点并修复； （4）查出误接处，予以改正； （5）恢复正确匝数； （6）减载
电动机空载电流不平衡，三相相差大	（1）重绕时，定子三相绕组匝数不相等； （2）绕组首尾端接错； （3）电源电压不平衡； （4）绕组存在匝间短路、线圈反接等故障	（1）重新绕制定子绕组； （2）检查并纠正； （3）测量电源电压，设法消除不平衡； （4）消除绕组故障
电动机空载，过负载时，电流表指针不稳，摆动	（1）笼型转子导条开焊或断条； （2）绕线转子故障（一相断路）或电刷、集电环短路装置接触不良	（1）查出断条予以修复或更换转子； （2）检查绕转子回路并加以修复
电动机空载电流平衡，但数值大	（1）修复时，定子绕组匝数减少过多； （2）电源电压过高； （3）Y接法误接为△接法； （4）电动机装配中，转子装反，使定子铁心未对齐，有效长度减短； （5）气隙过大或不均匀； （6）大修拆除旧绕组时，使用热拆法不当，使铁心烧损	（1）重绕定子绕组，恢复正确匝数； （2）设法恢复额定电压； （3）改为Y接法； （4）重新装配； （5）更换新转子或调整气隙； （6）检修铁心或重新计算绕组，适当增加匝数
电动机运行时响声不正常，有异响	（1）转子与定子绝缘纸或槽楔相摩擦； （2）轴承磨损或油内有砂粒等异物； （3）定转子铁心松动； （4）轴承缺油； （5）风道填塞或风扇擦风罩； （6）电源电压过高或不平衡； （7）定子绕组错接或短路	（1）修剪绝缘，削低槽楔； （2）更换轴承或清洗轴承； （3）检修定、转子铁心； （4）加油； （5）清理风道；重新安装置； （6）检查并调整电源电压； （7）消除定子绕组故障

续表

故障现象	产生原因	解决方法
运行中电动机振动较大	(1) 由于磨损轴承间隙过大； (2) 气隙不均匀； (3) 转子不平衡； (4) 转轴弯曲； (5) 铁心变形或松动； (6) 联轴器（皮带轮）中心未校正； (7) 风扇不平衡； (8) 机壳或基础强度不够； (9) 电动机地脚螺钉松动； (10) 笼型转子开焊断路；绕线转子断路；加定子绕组故障	(1) 检修轴承，必要时更换； (2) 调整气隙，使之均匀； (3) 校正转子动平衡； (4) 校直转轴； (5) 校正重叠铁心； (6) 重新校正，使之符合规定； (7) 检修风扇，校正平衡，纠正其几何形状； (8) 进行加固； (9) 紧固地脚螺钉； (10) 修复转子绕组；修复定子绕组
轴承过热	(1) 滑脂过多或过少； (2) 油质不好含有杂质； (3) 轴承与轴颈或端盖配合不当（过松或过紧）； (4) 轴承内孔偏心，与轴相擦； (5) 电动机端盖或轴承盖未装平； (6) 电动机与负载间联轴器未校正，或传动带过紧； (7) 轴承间隙过大或过小； (8) 电动机轴弯曲	(1) 按规定加润滑脂（容积的 1/3—2/3）； (2) 更换清洁的润滑滑脂； (3) 过松可用黏结剂修复，过紧应车，磨轴颈或端盖内孔，使之适合； (4) 修理轴承盖，消除擦点； (5) 重新装配； (6) 重新校正，调整皮带张力； (7) 更换新轴承； (8) 校正电动机轴或更换转子
电动机过热甚至冒烟	(1) 电源电压过高，使铁心发热大大增加； (2) 电源电压过低，电动机又带额定负载运行，电流过大使绕组发热； (3) 修理拆除绕组时，采用热拆法不当，烧伤铁心； (4) 定转子铁心相擦； (5) 电动机过载或频繁起动； (6) 笼型转子断条； (7) 电动机缺相，两相运行； (8) 重绕后定于绕组浸漆不充分； (9) 环境温度高电动机表面污垢多，或通风道堵塞； (10) 电动机风扇故障，通风不良；定子绕组故障（相间、匝间短路）	(1) 降低电源电压（如调整供电变压器分接头），若是电动机 Y、△接法错误引起，则应改正接法； (2) 提高电源电压或换粗供电导线； (3) 检修铁心，排除故障； (4) 消除擦点（调整气隙或锉、车转子）； (5) 减载；按规定次数控制起动； (6) 检查并消除转子绕组故障； (7) 恢复三相运行； (8) 采用二次浸漆及真空浸漆工艺； (9) 清洗电动机，改善环境温度，采用降温措施； (10) 检查并修复风扇，必要时更换；检修定子绕组，消除故障

7.3 三相异步电动机拖动控制

电气图是以各种图形、符号、图线等形式来表示电气系统中各电气设备、装置、元器件的相互连接的图。电气图是联系电气设计、生产、维修人员的工程语言，能正确、熟练地识读电气图是从业人员必备的基本技能。

1. 电气图的符号

为了表达电气控制系统的设计意图，便于分析系统工作原理、安装、调试和检修控制系统，必须采用统一的图形符号和文字符号来表达，如 GB/T 4728《电气简图用图形符号》。

2. 电气控制图的分类

由于电气控制图描述的对象复杂，应用领域广泛，表达形式多种多样，因此表示一项电气工程或一种电气装置的电气图有多种，它们以不同的表达方式反映工程问题的不同方面，但又有一定的对应关系，有时需要对照起来阅读。按用途和表达方式的不同，电气图可以分为以下几种：

（1）电气系统图和框图。电气系统图和框图是用符号或带注释的框来概略表示系统的组成、各组成部分相互关系及其主要特征的图样，它比较集中地反映了所描述工程对象的规模。

（2）电气原理图。电气原理图是为了便于阅读与分析控制线路，根据简单、清晰的原则，采用电气元件展开的形式绘制而成的图样。它包括所有电气元件的导电部件和接线端点，但并不按照电气元件的实际布置位置来绘制，也不反映电气元件的大小。其作用是便于详细了解工作原理，指导系统或设备的安装、调试与维修。电气原理图是电气控制图中最重要的种类之一，也是识图的重点和难点。

（3）电器布置图。电器布置图主要是用来表明电气设备上所有电气元件的实际位置，为生产机械电气控制设备的制造、安装提供必要的资料。通常电器布置图与电器安装接线图组合在一起，既起到电器安装接线图的作用，又能清晰表示出电器的布置情况。

（4）电器安装接线图。电器安装接线图是为安装电气设备和电气元件进行配线或检修电器故障服务的。它是用规定的图形符号，按各电气元件相对位置绘制的实际接线图，它清楚地表示了各电气元件的相对位置和它们之间的电路连接，所以安装接线图不仅要把同一电器的各个部件画在一起，而且各个部件的布置要尽可能符合这个电器的实际情况。另外，不但要画出控制柜内部之间的电器连接，还要画出电器柜外电器的连接。

（5）功能图。功能图的作用是提供绘制电气原理图或其他有关图样的依据，它是表示理论的或理想的电路关系而不涉及实现方法的一种图。

（6）电气元件明细表。电气元件明细表是把成套装置和设备中各组成元件（包括电动机）的名称、型号、规格、数量列成表格，供准备材料及维修使用。

3. 电气原理图的识读与绘制

电气系统图中电气原理图应用最多，为便于阅读与分析控制电路，根据简单、清晰的原则，采用电气元件展开的形式绘制而成。它包括所有电气元件的导电部件和接线端点，但并不按电气元件的实际位置来画，也不反映电气元件的形状、大小和安装方式。

由于电气原理图具有结构简单、层次分明、适于研究和分析电路的工作原理等优点，所以无论在设计部门还是生产现场都得到了广泛应用。图 7－23 所示为某机床电气原理图。

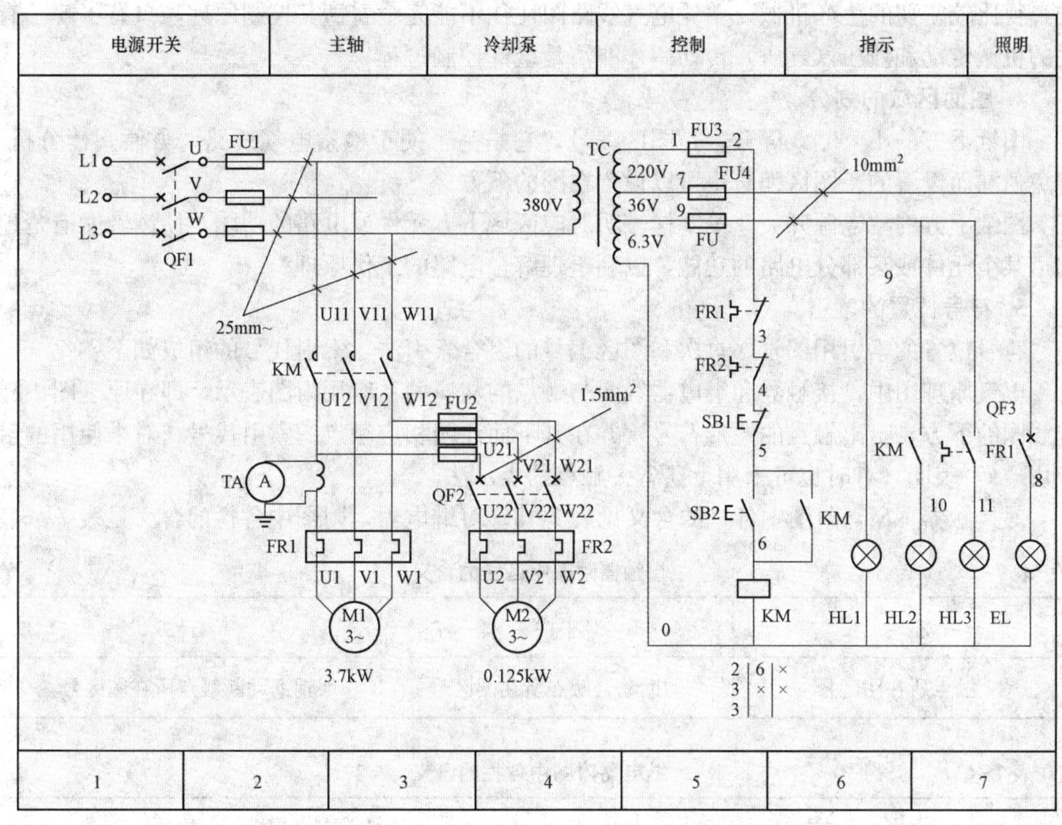

图 7－23　C620 型普通车床电气原理图

识读电气原理图的方法和步骤。阅读电气原理图时，要掌握以下几点：

（1）电气原理图主要分为主电路和控制电路两部分。电动机的通路为主电路，接触器吸引线圈的通路为控制电路。此外还有信号电路、照明电路等。

（2）原理图中，各电气元件不画实际的外形图，而采用国家规定的统一标准，文字符号也要符合国家规定。

（3）在电气原理图中，同一电器的不同部件常常不画在一起，而是画在电路的不同地方。同一电器的不同部件都用相同的文字符号标明。例如接触器的主触点通常画在主电路中，而吸引线圈和辅助触点则画在控制电路中，但它们都用 KM 表示。

（4）同一种电器一般用相同的字母表示，但在字母的后边加上数字或其他字母以示区别，例如两个接触器分别用 KM1、KM2 表示，或用 KMF、KMR 表示。

（5）全部触点都按常态给出。对接触器和各种继电器，常态是指未通电时的状态；对按钮、行程开关等，则是指未受外力作用时的状态。

（6）原理图中，无论是主电路还是辅助电路，各电气元件一般按动作顺序从上到下，从左到右依次排列，可水平布置或者垂直布置。

(7) 原理图中，有直接联系的交叉导线连接点，要用黑圆点表示。无直接联系的交叉导线连接点不画黑圆点。

在阅读电气原理图以前，必须对控制对象有所了解，尤其对于机、液压（或气压）、电配合得比较密切的生产机械，单凭电气线路图往往不能完全看懂其控制原理，只有了解了有关的机械传动和液压（气压）传动后才能清楚全部控制过程。

4. 图面区域的划分

图纸下方的1、2、3等数字是图区编号，它是为了便于检索电气线路，方便阅读分析，避免遗漏而设置的。图区编号也可以设置在图的下方。

图纸上方的“电源开关”等字样表明对应区域下方元件或电路的功能，使读者能清楚地知道某个元件或某部分电路的功能，以利于理解全电路的工作原理。

5. 符号位置的索引

符号位置的索引用图号、页次和图区编号的组合索引法，索引代号的组成如下：

电气原理图中，接触器和继电器线圈与触点的从属关系应用附图表示，即在原理图中相应线圈的下方，给出触点的图形符号，并在其下面注明相应触点的索引代号，对未使用的触点用“x”表明，有时也可采用上述省去触点的表示法。

对接触器KM，附图中各栏的含义见表7-5。对继电器，附图中各栏的含义见表7-6。

表7-5　接触器附图中各栏的含义

左栏	中栏	右栏
主触点所在图区号	辅助动合触点所在图区号	辅助动断触点所在图区号

表7-6　继电器附图中各栏的含义

左栏	右栏
动合触点所在图区号	动断触点所在图区号

6. 电气控制线路的检修方法

(1) 用试验法观察故障现象，初步判定故障范围。试验法是在不扩大故障范围，不损坏电气设备和机械设备的前提下，对线路通电试验，通过观察电气设备和电器元件的动作，看它是否正常，各控制环节的动作程序是否符合要求，找出故障发生部位或回路。

(2) 用逻辑分析法缩小故障范围。逻辑分析法是根据电气控制线路的工作原理、控制环节的动作程序以及它们之间的联系，结合故障现象作具体的分析，迅速地缩小故障范围，从而判断出故障所在。这种方法是一种以准为前提，以快为目的的检查方法，特别适用于对复杂线路的故障检查。

(3) 用测量法确定故障点。测量法是利用电工工具和仪表（如测电笔、万用表等）对线路进行带电或断电测量，是查找故障点的有效方法。下面介绍电压分阶测量法和电阻分阶测量法。

7.3.1　三相异步电动机的单向起停控制任务单

<table>
<tr><td>任务名称</td><td colspan="4">三相异步电动机的单向起停控制与实现</td></tr>
<tr><td>任务内容</td><td colspan="2">要求</td><td>学生完成情况</td><td>自我评价</td></tr>
<tr><td rowspan="5">三相异步电动机的单向起停控制与实现</td><td colspan="2">三相异步电动机单向点动正转控制线路设计方法及原理</td><td></td><td rowspan="5"></td></tr>
<tr><td colspan="2">三相异步电动机的连续控制线路设计方法及原理</td><td></td></tr>
<tr><td colspan="2">自锁的含义及作用</td><td></td></tr>
<tr><td colspan="2">三相异步电动机的点动正转、自锁正转的混合控制</td><td></td></tr>
<tr><td colspan="2">总结与考核</td><td></td></tr>
<tr><td>考核成绩</td><td colspan="4"></td></tr>
<tr><td colspan="5">教学评价</td></tr>
<tr><td colspan="2">教师的理论教学能力</td><td>教师的实践教学能力</td><td colspan="2">教师的教学态度</td></tr>
<tr><td colspan="2"></td><td></td><td colspan="2"></td></tr>
<tr><td>对本任务教学的意见及建议</td><td colspan="4"></td></tr>
</table>

实训　三相异步电动机点动、自锁控制电路

1. 实训目的

（1）通过实践训练，熟悉热继电器的结构、原理和使用方法。

（2）通过实践训练，掌握具有过载保护的点动及接触器自锁电路安装接线与检测。

（3）掌握使用万用表检测、分析和排除故障。

2. 实训所需电气元件明细表（见表 7 - 7）

表 7 - 7　电气元件明细表

代号	名称	型号	数量	备注
QS	低压断路器	DZ47 - 63 - 3P - 10A	1	
FU1	熔断器	RT18 - 32 - 3P	1	3A
FU2	熔断器	RT18 - 32 - 3P	1	2A
KM1	交流接触器	LC1 - D0610M5N	1	

续表

代号	名称	型号	数量	备注
FR1	热继电器	JRS1D-25/Z（0.63-1A）	1	
	热继电器座	JRS1D-25 座	1	
SB1	按钮开关	ϕ22-LAY16（红）	1	
SB3	按钮开关	ϕ22-LAY16（绿）	1	
M	三相笼型异步电动机	380V/△	1	

3. 电路原理（图 7-24）

在点动控制的电路中，要使电动机转动，就必须按住按钮不放，而在实际生产中，有些电动机需要长时间连续地运行，使用点动控制是不现实的，这就需要具有接触器自锁的控制电路。

相对于点动控制的自锁触点必须是动合触点且与起动按钮并联。因电动机是连续工作，必须加装热继电器以实现过载保护。具有过载保护的自锁控制电路电气原理如图 7-24 所示，它与点动控制电路的不同之处在于控制电路中增加了一个停止按钮 SB1，在起动按钮的两端并联了一对接触器的动合触点，增加了过载保护装置（热继电器 FR1）。

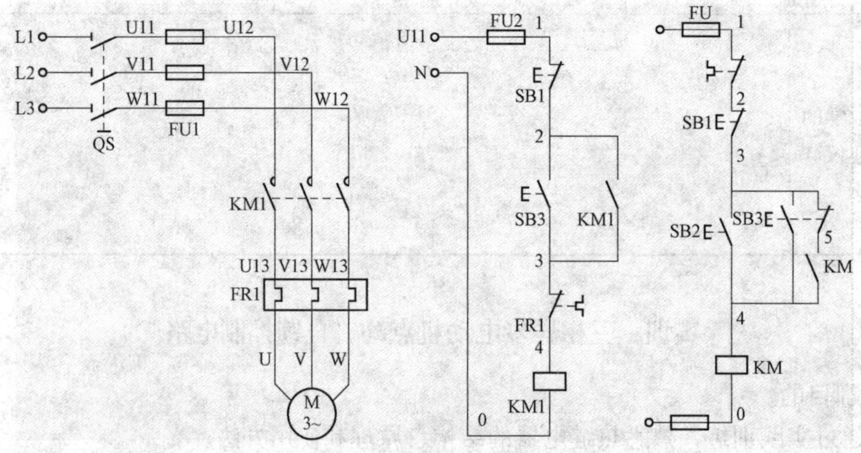

图 7-24　自锁控制电路原理图

电路的工作过程：当按下起动按钮 SB3 时，接触器 KM1 线圈通电，主触点闭合，电动机 M 起动旋转，当松开按钮时，电动机不会停转，因为这时接触器 KM1 线圈可以通过辅助触点继续维持通电，保证主触点 KM1 仍处在接通状态，电动机 M 就不会失电停转。这种松开按钮仍然自行保持线圈通电的控制电路叫作具有自锁（或自保）的接触器控制电路，简称自锁控制电路。与 SB3 并联的接触器动合触点称自锁触点。

“欠电压”是指电路电压低于电动机应加的额定电压。这样的后果是电动机转矩要降低，转速随之下降，会影响电动机的正常运行，欠电压严重时会损坏电动机，发生事故。在具有接触器自锁的控制电路中，当电动机运转时，电源电压降低到一定值时（一般低到 85%额定电压以下），由于接触器线圈磁通减弱，电磁吸力克服不了反作用弹簧的压力，动铁心因而释放，从而使接触器主触点分开，自动切断主电路，电动机停转，达到欠电压保护的作用。

（1）失电压保护。当生产设备运行时，由于其他设备发生故障，引起瞬时断电，而使生产机械停转。当故障排除后，恢复供电时，由于电动机的重新起动，很可能引起设备与人身事故的发生。采用具有接触器自锁的控制电路时，即使电源恢复供电，由于自锁触点仍然保持断开，接触器线圈也不会通电，所以电动机不会自行起动，从而避免了可能出现的事故。这种保护称为失电压保护或零电压保护。

（2）过载保护。具有自锁的控制电路虽然有短路保护、欠电压保护和失电压保护的作用，但实际使用中还不够完善。因为电动机在运行过程中，若长期负载过大或操作频繁，或三相电路断掉一相运行等原因，都可能使电动机的电流超过它的额定值，有时熔断器在这种情况下尚不会熔断，这将会引起电动机绕组过热，损坏电动机绝缘，因此，应对电动机设置过载保护，通常由三相热继电器来完成过载保护。

4. 实训接线

按电气元件明细表在挂板上选择熔断器 FU1、低压断路器 QS 等器件，然后进行接线，接动力线时用黑色线，控制电路用红色线，如图 7-25 所示。

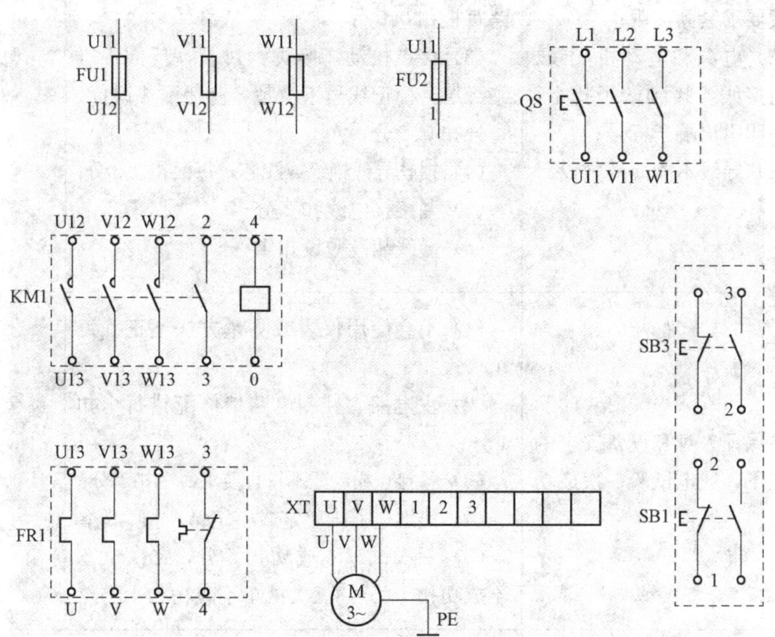

图 7-25　自锁控制电路实训接线图

5. 检查与调试

检查接线无误后，接通交流电源，“合”上 QS，按下 SB3，电动机应起动并连续转动，按下 SB1 电动机应停转。若按下 SB3 电动机起动运转后，电源电压降到 320V 以下或电源断电，则接触器 KM1 的主触点会断开，电动机停转。再次恢复电压为 380V（允许±10%的波动），电动机应不会自行起动（具有欠电压或失电压保护）。

如果电动机转轴卡住而接通交流电源，则在几秒内热继电器应动作断开加在电动机上的交流电源（注意不能超过10s，否则电动机过热会冒烟导致损坏）。

6. 项目考核（见表7-8）

表7-8　配分、评分标准与安全文明生产

主要内容	考核要求	评分标准	配分	扣分	得分
元件检查与安装	（1）按图纸的要求，正确利用工具和仪表，熟练地安装电气元器件； （2）元件在配电盘上布置要合理，安装要正确牢固； （3）按钮盒固定在配电盘上	（1）电动机质量漏检查每处扣1分； （2）电器元件漏检或错查每处扣1分； （3）元件布置不整齐、不匀称、不合理，每只扣1分； （4）元件安装不牢固，安装元件时漏装螺钉，每只扣1分； （5）损坏元件每只扣2分	20		
布线	（1）布线要求横平竖直，接线要求紧固美观； （2）电源和电动机配线、按钮接线要接到端子排上，要注明引出端子标号； （3）导线不能胡乱敷设	（1）电动机运行正常，但未按原理图接线，扣1分； （2）布线不横平竖直，主电路、控制电路每根扣0.5分； （3）接点松动，接头铜过长，反圈，压绝缘层，标记线号不清楚，有遗漏或误标，每处扣0.5分； （4）损伤导线绝缘或线芯，每根扣0.5分； （5）漏接接电线扣2分； （6）导线胡乱敷设扣10分	40		
通电试验	在保证人身和设备安全的前提下，通电试验一次成功	（1）不会使用仪表或测量方法不正确每个仪表扣1分； （2）主电路、控制电路熔体配错每个扣1分； （3）各接点松动或不符合要求每个扣1分； （4）热继电器未整定或整定错，扣2分； （5）一次试车不成功扣5分，二次试车不成功扣10分，三次试车不成功扣15分	30		
安全文明生产	（1）劳动保护用品穿戴整齐； （2）电工工具佩戴齐全； （3）遵守操作规程； （4）尊重考评员，讲文明礼貌； （5）考试结束要清理现场	（1）各项考试中，违反考核要求的任何一项扣2分，扣完为止； （2）考生在不同的技能试题考试中，违反安全文明生产考核要求同一项内容的，要累计扣分； （3）当考评员发现考生有重大事故隐患时，要立即予以制止，并每次从考生安全文明生产总分中扣5分	10		

续表

主要内容	考核要求	评分标准		配分	扣分	得分
备注		成绩				
		考评员签字		年　月　日		

7.3.2　三相异步电动机的正反向起动控制任务单

项目名称	三相异步电动机的正反转控制		
项目内容	要求	学生完成情况	自我评价
三相异步电动机的正反转控制	掌握三相异步电动机的接触器联锁正反转控制原理及电路图		
	掌握三相异步电动机的按钮联锁正反转控制原理及电路图		
	掌握三相异步电动机的按钮、接触器双重联锁正反转控制原理及电路图		
	掌握工作台往返控制原理及电路图		
	能够对通电试车时出现的故障进行分析和排除		
考核成绩			
教学评价			
教师的理论教学能力	教师的实践教学能力	教师的教学态度	
对本任务教学的意见及建议			

实训 1　按钮联锁的三相异步电动机正反转控制电路

1. 实训目的

（1）通过实践训练，熟悉热继电器的结构、原理和使用方法。

（2）通过实践训练，掌握按钮联锁的电动机正反转控制线路的安装与布线。

（3）掌握使用万用表检测、分析和排除故障。

2. 实训所需电气元件明细表（见表 7-9）

表 7-9　　电气元件明细表

代号	名称	型号	数量	备注
QS	低压断路器	DZ47-63-3P-10A	1	
FU1	熔断器	RT18-32-3P	1	3A
FU2	熔断器	RT18-32-3P	1	2A
KM1、KM2	交流接触器	LC1-D0610M5N	2	
FR1	热继电器	JRS1D-25/Z（0.63—1A）	1	
	热继电器座	JRS1D-25 座	1	
SB1	按钮开关	ϕ22-LAY16（红）	1	
SB3、SB4	按钮开关	ϕ22-LAY16（绿）	2	
M	三相笼型异步电动机	380V/△	1	

3. 电路原理

在生产实际中，往往要求控制线路能对电动机进行正、反转控制。例如常通过电动机的正、反转来控制机床主轴的正反转，或工作台的前进与后退或起重机起吊重物的上升与下放，以及电梯的升降等，由此满足生产加工的要求。

三相异步电动机的旋转方向是取决于磁场的旋转方向，而磁场的旋转方向又取决于电源的相序，所以电源的相序决定了电动机的旋转方向。当改变电源的相序时，电动机的旋转方向也会随之改变，从而实现电动机的正反转控制。

如图 7-26 所示，当需要改变电动机的转向时，只要直接按反转按钮就可以了，不必先按停止按钮。这是因为如果电动机已按正转方向运转时，线圈是通电的。这时，如果按下按

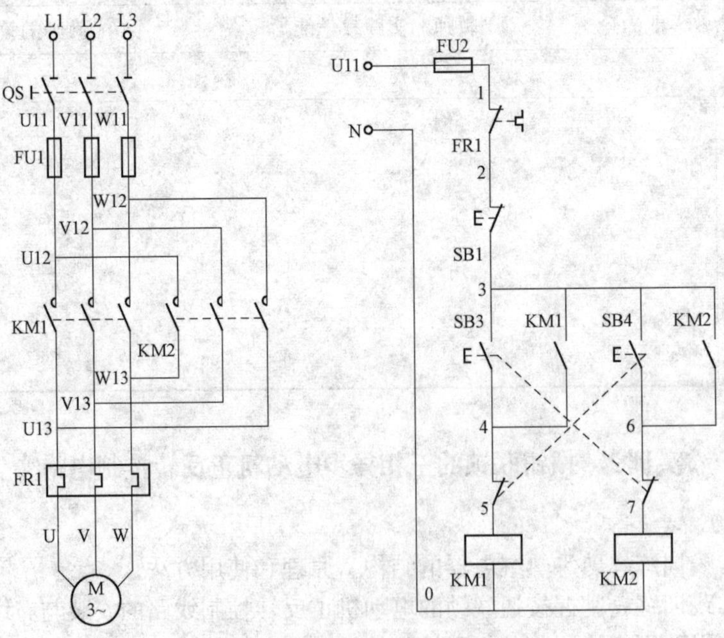

图 7-26　按钮联锁的三相异步电动机正反转控制电路

钮 SB4，按钮串在 KM1 线圈回路中的动断触点首先断开，将 KM1 线圈回路断开，相当于按下停止按钮 SB1 的作用，使电动机停转，随后 SB4 的动合触点闭合，接通线圈 KM2 的回路，使电源相序相反，电动机即反向旋转。同样，当电动机已做反向旋转时，若按下 SB3，电动机就先停转后正转。该线路是利用按钮动作时，动断触点先断开、动合触点后闭合的特点来保证 KM1 与 KM2 不会同时通电，由此来实现电动机正反转的联锁控制。所以 SB3 和 SB4 的动断触点也称为联锁触点。

4. 实训接线

如图 7 - 27 所示，在挂板上分别选择 QS、FU1、FU2、KM1、KM2、FR1，控制柜门上有 SB1、SB3、SB4 等器件。图 7 - 27 中，各端子的编号法有两种：

（1）用器件的实际编号，例：KM1 的 1、3、5、13、A1；FR1 的 95 等。

（2）用器件端子的人为编号，例 FU1 的 1、3、5 等。

一般器件的端子已有实际编号应优先采用，因为编号本身就表示了元件的结构。例 KM1 的 1 与 2、3 与 4 代表动合主触点；SB1 的①与②表示动断触点，③与④代表动合触点……。

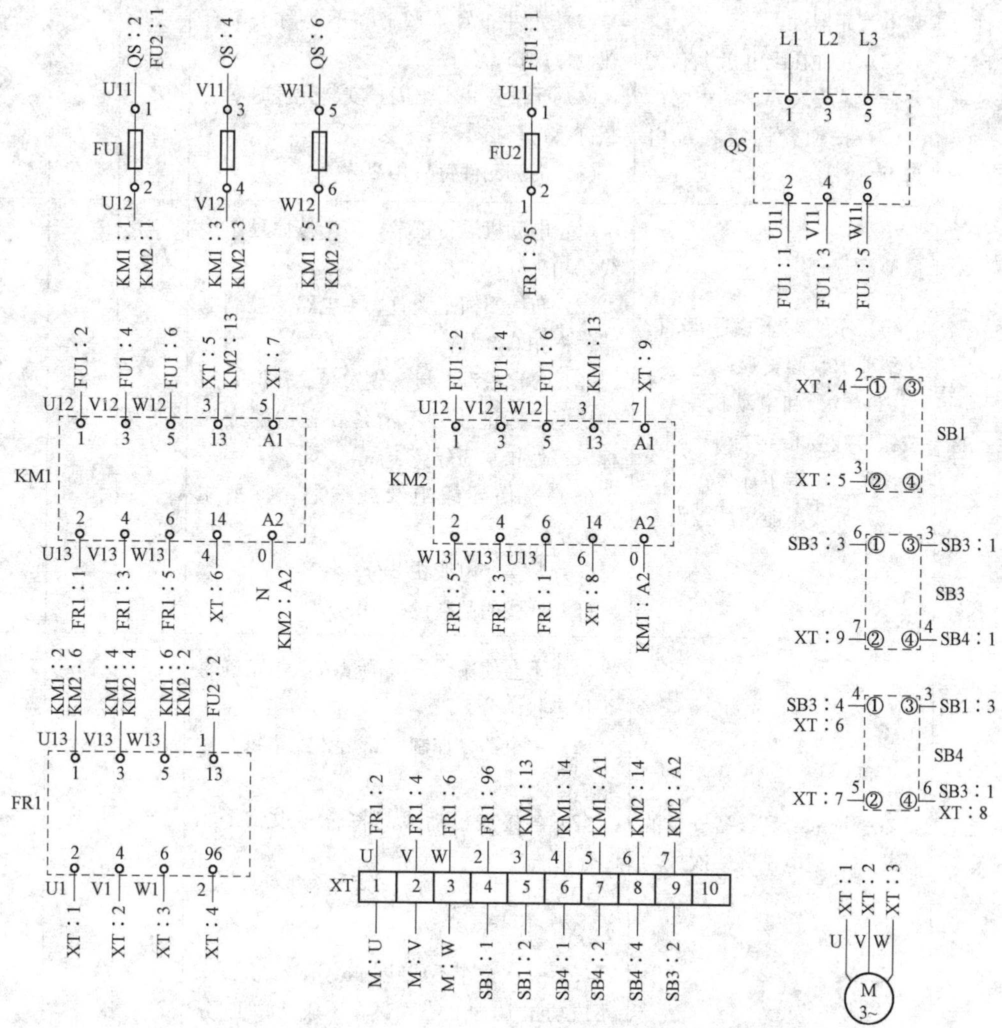

图 7 - 27　按钮联锁的三相异步电动机正反转控制电路接线图

图 7-27 是按国家标准用中断线表示的单元接线图，图中各电器元件的端子号及中断线所画的接线图虽然画起来比用连续线画的接线图复杂，但接线很直观（每个端子应接一根还是两根线，每根线应接在哪个器件的哪个端子上），查线也简单（从上到下、从左到右，用万用表分别检查端子①及端子②直至全部端子都查一遍）。因此操作者不仅要熟悉而且要学会看这种接线图。

5. 检查与调试

确认接线正确后，接通交流电源，按下 SB3，电动机应正转；按下 SB4，电动机应反转；按下 SB1，电动机应停转。若不能正常工作，则应分析并排除故障。

6. 评分标准（见表 7-10）

表 7-10　配分、评分标准与安全文明生产

主要内容	考核要求	评分标准	配分	扣分	得分
元件检查与安装	（1）按图纸的要求，正确利用工具和仪表，熟练地安装电气元器件； （2）元件在配电盘上布置要合理，安装要正确牢固； （3）按钮盒固定在配电盘上	（1）电动机质量漏检查每处扣 1 分； （2）电器元件漏检或错查每处扣 1 分； （3）元件布置不整齐、不匀称、不合理，每只扣 1 分； （4）元件安装不牢固，安装元件时漏装螺钉，每只扣 1 分； （5）损坏元件每只扣 2 分	20		
布线	（1）布线要求横平竖直，接线要求紧固美观； （2）电源和电动机配线、按钮接线要接到端子排上，要注明引出端子标号； （3）导线不能胡乱敷设	（1）电动机运行正常，但未按原理图接线，扣 1 分； （2）布线不横平竖直，主电路、控制电路每根扣 0.5 分； （3）接点松动、接头铜过长、反圈、压绝缘层、标记线号不清楚、有遗漏或误标，每处扣 0.5 分； （4）损伤导线绝缘或线芯，每根扣 0.5 分； （5）漏接接电线扣 2 分； （6）导线胡乱敷设扣 10 分	40		
通电试验	在保证人身和设备安全的前提下，通电试验一次成功	（1）不会使用仪表或测量方法不正确每个仪表扣 1 分； （2）主电路、控制电路熔体配错每个扣 1 分； （3）各接点松动或不符合要求每个扣 1 分； （4）热继电器未整定或整定错，扣 2 分； （5）一次试车不成功扣 5 分，二次试车不成功扣 10 分，三次试车不成功扣 15 分	30		

续表

<table>
<tr><th>主要内容</th><th>考核要求</th><th>评分标准</th><th>配分</th><th>扣分</th><th>得分</th></tr>
<tr><td>安全文明生产</td><td>(1) 劳动保护用品穿戴整齐;
(2) 电工工具佩戴齐全;
(3) 遵守操作规程;
(4) 尊重考评员，讲文明礼貌;
(5) 考试结束要清理现场</td><td>(1) 各项考试中，违反考核要求的任何一项扣2分，扣完为止;
(2) 考生在不同的技能试题考试中，违反安全文明生产考核要求同一项内容的，要累计扣分;
(3) 当考评员发现考生有重大事故隐患时，要立即予以制止，并每次从考生安全文明生产总分中扣5分</td><td>10</td><td></td><td></td></tr>
<tr><td rowspan="2">备注</td><td rowspan="2"></td><td colspan="4">成绩</td></tr>
<tr><td>考评员签字</td><td colspan="3">年 月 日</td></tr>
</table>

实训2 接触器联锁的三相异步电动机正反转控制电路

1. 实训目的

(1) 通过实践训练，熟悉接触器的结构、原理和使用方法。

(2) 通过实践训练，掌握接触器联锁的电动机正反转控制线路的安装与布线。

(3) 掌握使用万用表检测、分析和排除故障。

2. 实训所需电气元件明细表（见表7-11）

表7-11 电气元件明细表

<table>
<tr><th>代号</th><th>名称</th><th>型号</th><th>数量</th><th>备注</th></tr>
<tr><td>QS</td><td>低压断路器</td><td>DZ47-63-3P-10A</td><td>1</td><td></td></tr>
<tr><td>FU1</td><td>熔断器</td><td>RT18-32-3P</td><td>1</td><td>3A</td></tr>
<tr><td>FU2</td><td>熔断器</td><td>RT18-32-3P</td><td>1</td><td>2A</td></tr>
<tr><td>KM1、KM2</td><td>交流接触器</td><td>LC1-D0610M5N</td><td>2</td><td></td></tr>
<tr><td rowspan="2">FR1</td><td>热继电器</td><td>JRS1D-25/Z (0.63-1A)</td><td>1</td><td></td></tr>
<tr><td>热继电器座</td><td>JRS1D-25座</td><td>1</td><td></td></tr>
<tr><td>SB1</td><td>按钮开关</td><td>ϕ22-LAY16 (红)</td><td>1</td><td></td></tr>
<tr><td>SB3、SB4</td><td>按钮开关</td><td>ϕ22-LAY16 (绿)</td><td>2</td><td></td></tr>
<tr><td>M</td><td>三相笼型异步电动机</td><td>380V/△</td><td>1</td><td></td></tr>
</table>

3. 电路原理

图 7 - 28 控制线路的动作过程是：

(1) 正转控制。合上电源开关 QS，按正转起动按钮 SB3，正转控制回路接通，KM1 的线圈通电动作，其动合触点闭合自锁、动断触点断开对 KM2 的联锁，同时主触点闭合，主电路按 U1、V1、W1 相序接通，电动机正转。

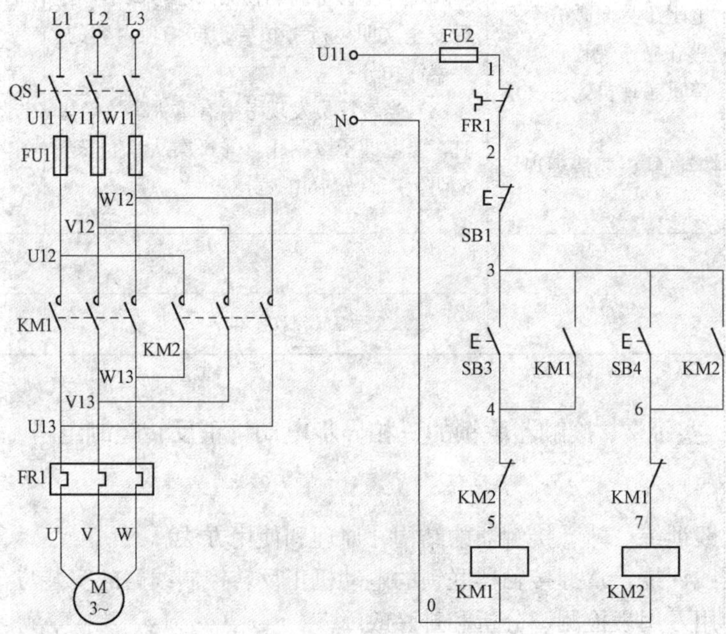

图 7 - 28　接触器联锁的三相异步电动机正反转控制电路

(2) 反转控制。要使电动机改变转向（即由正转变为反转）时应先按下停止按钮 SB1，使正转控制电路断开电动机停转，然后才能使电动机反转，为什么要这样操作呢？因为反转控制回路中串联了正转接触器 KM1 的动断触点，当 KM1 通电工作时，它是断开的，若这时直接按反转按钮 SB4，反转接触器 KM2 是无法通电的，电动机也就得不到电源，故电动机仍然正转，不会反转。电动机停转后按下 SB4，反转接触器 KM2 通电动作，主触点闭合，主电路按 W1、V1、U1 相序接通，电动机的电源相序改变了，故电动机做反向旋转。

4. 实训接线

正反转控制电路的接线较为复杂，特别是按钮使用较多。在电路中，两处主触点的接线必须保证相序相反；联锁触点必须保证常闭互串；按钮接线必须正确、可靠、合理。接线如图 7 - 29 所示。

5. 检查与调试

检查接线无误后，可接通交流电源，合上开关 QS，按下 SB3，电动机应正转（电动机右侧的转轴为顺时针转动，若不符合转向要求，可停机，换接电动机定子绕组任意两个接线即可）。按下 SB4，电动机仍应正转。如要电动机反转，应先按 SB1，使电动机停转，然后再按 SB4，则电动机反转。若不能正常工作，应切断电源分析并排除故障，使线路能正常工作。

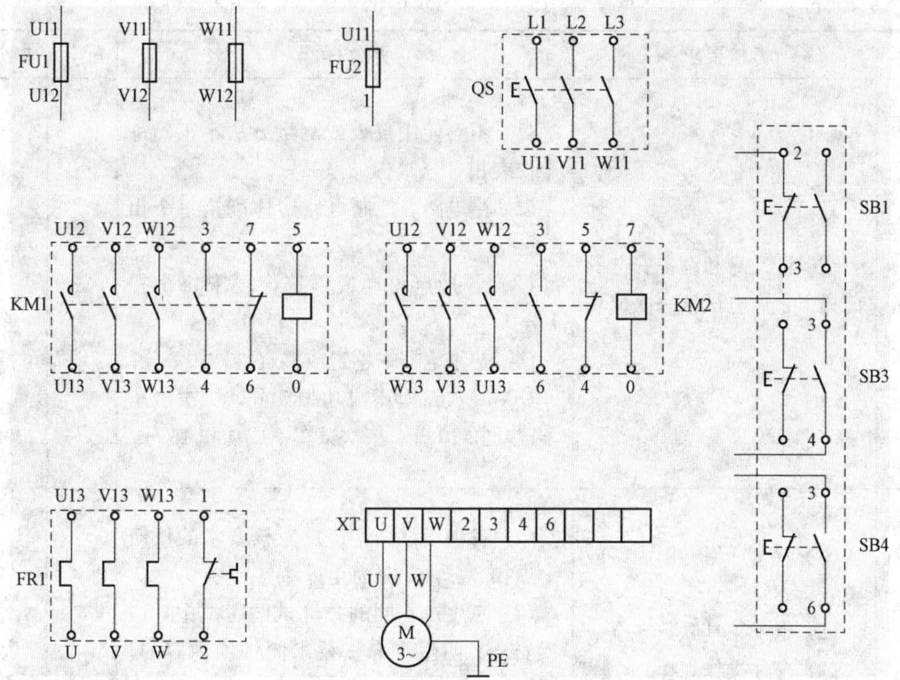

图7-29　接触器联锁的三相异步电动机正反转控制电路接线图

6. 评分标准（见表7-12）

表7-12　　配分、评分标准与安全文明生产

主要内容	考核要求	评分标准	配分	扣分	得分
元件检查与安装	（1）按图纸的要求，正确利用工具和仪表，熟练地安装电气元器件； （2）元件在配电盘上布置要合理，安装要正确牢固； （3）按钮盒固定在配电盘上	（1）电动机质量漏检查每处扣1分； （2）电器元件漏检或错查每处扣1分； （3）元件布置不整齐、不匀称、不合理，每只扣1分； （4）元件安装不牢固，安装元件时漏装螺钉，每只扣1分； （5）损坏元件每只扣2分	20		
布线	（1）布线要求横平竖直，接线要求紧固美观； （2）电源和电动机配线、按钮接线要接到端子排上，要注明引出端子标号； （3）导线不能胡乱敷设	（1）电动机运行正常，但未按原理图接线，扣1分； （2）布线不横平竖直，主电路、控制电路每根扣0.5分； （3）接点松动、接头铜过长、反圈、压绝缘层、标记线号不清楚、有遗漏或误标，每处扣0.5分； （4）损伤导线绝缘或线芯，每根扣0.5分； （5）漏接接电线扣2分； （6）导线胡乱敷设扣10分	40		

续表

主要内容	考核要求	评分标准	配分	扣分	得分
通电试验	在保证人身和设备安全的前提下，通电试验一次成功	（1）不会使用仪表或测量方法不正确每个仪表扣1分； （2）主电路、控制电路熔体配错每个扣1分； （3）各接点松动或不符合要求每个扣1分； （4）热继电器未整定或整定错，扣2分； （5）一次试车不成功扣5分，二次试车不成功扣10分，三次试车不成功扣15分	30		
安全文明生产	（1）劳动保护用品穿戴整齐； （2）电工工具佩戴齐全； （3）遵守操作规程； （4）尊重考评员，讲文明礼貌； （5）考试结束要清理现场	（1）各项考试中，违反考核要求的任何一项扣2分，扣完为止； （2）考生在不同的技能试题考试中，违反安全文明生产考核要求同一项内容的，要累计扣分； （3）当考评员发现考生有重大事故隐患时，要立即予以制止，并每次从考生安全文明生产总分中扣5分	10		
备注		成绩			
		考评员签字	年 月 日		

实训3 双重联锁的三相异步电动机正反转控制电路

1. 实训目的

（1）通过实践训练，熟悉接触器的结构、原理和使用方法。

（2）通过实践训练，掌握双重联锁的电动机正反转控制线路的安装与布线。

（3）掌握使用万用表检测、分析和排除故障。

2. 实训所需电气元件明细表（见表7-13）

表7-13 电气元件明细表

代号	名称	型号	数量	备注
QS	低压断路器	DZ47-63-3P-10A	1	
FU1	熔断器	RT18-32-3P	1	3A
FU2	熔断器	RT18-32-3P	1	2A
KM1、KM2	交流接触器	LC1-D0610M5N	2	

续表

代号	名称	型号	数量	备注
FR1	热继电器	JRS1D-25/Z（0.63-1A）	1	
	热继电器座	JRS1D-25座	1	
SB1	按钮开关	ϕ22-LAY16（红）	1	
SB3、SB4	按钮开关	ϕ22-LAY16（绿）	2	
M	三相笼型异步电动机	380V/△	1	

3. 电路原理

图7-30所示控制线路集中了按钮联锁和接触器联锁的优点，故具有操作方便和安全可靠等优点，为电力拖动设备中所常用。

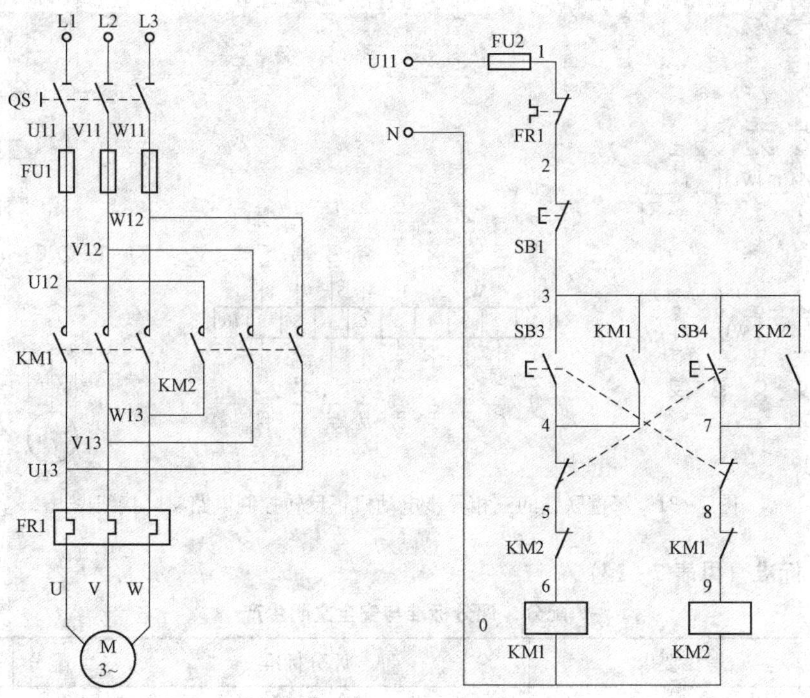

图7-30　双重联锁的三相异步电动机正反转控制电路

4. 实训接线

图7-31为单元接线图，每个器件端子处接的线号及端子之间的连接，图上已明确标示出来了，对接线和查线带来很大方便。接完线后，应符合要求。

5. 检查与调试

确认接线正确后，接通交流电源，按下SB3，电动机应正转；按下SB4，电动机应反转；按下SB1，电动机应停转。若不能正常工作，则应分析并排除故障。

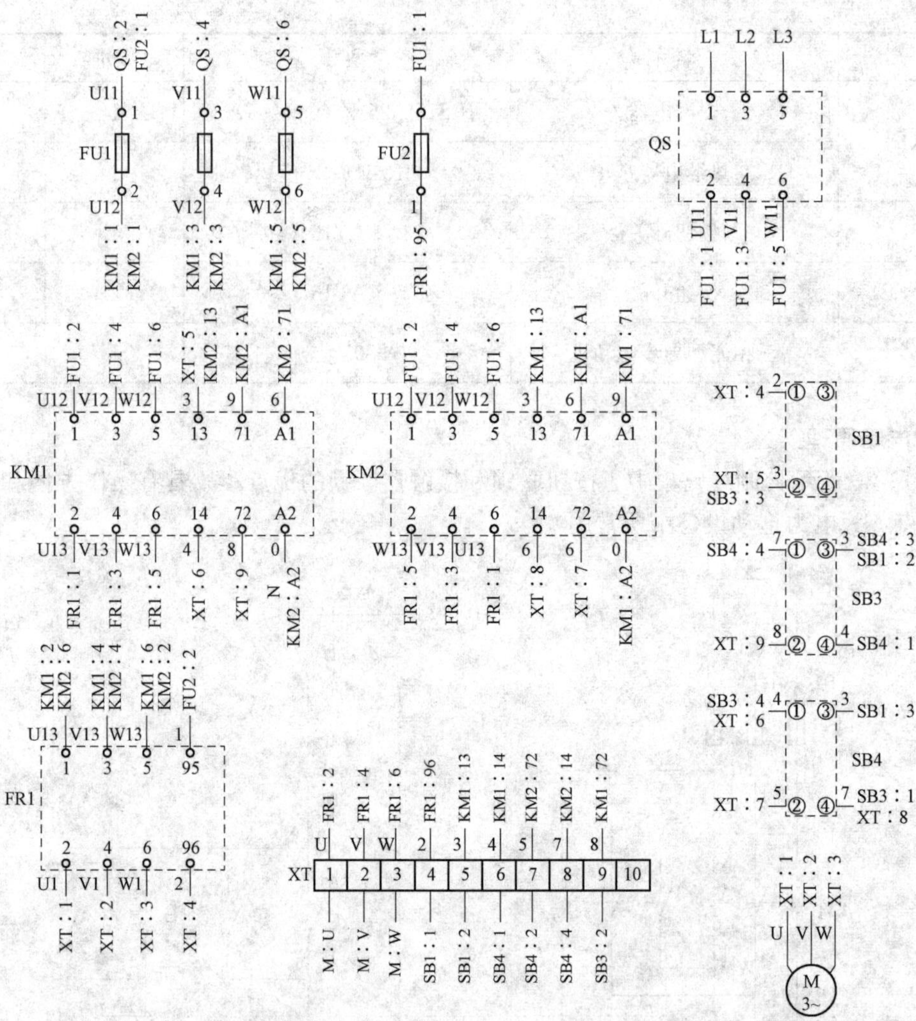

图 7 - 31　双重联锁的三相异步电动机正反转控制电路实际接线图

6. 评分标准（见表 7 - 14）

表 7 - 14　　　配分、评分标准与安全文明生产

主要内容	考核要求	评分标准	配分	扣分	得分
元件检查与安装	（1）按图纸的要求，正确利用工具和仪表，熟练地安装电气元器件； （2）元件在配电盘上布置要合理，安装要正确牢固； （3）按钮盒固定在配电盘上	（1）电动机质量漏检查每处扣 1 分； （2）电器元件漏检或错查每处扣 1 分； （3）元件布置不整齐、不匀称、不合理，每只扣 1 分； （4）元件安装不牢固，安装元件时漏装螺钉，每只扣 1 分； （5）损坏元件每只扣 2 分	20		

续表

主要内容	考核要求	评分标准	配分	扣分	得分
布线	（1）布线要求横平竖直，接线要求紧固美观； （2）电源和电动机配线、按钮接线要接到端子排上，要注明引出端子标号； （3）导线不能胡乱敷设	（1）电动机运行正常，但未按原理图接线，扣1分； （2）布线不横平竖直，主电路、控制电路每根扣0.5分； （3）接点松动、接头铜过长、反圈、压绝缘层、标记线号不清楚、有遗漏或误标，每处扣0.5分； （4）损伤导线绝缘或线芯，每根扣0.5分； （5）漏接接电线扣2分； （6）导线胡乱敷设扣10分	40		
通电试验	在保证人身和设备安全的前提下，通电试验一次成功	（1）不会使用仪表或测量方法不正确每个仪表扣1分； （2）主电路、控制电路熔体配错每个扣1分； （3）各接点松动或不符合要求每个扣1分； （4）热继电器未整定或整定错，扣2分； （5）一次试车不成功扣5分，二次试车不成功扣10分，三次试车不成功扣15分	30		
安全文明生产	（1）劳动保护用品穿戴整齐； （2）电工工具佩戴齐全； （3）遵守操作规程； （4）尊重考评员，讲文明礼貌； （5）考试结束要清理现场	（1）各项考试中，违反考核要求的任何一项扣2分，扣完为止； （2）考生在不同的技能试题考试中，违反安全文明生产考核要求同一项内容的，要累计扣分； （3）当考评员发现考生有重大事故隐患时，要立即予以制止，并每次从考生安全文明生产总分中扣5分	10		
备注		成绩			
		考评员签字	年　月　日		

实训 4　工作台的往返控制电路

有些生产设备的电动机一旦起动后就要求正反转能够自动进行换接（例如机械传动的自动往返工作台等），此时就可利用行程开关构成自动往返控制电路。

1. 实践目的

（1）通过实践训练，掌握工作台自动往返控制线路的工作原理。

（2）通过实践训练，掌握工作台自动往返控制线路的安装与布线。

（3）掌握使用万用表检测、分析和排除故障。

2. 实践所需电气元件明细表（见表 7 - 15）

表 7 - 15　电气元件明细表

代号	名称	型号	数量	备注
QS	低压断路器	DZ47 - 63 - 3P - 10A	1	
FU1	熔断器	RT18 - 32 - 3P	1	3A
FU2	熔断器	RT18 - 32 - 3P	1	2A
KM1、KM2	交流接触器	LC1 - D0610M5N	2	
FR1	热继电器	JRS1D - 25/Z（0.63 - 1A）	1	
	热继电器座	JRS1D - 25 座	1	
SQ1、SQ2、SQ3、SQ4	行程开关	JW2A - 11H/L	4	
SB1	按钮开关	ϕ22 - LAY16（红）	1	
SB3、SB4	按钮开关	ϕ22 - LAY16（绿）	2	
M	三相笼型异步电动机	380V/△	1	

3. 电路原理

图 7 - 32 所示控制电路为工作台自动往返控制电路，主要由四个行程开关来进行控制与保护，其中 SQ2、SQ3 装在机床床身上，用来控制工作台的自动往返，SQ1 和 SQ4 用来做终端保护的，即限制工作台的极限位置。在工作台的 T 形槽中装有挡块，当挡块碰撞行程开关后，能使工作台停止和换向，工作台就能实现往返运动。工作台的行程可通过移动挡块位置来调节，以适应加工不同的工件。

图 7 - 32 中的 SQ1 和 SQ4 分别安装在向左或向右的某个极限位置上。如果 SQ2 或 SQ3 失灵时，工作台会继续向左或向右运动，当工作台运行到极限位置时，挡块就会碰撞 SQ1 或 SQ4，从而切断控制线路，迫使电动机 M 停转，工作台就停止移动。SQ1 和 SQ4 实际上起终端保护作用，因此称为终端保护开关（简称终端开关）。

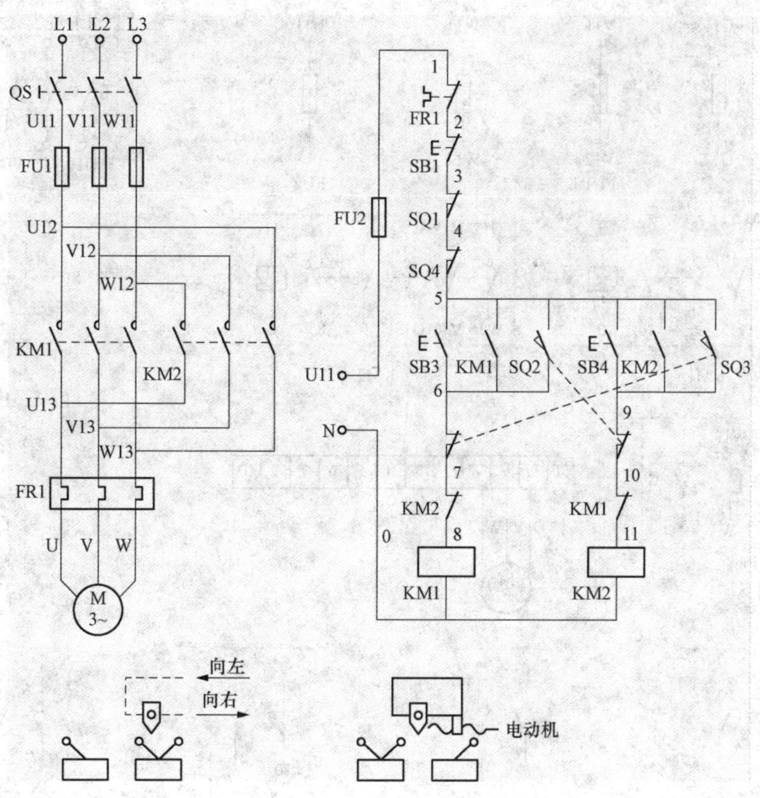

图 7 - 32　自动往返控制电路

该线路的工作原理简述如下：

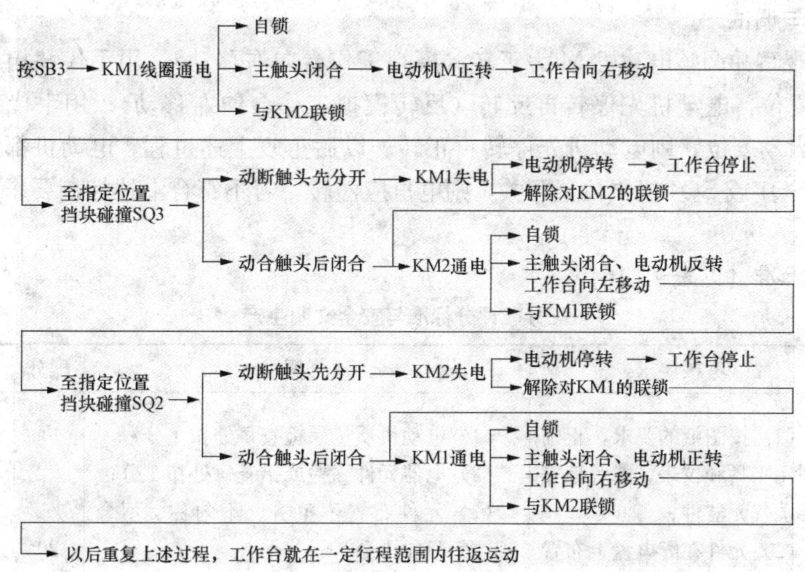

4. 实训接线

自动往返控制电路接线可参考图 7 - 33，操作者应画出实际接线图。

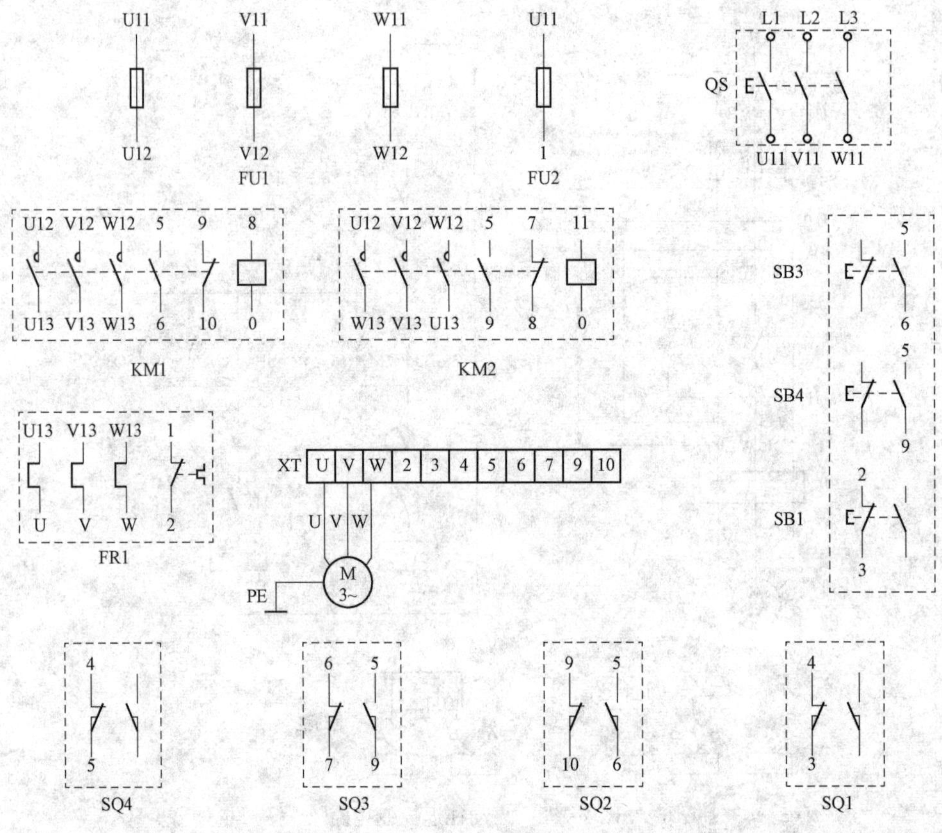

图 7-33 自动往返控制电路接线

5. 检查与调试

按 SB3 观察并调整电动机 M 为正转（模拟工作台向右移动），用手代替挡块按压 SQ3 并使其自动复位，电动机先停转再反转（反转模拟工作台向左移动）；用手代替挡块按压 SQ2 再使其自动复位，则电动机先停转再正转。以后重复上述过程，电动机都能正常正反转。若拨动 SQ1 或 SQ4 极限位置开关，则电机应停转。若不符合上述控制要求，则应分析并排除故障。

6. 评分标准（见表 7-16）

表 7-16　　配分、评分标准与安全文明生产

主要内容	考核要求	评分标准	配分	扣分	得分
元件检查与安装	（1）按图纸的要求，正确利用工具和仪表，熟练地安装电气元器件； （2）元件在配电盘上布置要合理，安装要正确牢固； （3）按钮盒固定在配电盘上	（1）电动机质量漏检查每处扣 1 分； （2）电器元件漏检或错查每处扣 1 分； （3）元件布置不整齐、不匀称、不合理，每只扣 1 分； （4）元件安装不牢固，安装元件时漏装螺钉，每只扣 1 分； （5）损坏元件每只扣 2 分	20		

续表

主要内容	考核要求	评分标准	配分	扣分	得分
布线	（1）布线要求横平竖直，接线要求紧固美观； （2）电源和电动机配线、按钮接线要接到端子排上，要注明引出端子标号； （3）导线不能胡乱敷设	（1）电动机运行正常，但未按原理图接线，扣1分； （2）布线不横平竖直，主电路、控制电路每根扣0.5分； （3）接点松动、接头铜过长、反圈、压绝缘层、标记线号不清楚、有遗漏或误标，每处扣0.5分； （4）损伤导线绝缘或线芯，每根扣0.5分； （5）漏接接电线扣2分； （6）导线胡乱敷设扣10分	40		
通电试验	在保证人身和设备安全的前提下，通电试验一次成功	（1）不会使用仪表或测量方法不正确每个仪表扣1分； （2）主电路、控制电路熔体配错每个扣1分； （3）各接点松动或不符合要求每个扣1分； （4）热继电器未整定或整定错，扣2分； （5）一次试车不成功扣5分，二次试车不成功扣10分，三次试车不成功扣15分	30		
安全文明生产	（1）劳动保护用品穿戴整齐； （2）电工工具佩戴齐全； （3）遵守操作规程； （4）尊重考评员，讲文明礼貌； （5）考试结束要清理现场	（1）各项考试中，违反考核要求的任何一项扣2分，扣完为止； （2）考生在不同的技能试题考试中，违反安全文明生产考核要求同一项内容的，要累计扣分； （3）当考评员发现考生有重大事故隐患时，要立即予以制止，并每次从考生安全文明生产总分中扣5分	10		
备注		成绩			
		考评员签字	年　月　日		

7.3.3 三相异步电动机的Y-△降压起动控制任务单

<table>
<tr><td>项目名称</td><td colspan="3">三相异步电动机的Y-△降压起动控制</td></tr>
<tr><td>项目内容</td><td>要求</td><td>学生完成情况</td><td>自我评价</td></tr>
<tr><td rowspan="4">三相异步电动机的Y-△降压起动控制</td><td>理解三相异步电动机的Y-△降压起动控制原理</td><td></td><td rowspan="4"></td></tr>
<tr><td>掌握实际三相异步电动机的Y-△降压起动控制接线</td><td></td></tr>
<tr><td>能够发现三相异步电动机的Y-△降压起动现象</td><td></td></tr>
<tr><td>总结与考核</td><td></td></tr>
<tr><td>考核成绩</td><td colspan="3"></td></tr>
</table>

<table>
<tr><td colspan="3">教学评价</td></tr>
<tr><td>教师的理论教学能力</td><td>教师的实践教学能力</td><td>教师的教学态度</td></tr>
<tr><td></td><td></td><td></td></tr>
</table>

对本任务教学的意见及建议	

实训 三相异步电动机的Y-△降压起动控制

1. 实训目的

(1) 通过实践训练，熟悉时间继电器原理和使用方法。

(2) 通过实践训练，掌握时间继电器切换的Y-△形起动控制电路的安装与布线。

(3) 掌握使用万用表检测、分析和排除故障。

2. 实训所需电气元件明细表（见表7-17）

表7-17 电气元件明细表

代号	名称	型号	数量	备注
QS	低压断路器	DZ47-63-3P-10A	1	
FU1	熔断器	RT114-32-3P	1	3A
FU2	熔断器	RT114-32-3P	1	2A
KM1、KM2	交流接触器	LC14-D0610M5N	2	
KM3	交流接触器	LC14-D0601M5N	1	
FR1	热继电器	JRS1D-25/Z（0.63-1A）	1	
	热继电器座	JRS1D-25座	1	

续表

代号	名称	型号	数量	备注
KT	时间继电器	JSZ3A - B（0～60S）/220V	1	
	时间继电器方座	PF - 083A	1	
SB1	按钮开关	ϕ22 - LAY16（红）	1	
SB3	按钮开关	ϕ22 - LAY16（绿）	1	
M	三相笼型异步电动机	380V/△	1	

3. 电路原理

Y - △起动控制电气原理如图 7 - 34 所示。Y - △起动是指为减少电动机起动时的电流，将正常工作接法为三角形的电动机，在起动时改为星形接法。此时起动电流降为原来的 1/3，起动转矩也降为原来的 1/3。线路的动作过程如下：

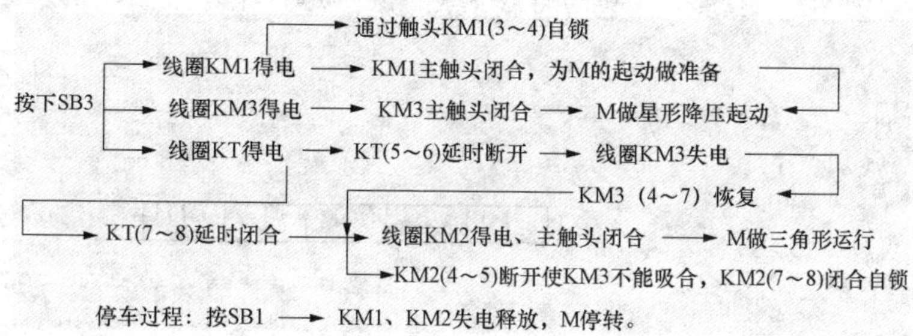

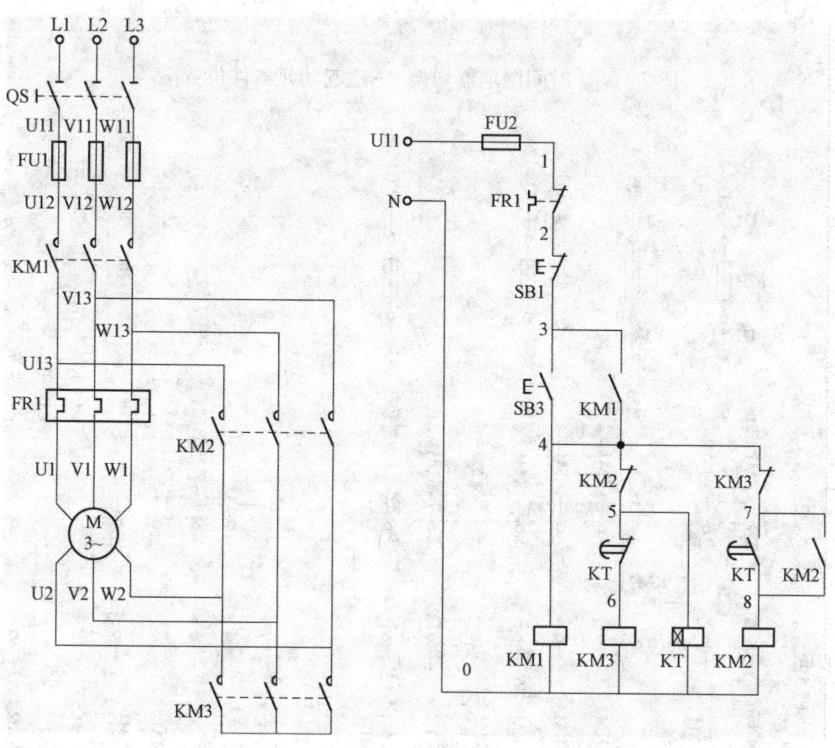

图 7 - 34　时间继电器切换 Y - △起动原理图

4. 实践接线

接线图为图 7 - 35 和图 7 - 36，其中图 7 - 34 仅画出接线号（没有画出连接线）。图 7 - 36 是按国家标准用中断线标示的单元接线图，可以任选一种进行接线。

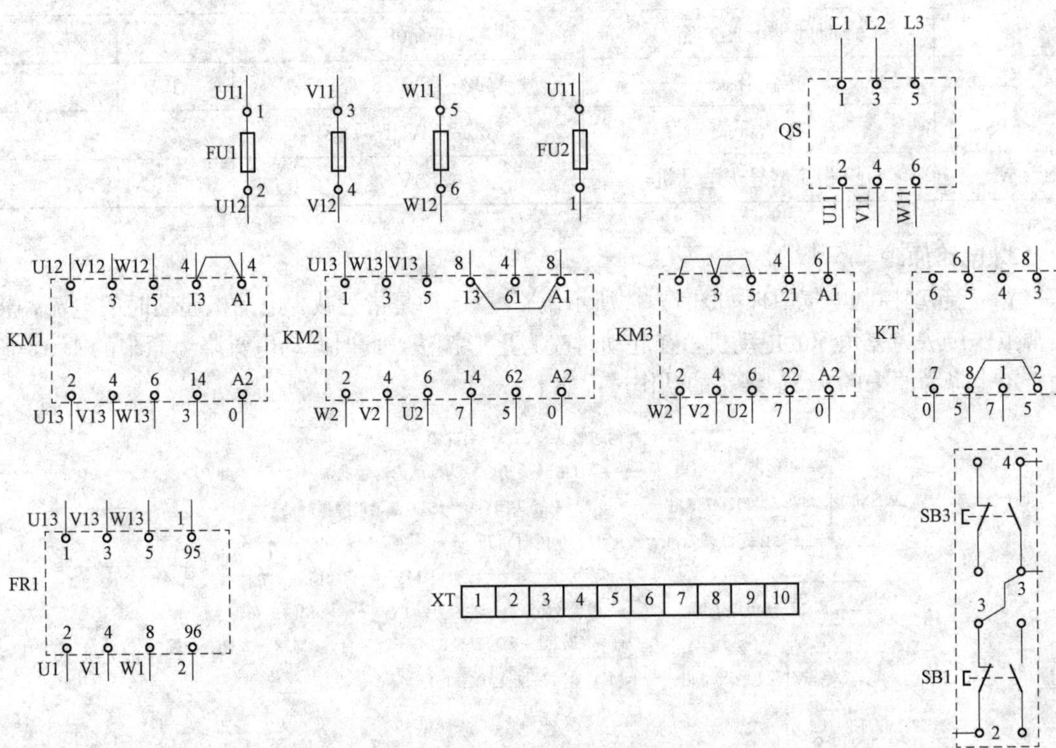

图 7 - 35　时间继电器切换 Y - △起动元器件位置图

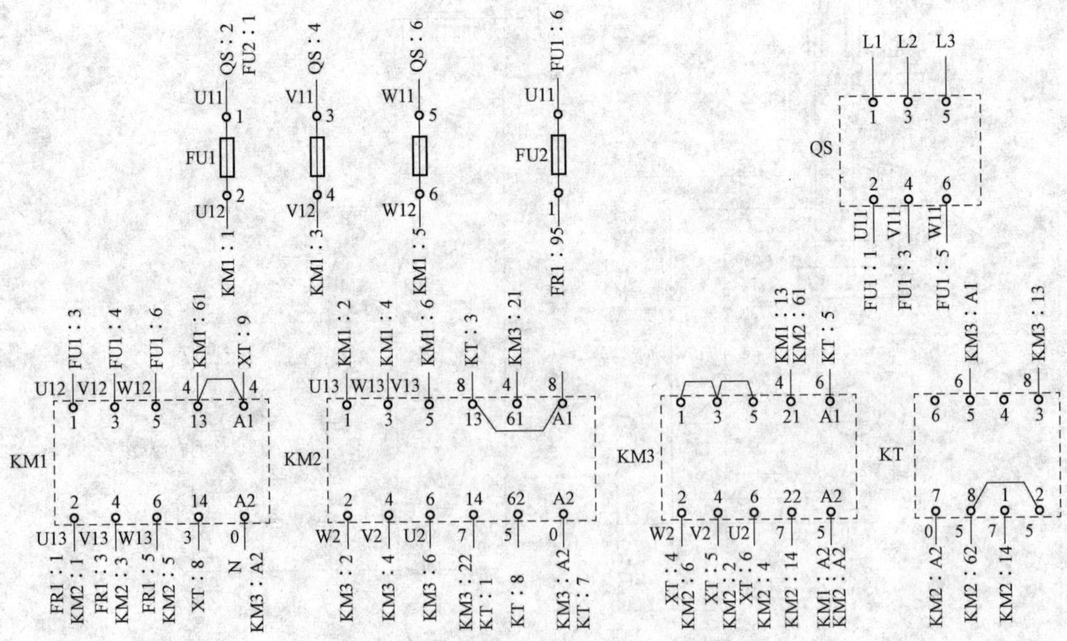

图 7 - 36　时间继电器切换 Y - △起动接线图（一）

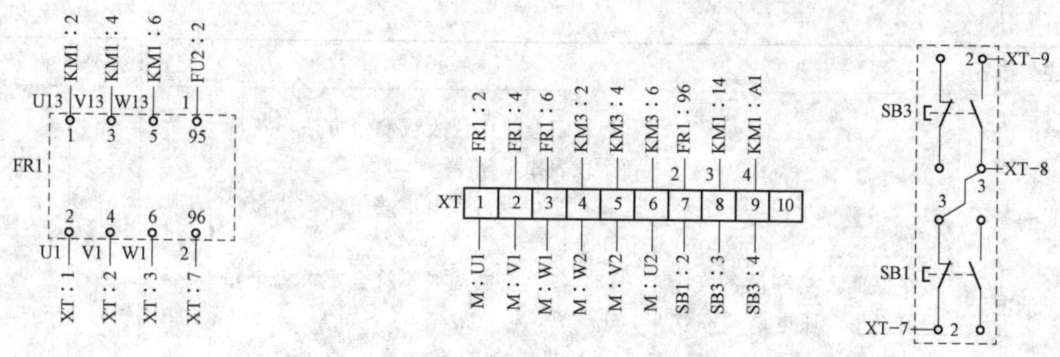

图7-36　时间继电器切换Y-△起动接线图（二）

5. 检查与调试

确认接线正确方可接通交流电源，合上开关QS，按下SB3，控制线路的动作过程应按原理所述，若操作中发现有不正常现象，应断开电源分析，排故后重新操作。

6. 评分标准（见表7-18）

表7-18　配分、评分标准与安全文明生产

主要内容	考核要求	评分标准	配分	扣分	得分
元件检查与安装	（1）按图纸的要求，正确利用工具和仪表，熟练地安装电气元器件； （2）元件在配电盘上布置要合理，安装要正确牢固； （3）按钮盒固定在配电盘上	（1）电动机质量漏检查每处扣1分； （2）电器元件漏检或错查每处扣1分； （3）元件布置不整齐、不匀称、不合理，每只扣1分； （4）元件安装不牢固，安装元件时漏装螺钉，每只扣1分； （5）损坏元件每只扣2分	20		
布线	（1）布线要求横平竖直，接线要求紧固美观； （2）电源和电动机配线、按钮接线要接到端子排上，要注明引出端子标号； （3）导线不能胡乱敷设	（1）电动机运行正常，但未按原理图接线，扣1分； （2）布线不横平竖直，主电路、控制电路每根扣0.5分； （3）接点松动、接头铜过长、反圈、压绝缘层、标记线号不清楚、有遗漏或误标，每处扣0.5分； （4）损伤导线绝缘或线芯，每根扣0.5分； （5）漏接接电线扣2分； （6）导线胡乱敷设扣10分	40		

续表

主要内容	考核要求	评分标准	配分	扣分	得分
通电试验	在保证人身和设备安全的前提下，通电试验一次成功	(1) 不会使用仪表或测量方法不正确每个仪表扣1分； (2) 主电路、控制电路熔体配错每个扣1分； (3) 各接点松动或不符合要求每个扣1分； (4) 热继电器未整定或整定错，扣2分； (5) 一次试车不成功扣5分，二次试车不成功扣10分，三次试车不成功扣15分	30		
安全文明生产	(1) 劳动保护用品穿戴整齐； (2) 电工工具佩戴齐全； (3) 遵守操作规程； (4) 尊重考评员，讲文明礼貌； (5) 考试结束要清理现场	(1) 各项考试中，违反考核要求的任何一项扣2分，扣完为止； (2) 考生在不同的技能试题考试中，违反安全文明生产考核要求同一项内容的，要累计扣分； (3) 当考评员发现考生有重大事故隐患时，要立即予以制止，并每次从考生安全文明生产总分中扣5分	10		
备注		成绩			
		考评员签字	年　月　日		

7.3.4　三相异步电动机的顺序控制任务单

项目名称	三相异步电动机的顺序控制		
项目内容	要求	学生完成情况	自我评价
三相异步电动机顺序控制线路的识图	熟悉顺序控制的应用		
	能够独立分析三相异步电动机顺序控制线路图		
三相异步电动机顺序控制线路的连接	熟练使用电工工具进行接线		
	使用万用表对线路进行检测		
故障分析	能够对通电试车时出现的故障进行分析和排除		
考核成绩			

续表

教学评价		
教师的理论教学能力	教师的实践教学能力	教师的教学态度
对本任务教学的意见及建议		

实训　三相异步电动机的顺序控制

1. 实训目的

（1）通过实践训练，掌握三相异步电动机顺序控制线路的工作原理。

（2）通过实践训练，掌握三相异步电动机顺序控制线路的安装与布线。

（3）掌握使用万用表检测、分析和排除故障。

2. 实训所需电气元件明细表（见表 7 - 19）

表 7 - 19　　电气元件明细表

代号	名称	型号	数量	备注
QS	低压断路器	DZ47 - 63 - 3P - 10A	1	
FU1	熔断器	RT18 - 32 - 3P	1	3A
FU2	熔断器	RT18 - 32 - 3P	1	2A
KM1、KM2	交流接触器	LC1 - D0610M5N	2	
FR1、FR2	热继电器	JRS1D - 25/Z（0.63 - 1A）	2	
	热继电器座	JRS1D - 25 座	2	
SB1、SB2	按钮开关	ϕ22 - LAY16（红）	2	
SB3、SB4	按钮开关	ϕ22 - LAY16（绿）	2	
M1	三相笼型异步电动机		1	
M2	三相笼型异步电动机		1	

3. 电路原理

顺序控制的主电路如图 7 - 37 所示。在生产机械中，有时要求电动机间的起动停止必须满足一定的顺序，如主轴电动机的起动必须在油泵起动之后，钻床的进给必须在主轴旋转之后等。实现顺序控制可以在主电路也可以在控制电路实现。

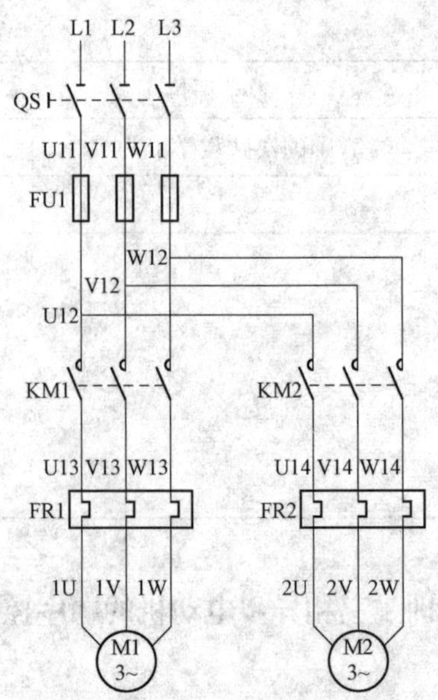

图 7-37 三相异步电动机顺序控制主电路

图 7-38（a）中，接触器 KM1 的另一对动合触点（线号为 5、6）串联在接触器 KM2 线圈的控制电路中，当按下 SB3 使电动机 M1 起动运转，再按下 SB4，电动机 M2 才会起动运转，若要 M2 电动机停转，则只要按下 SB2 即可。在此电路中，SB1 是总开关，只要按下 SB1，电动机 M1 和 M2 均停转。

图 7-38（b）中，由于在 SB1 停止按钮两端并联一个接触器 KM2 的常开辅助触点（线号为 1、2），所以只有先使接触器 KM2 线圈失电，即电动机 M2 停止，同时 KM2 常开辅助触点断开，然后才能按 SB1 达到断开接触器 KM1 线圈电源的目的，使电动机 M1 停止。这种顺序控制线路的特点是使两台电动机依次顺序起动，而逆序停止。

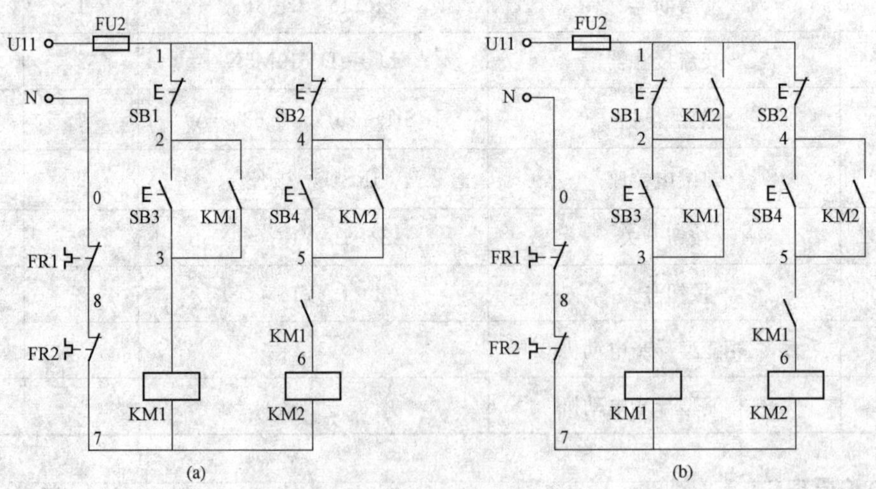

图 7-38 顺序控制电路

4. 实践接线

接线可参考图 7-39，操作者可画出实际接线图。

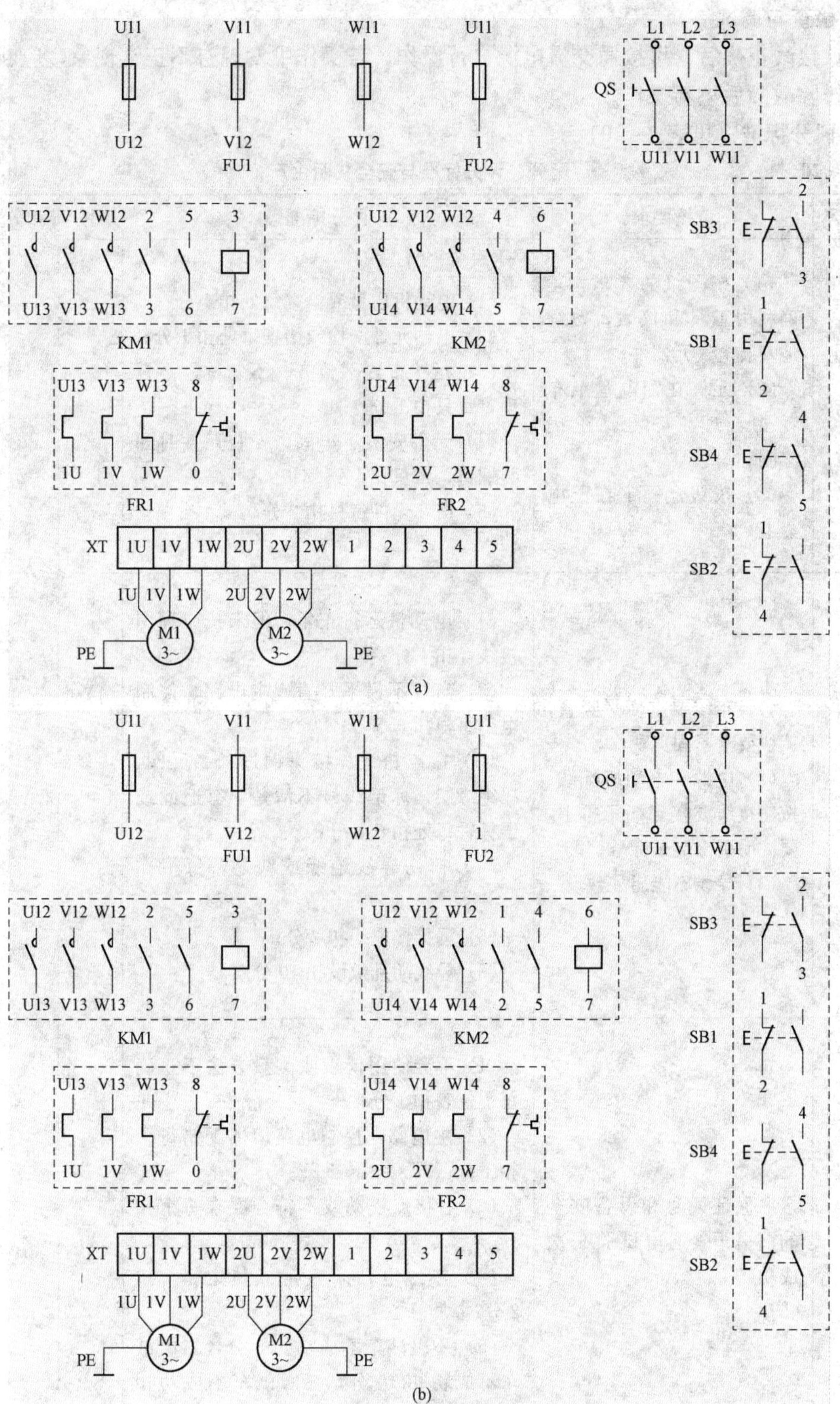

图 7 - 39　三相异步电动机顺序控制接线图

5. 检查与调试

确认接线正确后，可接通交流电源自行操作，若操作中发现有不正常现象，应断开电源分析，排除故障后重新操作。

6. 评分标准（见表 7-20）

表 7-20　　配分、评分标准与安全文明生产

主要内容	考核要求	评分标准	配分	扣分	得分
元件检查与安装	（1）按图纸的要求，正确利用工具和仪表，熟练地安装电气元器件； （2）元件在配电盘上布置要合理，安装要正确牢固； （3）按钮盒固定在配电盘上	（1）电动机质量漏检查每处扣 1 分； （2）电器元件漏检或错查每处扣 1 分； （3）元件布置不整齐、不匀称、不合理，每只扣 1 分； （4）元件安装不牢固，安装元件时漏装螺钉，每只扣 1 分； （5）损坏元件每只扣 2 分	20		
布线	（1）布线要求横平竖直，接线要求紧固美观； （2）电源和电动机配线、按钮接线要接到端子排上，要注明引出端子标号； （3）导线不能胡乱敷设	（1）电动机运行正常，但未按原理图接线，扣 1 分； （2）布线不横平竖直，主电路、控制电路每根扣 0.5 分； （3）接点松动、接头铜过长、反圈、压绝缘层、标记线号不清楚、有遗漏或误标，每处扣 0.5 分； （4）损伤导线绝缘或线芯，每根扣 0.5 分； （5）漏接接电线扣 2 分； （6）导线胡乱敷设扣 10 分	40		
通电试验	在保证人身和设备安全的前提下，通电试验一次成功	（1）不会使用仪表或测量方法不正确每个仪表扣 1 分； （2）主电路、控制电路熔体配错每个扣 1 分； （3）各接点松动或不符合要求每个扣 1 分； （4）热继电器未整定或整定错，扣 2 分； （5）一次试车不成功扣 5 分，二次试车不成功扣 10 分，三次试车不成功扣 15 分	30		

续表

主要内容	考核要求	评分标准	配分	扣分	得分
安全文明生产	（1）劳动保护用品穿戴整齐； （2）电工工具佩戴齐全； （3）遵守操作规程； （4）尊重考评员，讲文明礼貌； （5）考试结束要清理现场	（1）各项考试中，违反考核要求的任何一项扣2分，扣完为止； （2）考生在不同的技能试题考试中，违反安全文明生产考核要求同一项内容的，要累计扣分； （3）当考评员发现考生有重大事故隐患时，要立即予以制止，并每次从考生安全文明生产总分中扣5分	10		
备注		成绩			
		考评员签字	年　月　日		

7.3.5　三相异步电动机的反接制动任务单

项目名称	三相异步电动机的反接制动		
项目内容	要求	学生完成情况	自我评价
三相异步电动机反接制动线路的识图	熟悉电气制动的方法		
	掌握时间继电器在反接制动中的作用		
	能够独立分析三相异步电动机反接制动线路图		
三相异步电动机反接制动线路的连接	掌握时间继电器的接线		
	熟练使用电工工具进行接线		
	使用万用表对线路进行检测		
故障分析	能够对通电试车时出现的故障进行分析和排除		
考核成绩			
教学评价			
教师的理论教学能力	教师的实践教学能力	教师的教学态度	
对本任务教学的意见及建议			

实训　三相异步电动机的反接制动

1. 实训目的

（1）通过实践训练，掌握反接制动控制电路的工作原理。

（2）通过实践训练，掌握反接制动控制电路的安装与布线。

（3）掌握使用万用表检测、分析和排除故障。

2. 实训所需电气元件明细表（见表 7-21）

表 7-21　　电气元件明细表

代号	名称	型号	数量	备注
QS	低压断路器	DZ47-63-3P-10A	1	
FU1	熔断器	RT18-32-3P	1	3A
FU2	熔断器	RT18-32-3P	1	2A
KM1、KM2	交流接触器	LC1-D0610M5N	2	
KM3、KM4	交流接触器	LC1-D0601M5N	2	
FR1	热继电器	JRS1D-25/Z（0.63-1A）	1	
	热继电器座	JRS1D-25 座	1	
SB1	按钮开关	ϕ22-LAY16（红）	1	
SB3	按钮开关	ϕ22-LAY16（绿）	1	
M	三相笼型异步电动机		1	带速度继电器
R1～R3	电阻	75Ω/75W	3	

3. 电路原理

图 7-40 中 KM1 为正转运行接触器，KM2 为反接制动接触器，用点画线和电动机 M 相连的 SR，表示速度继电器 SR 与 M 同轴，动作过程分析如下：

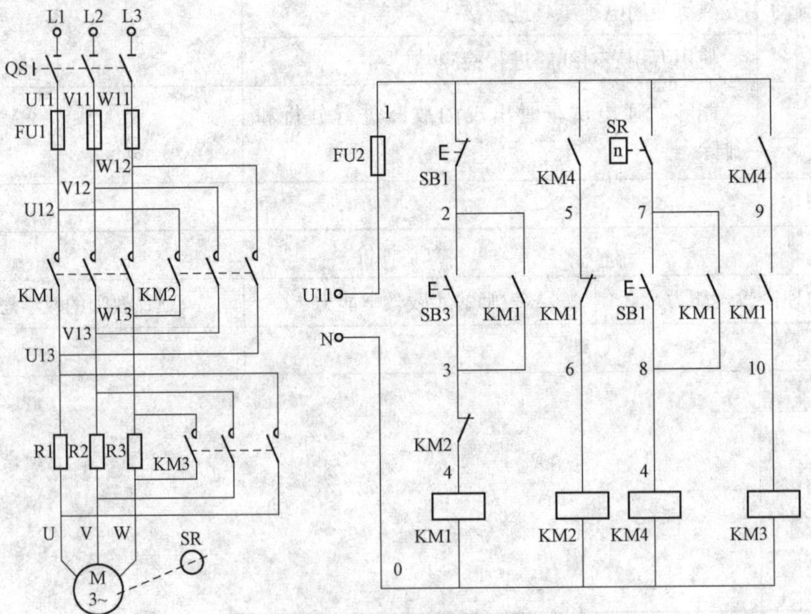

图 7-40　反接制动控制电路工作原理图

（1）降压起动的过程：

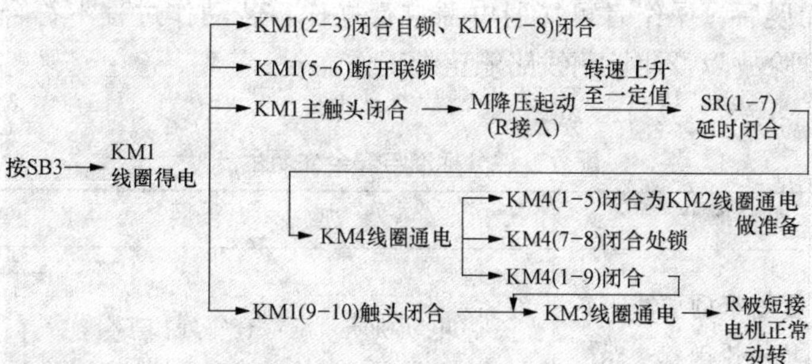

（2）反接制动过程：

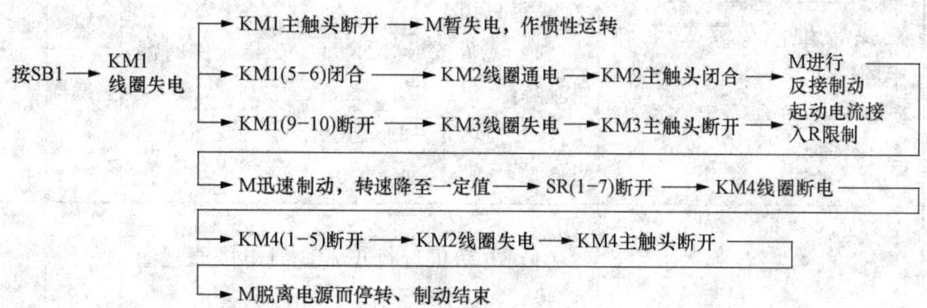

4. 实训接线

接线可参照图7-41，操作者应画出具体接线图。

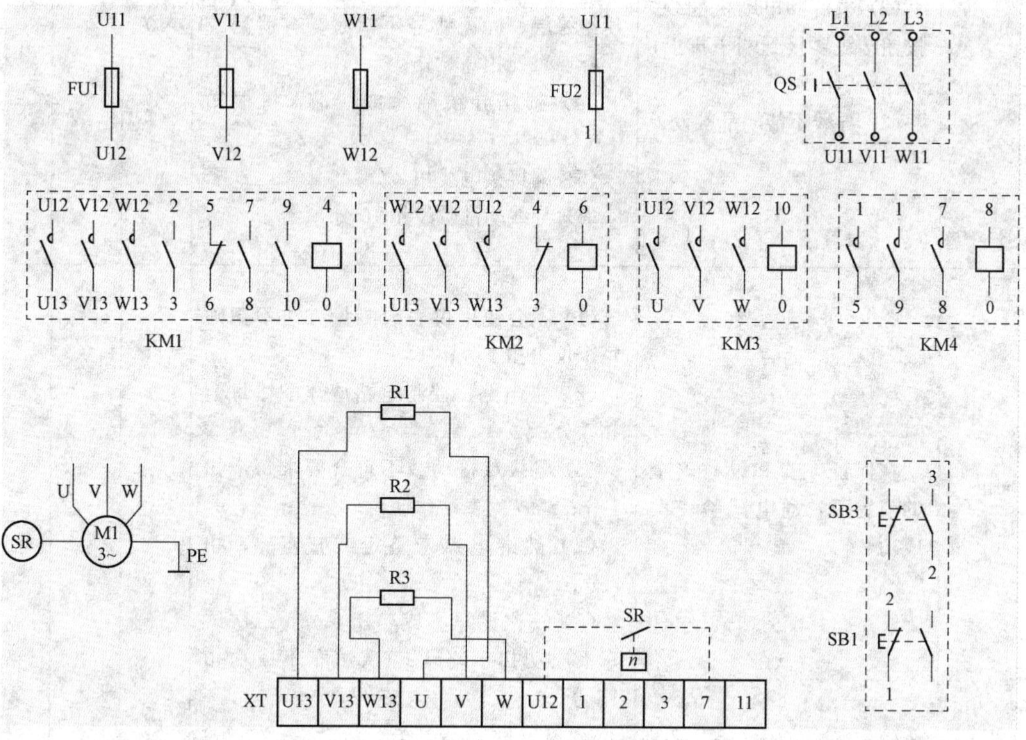

图7-41　反接制动控制线路接线图

5. 检查与调试

经检查接线无误后，操作者可接通电源自行操作，若动作过程不符合要求或出现不正常，则应分析并排除故障，使控制线路能正常工作。

6. 评分标准（见表 7-22）

表 7-22　配分、评分标准与安全文明生产

主要内容	考核要求	评分标准	配分	扣分	得分
元件检查与安装	（1）按图纸的要求，正确利用工具和仪表，熟练地安装电气元器件； （2）元件在配电盘上布置要合理，安装要正确牢固； （3）按钮盒固定在配电盘上	（1）电动机质量漏检查每处扣 1 分； （2）电器元件漏检或错查每处扣 1 分； （3）元件布置不整齐、不匀称、不合理，每只扣 1 分； （4）元件安装不牢固，安装元件时漏装螺钉，每只扣 1 分； （5）损坏元件每只扣 2 分	20		
布线	（1）布线要求横平竖直，接线要求紧固美观； （2）电源和电动机配线、按钮接线要接到端子排上，要注明引出端子标号； （3）导线不能胡乱敷设	（1）电动机运行正常，但未按原理图接线，扣 1 分； （2）布线不横平竖直，主电路、控制电路每根扣 0.5 分； （3）接点松动、接头铜过长、反圈、压绝缘层、标记线号不清楚、有遗漏或误标，每处扣 0.5 分； （4）损伤导线绝缘或线芯，每根扣 0.5 分； （5）漏接接电线扣 2 分； （6）导线胡乱敷设扣 10 分	40		
通电试验	在保证人身和设备安全的前提下，通电试验一次成功	（1）不会使用仪表或测量方法不正确每个仪表扣 1 分； （2）主电路、控制电路熔体配错每个扣 1 分； （3）各接点松动或不符合要求每个扣 1 分； （4）热继电器未整定或整定错，扣 2 分； （5）一次试车不成功扣 5 分，二次试车不成功扣 10 分，三次试车不成功扣 15 分	30		

续表

主要内容	考核要求	评分标准	配分	扣分	得分
安全文明生产	（1）劳动保护用品穿戴整齐； （2）电工工具佩戴齐全； （3）遵守操作规程； （4）尊重考评员，讲文明礼貌； （5）考试结束要清理现场	（1）各项考试中，违反考核要求的任何一项扣 2 分，扣完为止； （2）考生在不同的技能试题考试中，违反安全文明生产考核要求同一项内容的，要累计扣分； （3）当考评员发现考生有重大事故隐患时，要立即予以制止，并每次从考生安全文明生产总分中扣 5 分	10		
备注		成绩			
		考评员签字	年　月　日		

7.4　三相异步电动机电气控制综合技能训练

实训 1　三相异步电动机双向运转半波能耗制动电路的安装与调试

1. 项目描述

该控制设备使用的三相异步电动机，其额定功率为 3kW，额定电压为 380V，额定电流 6.3A，试根据该控制要求对其进行选型与安装、调试。

2. 训练目的

（1）学会常用低压电器元件的作用。

（2）掌握双向运转半波能耗制动电路的设计方法和安装方法。

（3）熟悉双向运转半波能耗制动电路的调试方法。

3. 任务要求

（1）根据设计要求，正确选择电气元件型号及导线规格，并按需求填写目录清单（见表 7 - 23）。

表 7 - 23　　目录清单

代号	名称	型号	数量	备注

（2）设计并绘制电气接线图。

（3）对导线进行线号标识。

（4）根据接线图进行安装、布线。

（5）在教师的指导下通电试车。

4. 电气控制原理图

电气控制原理图如图 7 - 42 所示。

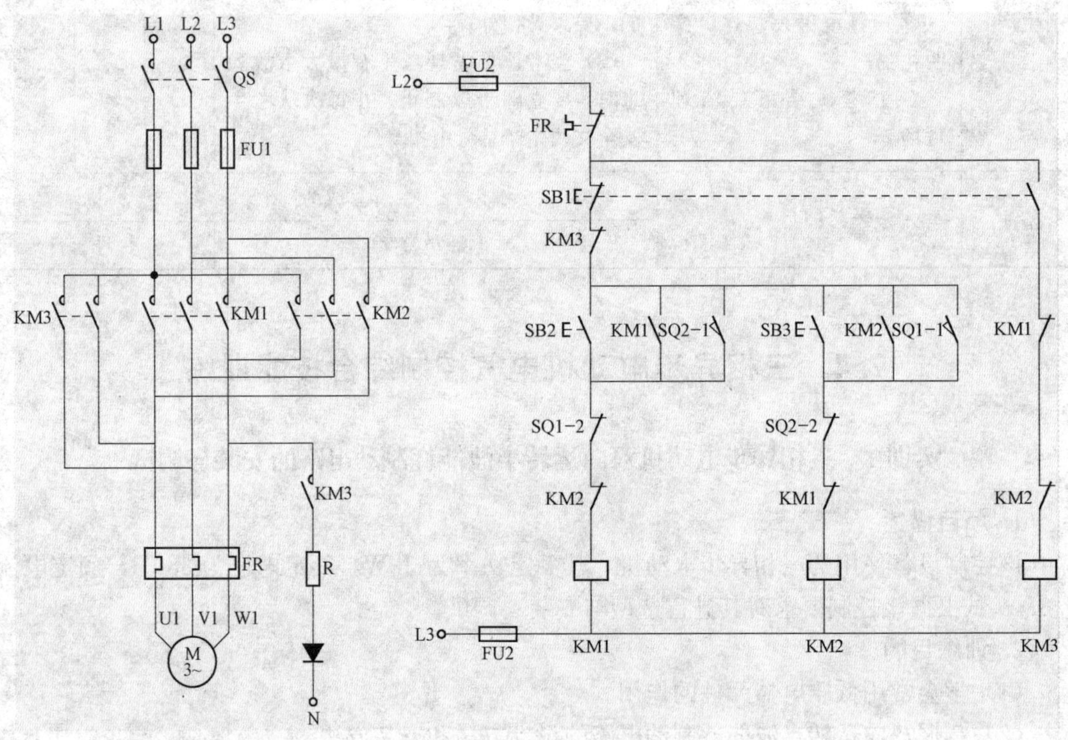

图 7 - 42　双向运转半波能耗制动电路原理图

5. 电路检查

（1）检查线路。

1）按照原理图、接线图逐线核查。重点检查主电路各接触器之间的关系，按钮连接线及控制电路的自锁线、联锁线有无错接、漏接、脱落、虚接等现象。

2）检查导线与各端子的接线是否牢固。

3）用万用表检查线路通断情况，用手操作来模拟触点分合动作，将万用表拨在 R×100 电阻挡位进行测量。

4）先检查主电路后检查控制电路。检查方法如下：

①检查主电路。在不接负载情况下，断开电源用万用表欧姆挡分别测量开关 QF 下端子 L11～L12、L11～L13、L12～L13 之间的电阻，应均为断路（R→∞）。若某次测量结果为短路（R→0），这说明所测两相之间的接线有短路现象，应仔细检查排除故障。在接上三相电动机时，分别按下接触器 KM1 或 KM2，将测得电动机的各相绕组阻值。

②检查控制电路。断开电源，用万用表欧姆挡将两表笔分别接在控制回路 L、N 两端，

测量正转控制时，分别按下接触器 KM1 的动触点（辅助动合触点闭合）或按钮 SB2、行程开关 SQ2，经三次测量万用表能够分别测得接触器 KM1 线圈电阻阻值，若有一次无阻值显示说明此线路接线有断路现象，应仔细检查，找出断路点，并排除故障。如果三次测量中均有 KM1 线圈阻值显示时，此时如果按下接触器 KM3 的动触点（辅助动断触点断开），万用表读数将变为无穷大（R→∞），当电路同时按下 KM1 和 KM2 或同时按下 SQ1 和 SQ2 时，万用表读数也将变为无穷大（R→∞），说明电路有接触器互锁和限位（行程开关）互锁。检测反转控制时，分别按下接触器 KM2 或按钮 SB3、行程开关 SQ1 将会测得 KM2 线圈电阻，具体测量方法同上。

测量制动控制时，按下 SB1 复合按钮（动断触点断开、动合触点闭合），此时万用表将测得接触器 KM3 线圈电阻阻值，若轻按接触器 KM1 和 KM2（注意用力方法应使接触器辅助动断触点断开，辅助动合触点还未闭合时），万用表读数将变为无穷大（R→∞），这一现象说明接触器 KM1 和 KM2 对接触器 KM3 有联锁作用，控制线路基本正确，可以进行通电试运行，然后查看元器件逻辑运行关系是否正确。

（2）注意事项：

1）检修前先要掌握双向运转半波整流能耗制动控制电路中各个控制环节的作用和原理，并熟悉电动机的接线方法。

2）在排除故障的过程中，故障分析、排除故障的思路和方法要正确。

3）此电路能耗制动时为手动控制，当电动机停转时应及时松开 SB1 停止按钮。

6. 评分标准（见表 7-24）

表 7-24　配分、评分标准与安全文明生产

主要内容	考核要求	评分标准	配分	扣分	得分
元件检查与安装	（1）按图纸的要求，正确利用工具和仪表，熟练地安装电气元器件； （2）元件在配电盘上布置要合理，安装要正确牢固； （3）按钮盒固定在配电盘上	（1）电动机质量漏检查每处扣 1 分； （2）电器元件漏检或错查每处扣 1 分； （3）元件布置不整齐、不匀称、不合理，每只扣 1 分； （4）元件安装不牢固，安装元件时漏装螺钉，每只扣 1 分； （5）损坏元件每只扣 2 分	20		
布线	（1）布线要求横平竖直，接线要求紧固美观； （2）电源和电动机配线、按钮接线要接到端子排上，要注明引出端子标号； （3）导线不能胡乱敷设	（1）电动机运行正常，但未按原理图接线，扣 1 分； （2）布线不横平竖直，主电路、控制电路每根扣 0.5 分； （3）接点松动、接头铜过长、反圈、压绝缘层、标记线号不清楚、有遗漏或误标，每处扣 0.5 分； （4）损伤导线绝缘或线芯，每根扣 0.5 分； （5）漏接接电线扣 2 分； （6）导线胡乱敷设扣 10 分	40		

续表

主要内容	考核要求	评分标准	配分	扣分	得分
通电试验	在保证人身和设备安全的前提下，通电试验一次成功	（1）不会使用仪表或测量方法不正确每个仪表扣1分； （2）主电路、控制电路熔体配错每个扣1分； （3）各接点松动或不符合要求每个扣1分； （4）热继电器未整定或整定错，扣2分； （5）一次试车不成功扣5分，二次试车不成功扣10分，三次试车不成功扣15分	30		
安全文明生产	（1）劳动保护用品穿戴整齐； （2）电工工具佩戴齐全； （3）遵守操作规程； （4）尊重考评员，讲文明礼貌； （5）考试结束要清理现场	（1）各项考试中，违反考核要求的任何一项扣2分，扣完为止； （2）考生在不同的技能试题考试中，违反安全文明生产考核要求同一项内容的，要累计扣分； （3）当考评员发现考生有重大事故隐患时，要立即予以制止，并每次从考生安全文明生产总分中扣5分	10		
备注		成绩			
		考评员签字	年　月　日		

实训2　三相异步电动机双向Y-△降压起动电路的安装与调试

1. 项目描述

该控制设备使用的三相异步电动机，其额定功率为3kW，额定电压为380V，额定电流6.3A，试根据该控制要求对其进行选型与安装、调试。

2. 训练目的

（1）学会常用低压电器元件的作用。

（2）掌握双向Y-△降压起动电路的设计方法和安装方法。

（3）熟悉双向Y-△降压起动电路的调试方法。

3. 任务要求

（1）根据设计要求，正确选择电气元件型号及导线规格，并按需求填写目录清单（见表7-25）。

（2）设计并绘制电气接线图。

（3）对导线进行线号标识。

（4）根据接线图进行安装、布线。

（5）在教师的指导下通电试车。

表7-25　目　录　清　单

代号	名称	型号	数量	备注

4. 电气控制原理图

电气控制原理图如图7-43所示。

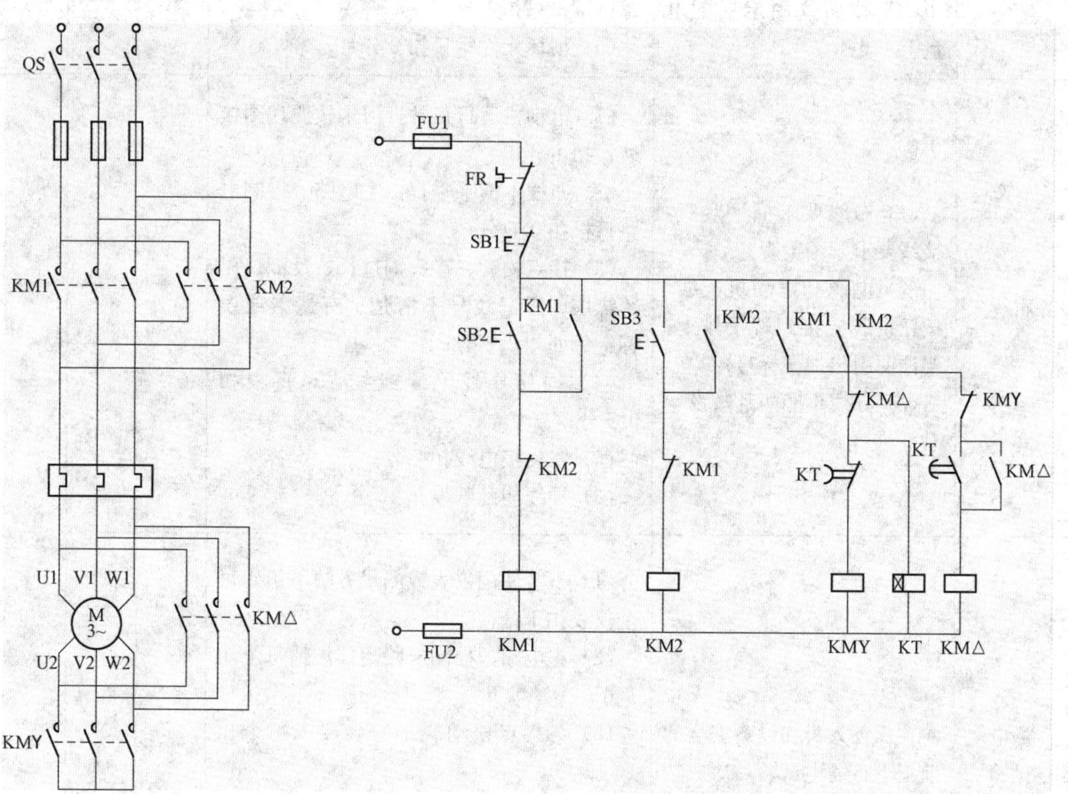

图7-43　双向Y-△降压起动电路原理图

5. 电路检查

注意事项：

（1）检修前先要掌握Y-△减压起动控制电路中各个控制环节的作用和原理，并熟悉电动机的接线方法。

（2）在排除故障的过程中，故障分析、排除故障的思路和方法要正确。

（3）对用测电笔检测故障时，必须检查测电笔是否符合使用要求。

（4）不能随意更改线路和带电触摸电器元件。

（5）仪表使用要正确，以防止引出错误判断。

（6）在检修过程中严禁扩大和产生新的故障。

（7）带电检修故障时，必须有指导教师在现场监护，并要确保用电安全。

6. 评分标准（见表 7 - 26）

表 7 - 26　　配分、评分标准与安全文明生产

主要内容	考核要求	评分标准	配分	扣分	得分
元件检查与安装	（1）按图纸的要求，正确利用工具和仪表，熟练地安装电气元器件； （2）元件在配电盘上布置要合理，安装要正确牢固； （3）按钮盒固定在配电盘上	（1）电动机质量漏检查每处扣 1 分； （2）电器元件漏检或错查每处扣 1 分； （3）元件布置不整齐、不匀称、不合理，每只扣 1 分； （4）元件安装不牢固，安装元件时漏装螺钉，每只扣 1 分； （5）损坏元件每只扣 2 分	20		
布线	（1）布线要求横平竖直，接线要求紧图美观； （2）电源和电动机配线、按钮接线要接到端子排上，要注明引出端子标号； （3）导线不能胡乱敷设	（1）电动机运行正常，但未按原理图接线，扣 1 分； （2）布线不横平竖直，主电路、控制电路每根扣 0.5 分； （3）接点松动、接头铜过长、反圈、压绝缘层、标记线号不清楚、有遗漏或误标，每处扣 0.5 分； （4）损伤导线绝缘或线芯，每根扣 0.5 分； （5）漏接接电线扣 2 分； （6）导线胡乱敷设扣 10 分	40		
通电试验	在保证人身和设备安全的前提下，通电试验一次成功	（1）不会使用仪表或测量方法不正确每个仪表扣 1 分； （2）主电路、控制电路熔体配错每个扣 1 分； （3）各接点松动或不符合要求每个扣 1 分； （4）热继电器未整定或整定错，扣 2 分； （5）一次试车不成功扣 5 分，二次试车不成功扣 10 分，三次试车不成功扣 15 分	30		

续表

主要内容	考核要求	评分标准	配分	扣分	得分
安全文明生产	（1）劳动保护用品穿戴整齐； （2）电工工具佩戴齐全； （3）遵守操作规程； （4）尊重考评员，讲文明礼貌； （5）考试结束要清理现场	（1）各项考试中，违反考核要求的任何一项扣2分，扣完为止； （2）考生在不同的技能试题考试中，违反安全文明生产考核要求同一项内容的，要累计扣分； （3）当考评员发现考生有重大事故隐患时，要立即予以制止，并每次从考生安全文明生产总分中扣5分	10		
备注		成绩			
		考评员签字	年　月　日		

实训3　三相异步电动机双重互锁能耗制动电路的安装与调试

1. 项目描述

该控制设备使用的三相异步电动机，其额定功率为3kW，额定电压为380V，额定电流6.3A，试根据该控制要求对其进行选型与安装、调试。

2. 训练目的

（1）学会常用低压电器元件的作用。

（2）掌握双重互锁能耗制动电路的设计方法和安装方法。

（3）熟悉双重互锁能耗制动电路的调试方法。

3. 任务要求

（1）根据设计要求，正确选择电气元件型号及导线规格，并按需求填写目录清单（见表7-27）。

表7-27　目 录 清 单

代号	名称	型号	数量	备注

（2）设计并绘制电气接线图。

（3）对导线进行线号标识。

（4）根据接线图进行安装、布线。

（5）在教师的指导下通电试车。

4. 电气控制原理图

电气控制原理图如图 7-44 所示。

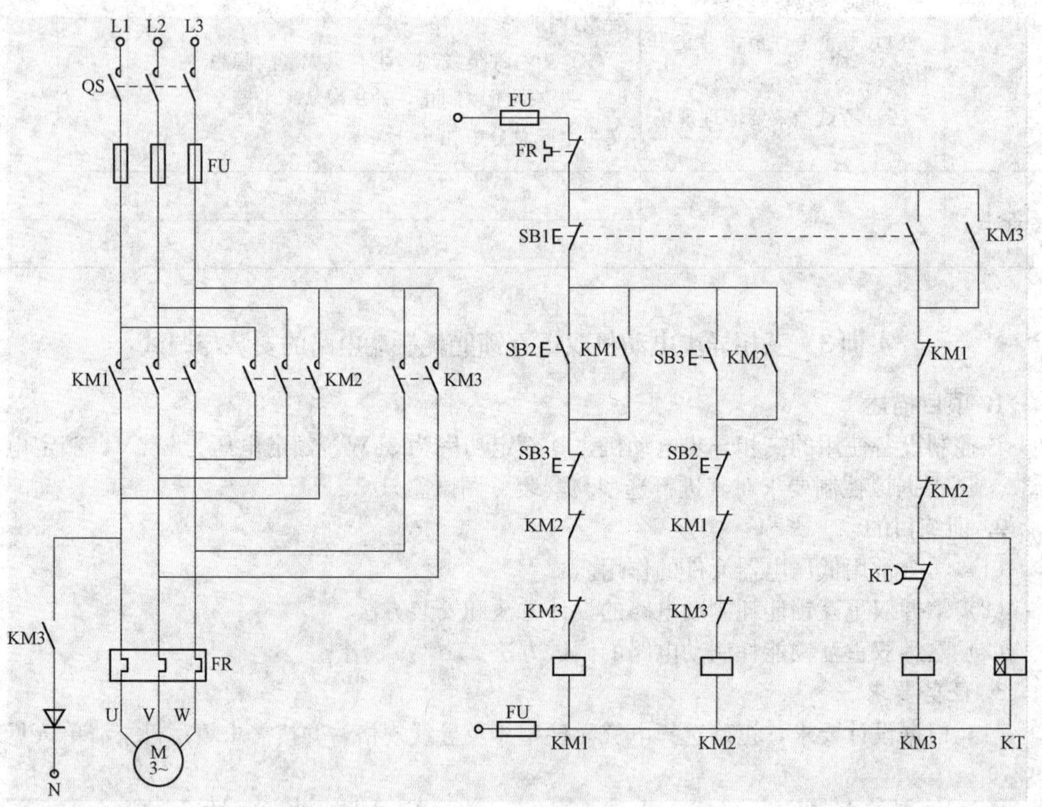

图 7-44　双重互锁能耗制动电路原理图

5. 电路检查

（1）检查电路。

1）按照原理图、接线图逐线核查。重点检查主电路各接触器之间的关系，按钮连接线及控制电路的自锁线、互锁线有无错接、漏接、脱落、虚接等现象。

2）检查导线与各端子的接线是否牢固。

3）用万用表检查线路通断情况，用手操作来模拟触点分合动作，将万用表拨在 R×100 电阻挡位进行测量。

先检查主电路后检查控制电路。检查方法如下：

①检查主电路：在不接负载情况下，断开电源用万用表欧姆挡分别测量开关 QF 下端子 L_{11}～L_{12}、L_{11}～L_{13}、L_{12}～L_{13}之间的电阻，应均为断路（R→∞）。若某次测量结果为短路（R→0），这说明所测两相之间的接线有短路现象，应仔细检查排除故障。这里需要注意的

是接触器 KM3 有两对主触点是接在同一电源相序中的，测量时应加以区分。

②检查控制电路：断开电源，用万用表欧姆挡将两表笔分别接在控制回路 L、N 两端，测量正转控制时，分别按下接触器 KM1 的动触点（辅助动合触点闭合）或按钮 SB2，此时万用表应显示出接触器 KM1 线圈电阻阻值，若在某次测量结果中出现无阻值现象说明此线路接线有断路现象，应仔细检查，找出断路点，并排除故障。当按下接触器 KM1 的动触点（辅助动合触点闭合时），万用表显示接触器 KM1 线圈电阻阻值，若此时轻按下接触器 KM2 动触点（辅助动断触点断开，动合触点点未闭合时），万用表读数将变为无穷大（R→∞），当按下正转起动按钮 SB2 时，万用表也将测得接触器 KM1 的线圈电阻阻值，此时按下反转起动按钮 SB3 时，万用表读数将变为无穷大（R→∞），这一现象说明控制线路具有接触器互锁和按钮互锁，控制线路基本正确，可以进行通电试运行并查看元器件逻辑关系是否正确。反转控制时按下接触器 KM2 动触点或 SB3 按钮原理同上。

测量制动控制时，按下停止 SB1 复合按钮（动合触点闭合）或按下接触器 KM3 动触点（辅助动合触点闭合）时，万用表均能测得 KM3、KT 两组线圈的并联电阻阻值，此时如果分别轻按接触器 KM1 或 KM2（注意两接触器辅助动断触点断开，动合触点还未闭合时），万用表读数将变化为无穷大（R→∞），此现象说明正反转控制与制动控制间有联锁作用，控制线路基本正确，可以通电试运行，并查看器件动作是否满足控制要求。

（2）注意事项：

1）检修前先要掌握双重互能耗制动控制电路中各个控制环节的作用和原理，并熟悉电动机的接线方法。

2）在排除故障的过程中，故障分析、排除故障的思路和方法要正确。

3）对用测电笔检测故障时，必须检查测电笔是否符合使用要求。

4）不能随意更改线路和带电触摸电器元件。

5）仪表使用要正确，以防止引出错误判断。

6）在检修过程中严禁扩大和产生新的故障。

7）带电检修故障时，必须有指导教师在现场监护，并要确保用电安全。

6. 评分标准（见表 7-28）

表 7-28　　配分、评分标准与安全文明生产

主要内容	考核要求	评分标准	配分	扣分	得分
元件检查与安装	（1）按图纸的要求，正确利用工具和仪表，熟练地安装电气元器件； （2）元件在配电盘上布置要合理，安装要正确牢固； （3）按钮盒固定在配电盘上	（1）电动机质量漏检查每处扣 1 分； （2）电器元件漏检或错查每处扣 1 分； （3）元件布置不整齐、不匀称、不合理，每只扣 1 分； （4）元件安装不牢固，安装元件时漏装螺钉，每只扣 1 分； （5）损坏元件每只扣 2 分	20		

续表

主要内容	考核要求	评分标准	配分	扣分	得分
布线	(1) 布线要求横平竖直，接线要求紧固美观； (2) 电源和电动机配线、按钮接线要接到端子排上，要注明引出端子标号； (3) 导线不能胡乱敷设	(1) 电动机运行正常，但未按原理图接线，扣 1 分； (2) 布线不横平竖直，主电路、控制电路每根扣 0.5 分； (3) 接点松动、接头铜过长、反圈、压绝缘层、标记线号不清楚、有遗漏或误标，每处扣 0.5 分； (4) 损伤导线绝缘或线芯，每根扣 0.5 分； (5) 漏接接电线扣 2 分； (6) 导线胡乱敷设扣 10 分	40		
通电试验	在保证人身和设备安全的前提下，通电试验一次成功	(1) 不会使用仪表或测量方法不正确每个仪表扣 1 分； (2) 主电路、控制电路熔体配错每个扣 1 分； (3) 各接点松动或不符合要求每个扣 1 分； (4) 热继电器未整定或整定错，扣 2 分； (5) 一次试车不成功扣 5 分，二次试车不成功扣 10 分，三次试车不成功扣 15 分	30		
安全文明生产	(1) 劳动保护用品穿戴整齐； (2) 电工工具佩戴齐全； (3) 遵守操作规程； (4) 尊重考评员，讲文明礼貌； (5) 考试结束要清理现场	(1) 各项考试中，违反考核要求的任何一项扣 2 分，扣完为止； (2) 考生在不同的技能试题考试中，违反安全文明生产考核要求同一项内容的，要累计扣分； (3) 当考评员发现考生有重大事故隐患时，要立即予以制止，并每次从考生安全文明生产总分中扣 5 分	10		
备注		成绩			
		考评员签字	年 月 日		

实训4　三相异步电动机带能耗制动的Y-△降压起动电路的安装

1. 项目描述

该控制设备使用的三相异步电动机，其额定功率为3kW，额定电压为380V，额定电流6.3A，试根据该控制要求对其进行选型与安装、调试。

2. 训练目的

（1）学会常用低压电器元件的作用。

（2）掌握带能耗制动的Y-△降压起动电路的设计方法和安装方法。

（3）熟悉带能耗制动的Y-△降压起动电路的调试方法。

3. 任务要求

（1）根据设计要求，正确选择电气元件型号及导线规格，并按需求填写目录清单（见表7-29）。

（2）设计并绘制电气接线图。

（3）对导线进行线号标识。

（4）根据接线图进行安装、布线。

（5）在教师的指导下通电试车。

表7-29　　目　录　清　单

代号	名称	型号	数量	备注

4. 电气控制原理图

电气控制原理图如图7-45所示。

5. 电路检查

本电路与基本训练项目中Y-△降压起动控制线路的检测方法相似，测量时可参照上一节的检测方法，不同之处增加了制动控制环节。

下面介绍制动电路检测方法：当按下SB1复合按钮时动断触点闭合，万用表将测得接触器KM4线圈的电阻阻值，如果此时轻按接触器KM1或KM3的动触点（辅助动断触点断开、动合触点未闭合时），万用表读数将变为无穷大（$R\rightarrow\infty$），当按下接触器KM4动触点动合触点闭合时，万用表将测得接触器KM2、KT两组线圈的并联电阻阻值，这一现象说明制动控制线路基本正确，可以通电试运行并查看元器件动作过程是否正确。

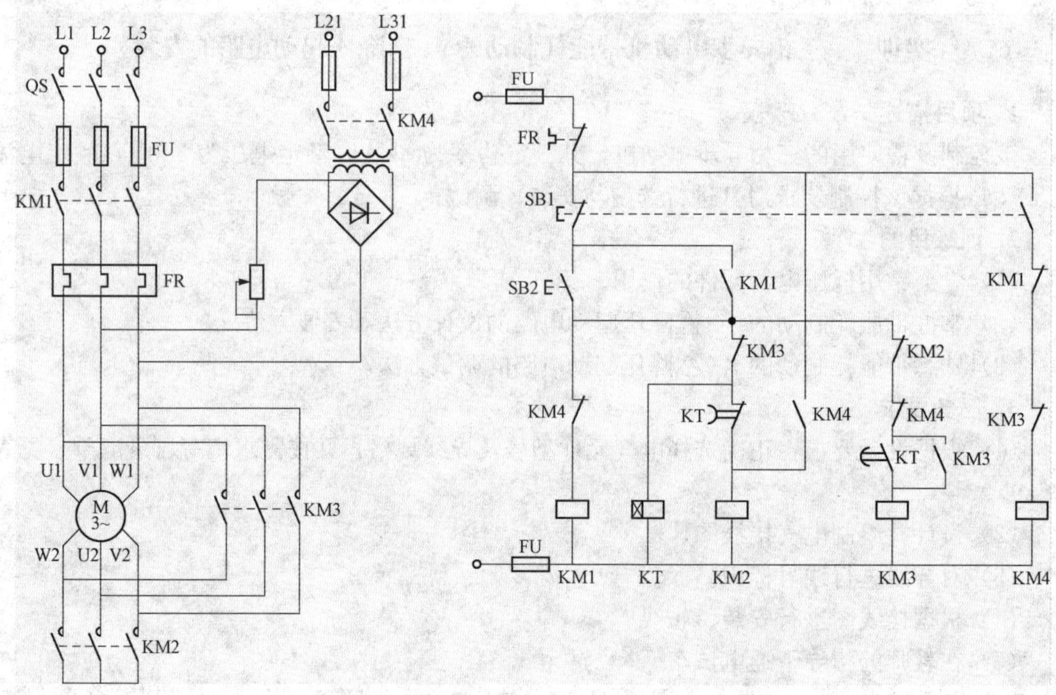

图 7-45　带能耗制动的 Y-△降压起动电路原理图

6. 评分标准（见表 7-30）

表 7-30　配分、评分标准与安全文明生产

主要内容	考核要求	评分标准	配分	扣分	得分
元件检查与安装	（1）按图纸的要求，正确利用工具和仪表，熟练地安装电气元器件； （2）元件在配电盘上布置要合理，安装要正确牢固； （3）按钮盒固定在配电盘上	（1）电动机质量漏检查每处扣 1 分； （2）电器元件漏检或错查每处扣 1 分； （3）元件布置不整齐、不匀称、不合理，每只扣 1 分； （4）元件安装不牢固，安装元件时漏装螺钉，每只扣 1 分； （5）损坏元件每只扣 2 分	20		
布线	（1）布线要求横平竖直，接线要求紧固美观； （2）电源和电动机配线、按钮接线要接到端子排上，要注明引出端子标号； （3）导线不能胡乱敷设	（1）电动机运行正常，但未按原理图接线，扣 1 分； （2）布线不横平竖直，主电路、控制电路每根扣 0.5 分； （3）接点松动、接头铜过长、反圈、压绝缘层、标记线号不清楚、有遗漏或误标，每处扣 0.5 分； （4）损伤导线绝缘或线芯，每根扣 0.5 分； （5）漏接接电线扣 2 分； （6）导线胡乱敷设扣 10 分	40		

续表

主要内容	考核要求	评分标准	配分	扣分	得分
通电试验	在保证人身和设备安全的前提下，通电试验一次成功	（1）不会使用仪表及测量方法不正确每个仪表扣 1 分； （2）主电路、控制电路熔体配错每个扣 1 分； （3）各接点松动或不符合要求每个扣 1 分； （4）热继电器未整定或整定错，扣 2 分； （5）一次试车不成功扣 5 分，二次试车不成功扣 10 分，三次试车不成功扣 15 分	30		
安全文明生产	（1）劳动保护用品穿戴整齐； （2）电工工具佩戴齐全； （3）遵守操作规程； （4）尊重考评员，讲文明礼貌； （5）考试结束要清理现场	（1）各项考试中，违反考核要求的任何一项扣 2 分，扣完为止； （2）考生在不同的技能试题考试中，违反安全文明生产考核要求同一项内容的，要累计扣分； （3）当考评员发现考生有重大事故隐患时，要立即予以制止，并每次从考生安全文明生产总分中扣 5 分	10		
备注		成绩			
		考评员签字	年　月　日		

模块 8　西门子 LOGO!控制系统的编程与实现

8.1　西门子 LOGO!控制系统的编程与实现任务单

<table>
<tr><td>任务名称</td><td colspan="4">西门子 LOGO!控制系统的编程与实现</td></tr>
<tr><td>任务内容</td><td colspan="2">要求</td><td>学生完成情况</td><td>自我评价</td></tr>
<tr><td rowspan="4">西门子 LOGO!控制系统的编程与实现</td><td colspan="2">了解西门子 LOGO!的硬件结构、功能块及逻辑操作</td><td></td><td rowspan="4"></td></tr>
<tr><td colspan="2">掌握 LOGO!编程软件的安装和使用</td><td></td></tr>
<tr><td colspan="2">应用西门子 LOGO!对楼梯和走廊照明、地下车库出入口照明及商店橱窗照明进行控制</td><td></td></tr>
<tr><td colspan="2">利用所学知识完成电气装置项目（动力回路）综合训练</td><td></td></tr>
<tr><td>考核成绩</td><td colspan="4"></td></tr>
<tr><td colspan="5">教学评价</td></tr>
<tr><td colspan="2">教师的理论教学能力</td><td>教师的实践教学能力</td><td colspan="2">教师的教学态度</td></tr>
<tr><td colspan="2"></td><td></td><td colspan="2"></td></tr>
<tr><td>对本任务教学的意见及建议</td><td colspan="4"></td></tr>
</table>

8.2　认识西门子 LOGO!

1. 西门子 LOGO!概述

西门子 LOGO!是在自动化领域使用广泛的电气单元，主要特点是外部接线简单，控制原理采用 CPU 核心技术，内嵌 38 种功能模块，具有外部手动编程和上位机软件编程两种编程模式。内嵌功能模块集成了多种逻辑控制和数据运算功能，通过属性和参数的设置实现编程控制。

（1）西门子 LOGO!的硬件结构。

LOGO!是一种具有可编程控制功能的智能型电子控制单元，因为具有体积小、重量轻、可靠性高、编程简单等特点而被广泛应用于电气控制系统中。LOGO!的产品外形如图 8-1 所示。

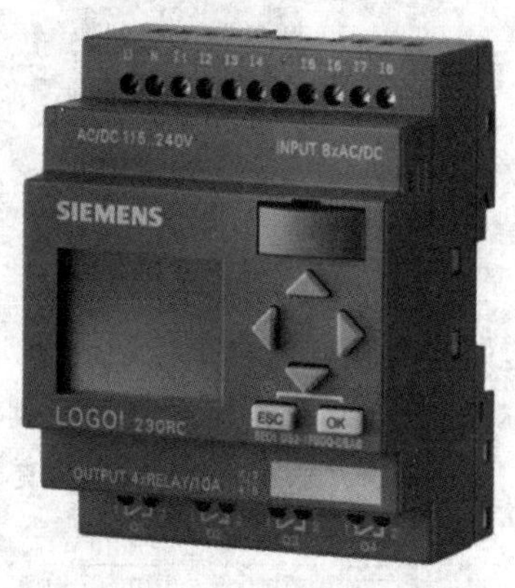

图 8-1　LOGO!的产品外形

LOGO!的输出点具有很强的带载能力，可直接用来带负载而不需要经过中间放大环节。LOGO!可适应不同电压等级的使用，其工作电源和输入信号电源为统一电源，极大地方便了用户接线。LOGO!除了本机外还可以实现多点的扩展（扩展模块），I/O 点的配置包括数字量（DI、DO）和模拟量（AI、AO）。

图 8-1 中 LOGO!采用工作电源是 AC/220V 的供电方式，在实际应用中，也可以采用工作电源为 DC/24V 的供电方式。无论采用哪种形式，其工作电源和输入信号电源均为同一电源。

（2）西门子 LOGO!的主要功能。

LOGO!是利用软件编程后通过硬件对外控制的电子控制设备，它内部集成了 38 种功能模块，可供使用者使用。LOGO!可通过面板上的功能键直接进行编程（适用于现场调试或没有编程软件的情况），也可以通过计算机专用软件进行编程（适合整体编程和在线仿真）。软件编程可在离线的情况下进行程序编辑，然后利用通信电缆将程序下载到控制器中，控制器每次只能存储一段用户程序。

LOGO!的编程语言分为逻辑功能图和梯形图两种编程方式，逻辑功能图编程图元不可多次使用，其逻辑关系只能进行直接连接，当程序比较复杂且连接线过多时，电气控制逻辑就显得比较烦琐，而梯形图编程图元可被多次使用，逻辑控制关系清晰，便于用户分析程序。

LOGO!接收数字和模拟两种类型的输入信号，信号通常来自于现场检测或电气控制盘。输入信号导入 LOGO!数据区后作为用户程序的数据源，通过执行用户程序完成各种逻辑运算和数值运算，运算后的结果可以借助输出点传向外部执行设备，实现自动控制。

（3）西门子 LOGO!的功能模块。

LOGO!中的常量指的是输入/输出变量，其常用的变量包括数字量输入、数字量中间标志、数字量输出、低电位、高电位、模拟量输入、模拟量中间标志、模拟量输出，它们是编程重要的外部接口变量。图 8-2 所示为 LOGO!常量控制块。

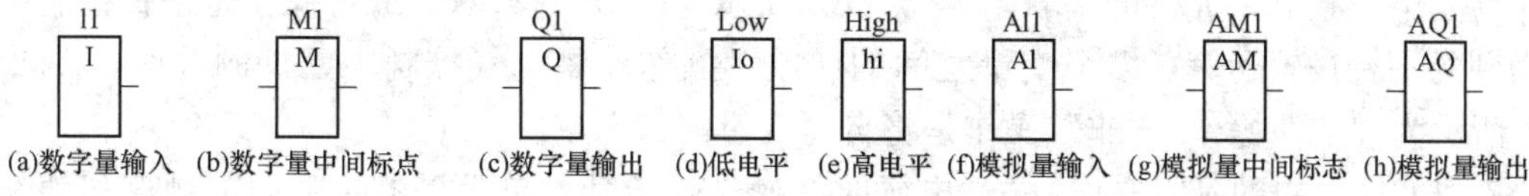

(a)数字量输入　(b)数字量中间标点　(c)数字量输出　(d)低电平　(e)高电平　(f)模拟量输入　(g)模拟量中间标志　(h)模拟量输出

图 8-2　LOGO!常量控制块

LOGO!具有多种逻辑控制功能，基本功能模块主要实现对变量的基本逻辑控制，也是 LOGO!编程操作中应用最多的控制方法。LOGO!的基本功能模块如图 8-3 所示。

LOGO!还设置了一些特殊功能模块，如图 8-4 所示。它们的功能和作用更接近于数字

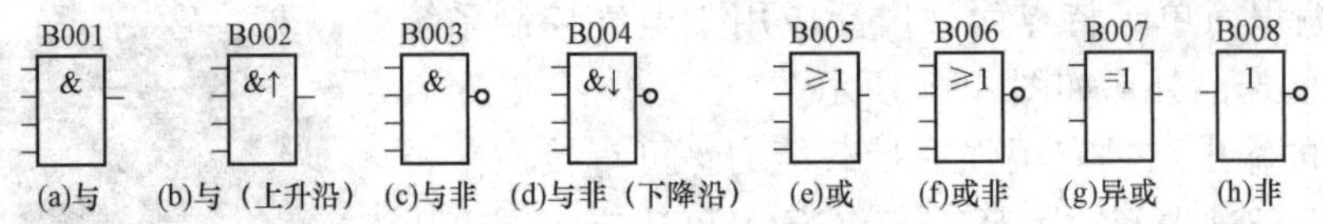

图 8-3　LOGO!基本功能模块

电路，是实现较复杂控制或特殊功能控制的内部核心单元。

图 8-4（a）所示时间控制单元通过不同的时间预定格式完成不同要求的时间控制，图 8-4（b）所示定计数器块、模拟量块、数字控制块等实现一些特殊操作。

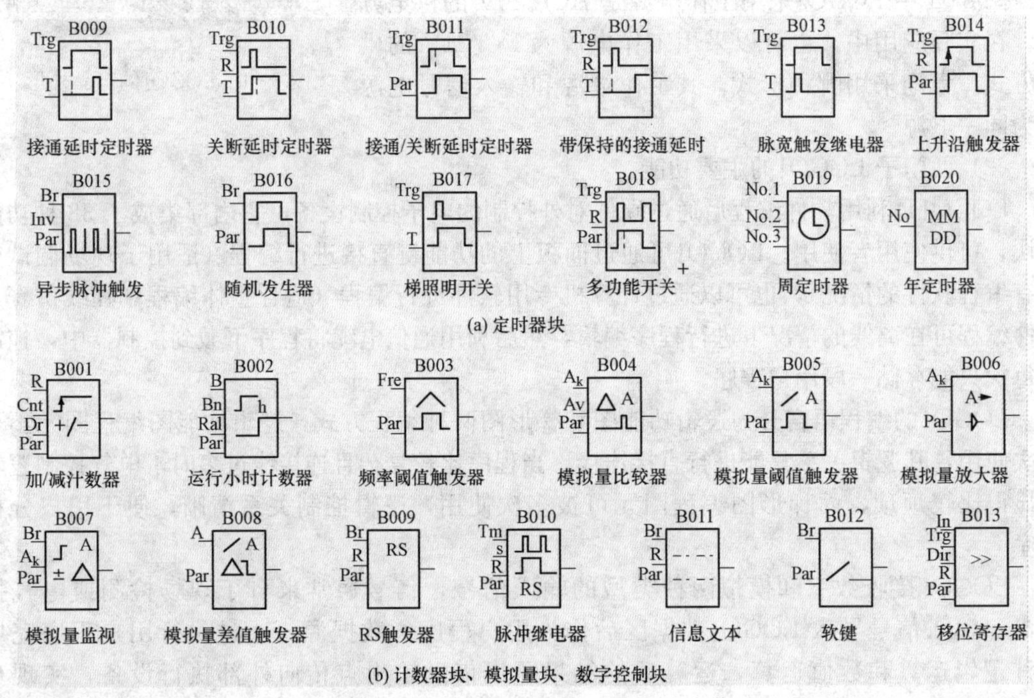

图 8-4　LOGO!特殊功能模块

（4）西门子 LOGO!的逻辑操作。

1）LOGO!中的基本逻辑操作。LOGO!的基本逻辑运算如图 8-5 所示。图 8-5（a）所示为“与”操作，“与”操作是逻辑控制中经常用到的一种逻辑运算，多个变量之间的“与”操作就是电气控制中元件的串联图 8-5（b）所示为“或”操作，“或”操作是逻辑控制中经常用到的一种逻辑运算，多个变量之间的“或”操作就是电气控制中元件的并联。图 8-5（c）所示为“非”操作，“非”操作是将自身变量的状态取反。

2）LOGO!中的延时操作。“通电延时”操作是指延时单元得电时其动合触点和动断触点均在设定时间到达后开始翻转，而延时单元断电时，所有触点全部即刻恢复原始状态。“断电延时”操作是指延时单元得电时其动合触点和动断触点即刻翻转，而延时单元断电时，所有触点经过延时后恢复原始状态。“通电延时”和“断电延时”的逻辑关系如图 8-6 所示。

3）LOGO!中的“异或”操作。“异或”是指两个输入变量状态不相同时，其输出状态

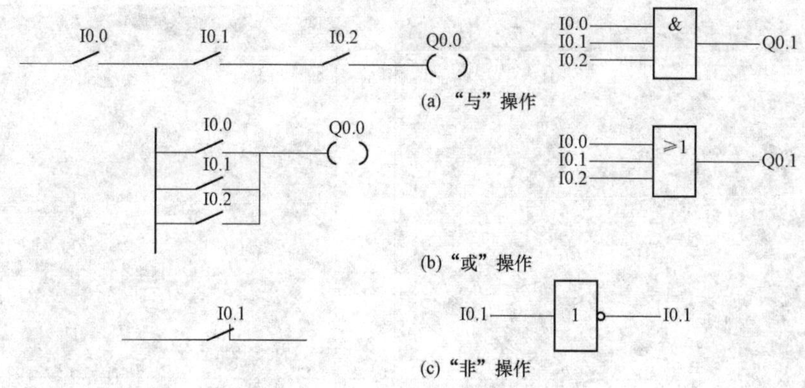

(a)“与”操作

(b)“或”操作

(c)“非”操作

图 8 - 5　LOGO!的基本逻辑运算

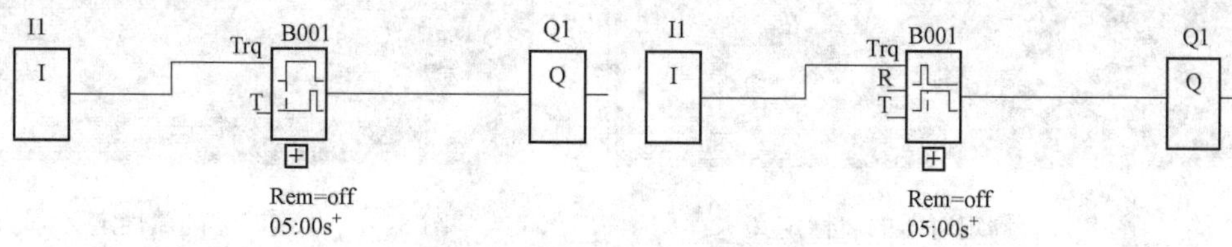

图 8 - 6　“通电延时”和“断电延时”的逻辑关系

为“1”；而两个输入变量状态相同时其输出状态为“0”，“异或”操作的真值表和逻辑关系如图 8 - 7 所示。

I1	I2	Q1
0	0	0
0	1	1
1	0	1
1	1	0

图 8 - 7　“异或”操作的真值表和逻辑关系

4）LOGO!中的时钟操作。LOGO!内部时钟包括周定时器和年定时器。周定时器主要是设定星期一至星期日的接通时间和关断时间，周定时器为用户提供了 3 组开机表，其关系是并联，年定时器主要设定某个年度中月、日的区间范围可执行的接通时间和关断时间。周定时器和年定时器的属性定义分别如图 8 - 8 和图 8 - 9 所示。

2. 西门子 LOGO!编程软件的使用

西门子 LOGO!的编程采用逻辑功能图和梯形图两种结构，系统设置了许多功能模块，电气连接方便简捷，具有可编程功能。西门子 LOGO!编程软件还设置了电气仿真，使电气控制功能通过仿真很容易得到验证。

（1）西门子 LOGO!编程软件的安装。

打开西门子“LOGO!Soft Comfort V8.1”文件夹，运行“Setup.exe”文件，开始安装西门子 LOGO!软件，系统弹出安装开始对话框，选择中文简体进行安装。

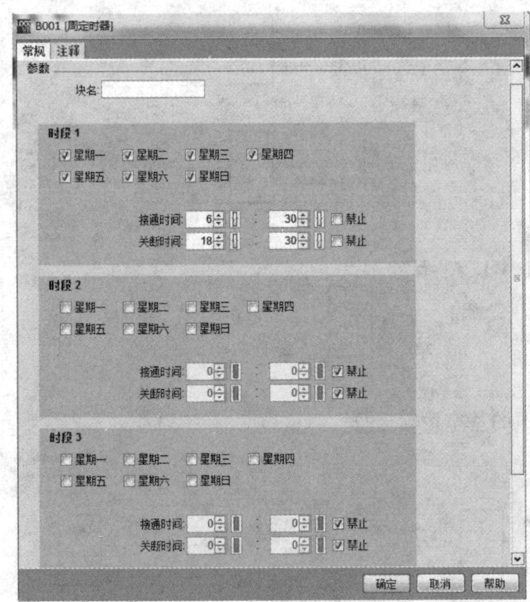

图 8-8　周定时器的属性定义

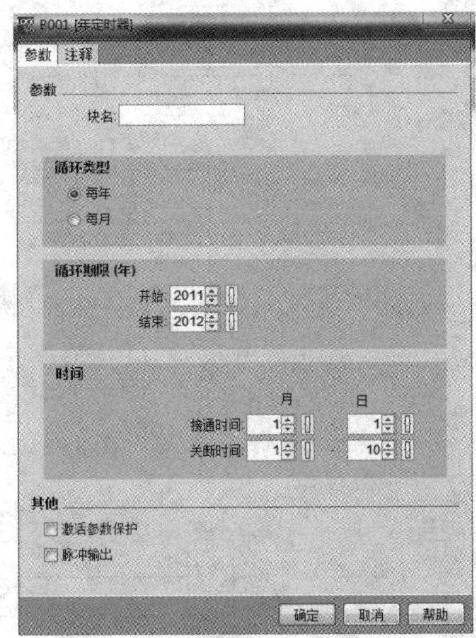

图 8-9　年定时器的属性定义

(2) 西门子 LOGO!控制器的编程界面。

运行西门子 LOGO!软件后建立一个新文件，打开西门子 LOGO!控制器的编程界面，如图 8-10 所示，西门子 LOGO!控制器的编程界面由菜单快捷图标、编程功能模块、工具条和程序编辑区等组成。

图 8-10　LOGO!控制器的编程界面

(3) 西门子 LOGO!编程软件的编程方法。

西门子 LOGO!编程软件中为用户提供了预先编辑好的功能模块，用户在编程过程中可直接调用，各功能模块的功能如图 8-11 所示，编程时先用鼠标选中功能模块中相应的元件（常量下面的基本功能模块和特殊功能模块），然后放置在程序编辑区中，完成所需元件的布局后利用连线工具进行电气连接。线路的连接即为控制逻辑和原理的设计过程。当连接线路较多或有重复交叉时，可利用剪刀工具进行化简，化简后的线路以接插件的连接方式显示。

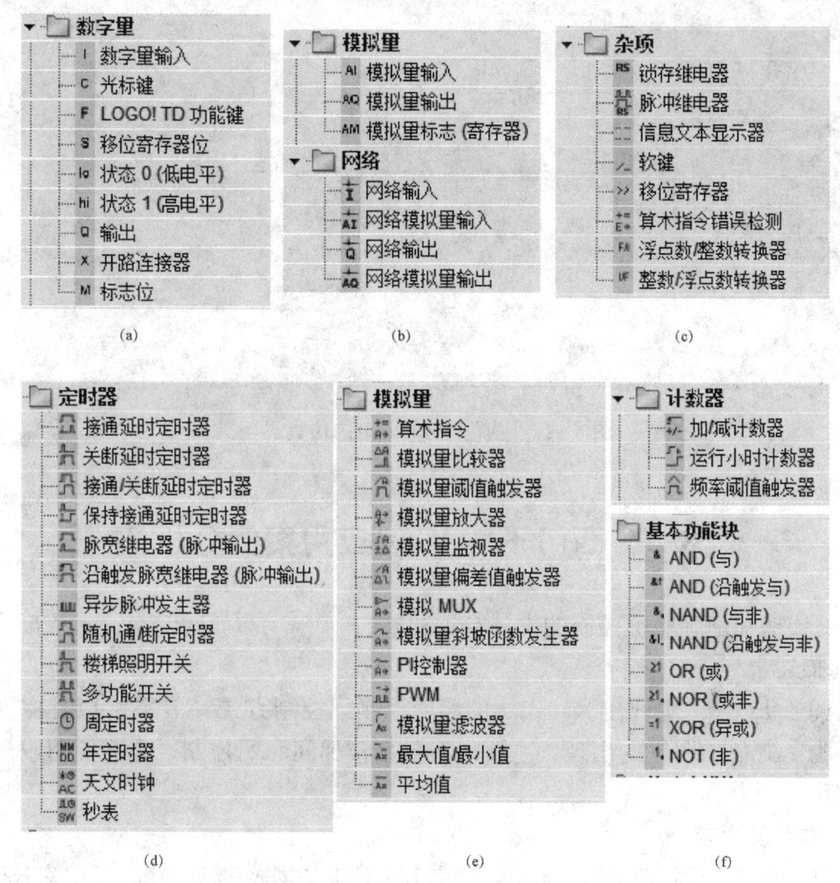

图 8-11　西门子 LOGO!各功能模块的功能

(4) 西门子 LOGO!程序的仿真调试。

西门子 LOGO!完成程序编辑后，可通过软件的仿真进行调试，仿真界面如图 8-12 所示，通过操作仿真界面下面的输入信号，输出状态（通过程序处理）得到相应的控制结果。

(5) 西门子 LOGO!的典型应用。

西门子 LOGO!可以在小型电气控制系统或智能楼宇中使用，如生产加工设备、小型自动化生产线、自动售货机、自动清洗机、工程机械，建筑照明控制，恒压供水控制自动扶梯控制风机或水泵互投互备控制、电动蝶阀控制等。

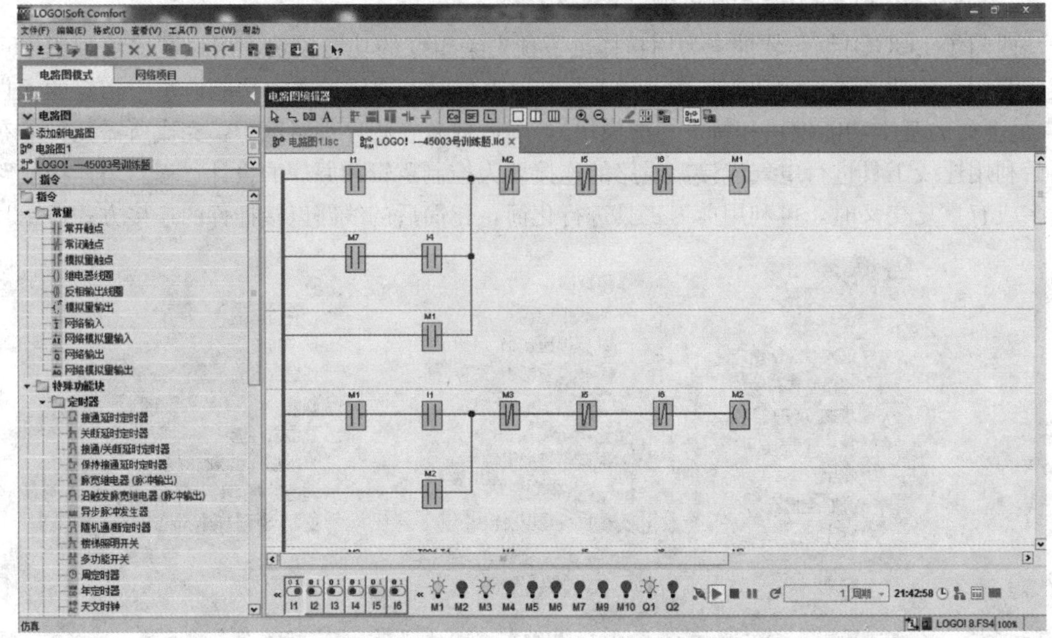

图 8 - 12　西门子 LOGO!的仿真界面

8.3　西门子 LOGO!应用案例分析

案例 1：楼梯和走廊照明控制的设计与编程

1. 功能描述

利用西门子 LOGO!实现楼梯和走廊的照明控制，控制方式一般采用短时控制或分区控制，主要是为了避免长明灯的出现，主要内容包括楼梯间照明控制、走廊照明双向控制、走廊公共照明定时控制。

2. 控制方案及要求

(1) 楼梯间照明控制。在楼梯入口处设有开关 K1 和楼梯照明 D1，当开关 K1 闭合 1 次（动作在 3s 内完成），则楼梯照明 D1 亮，延时 5s 后 D1 自动关闭。若开关 K1 闭合时间超过 3s，楼梯照明 D1 则长亮，开关 K1 断开时，楼梯照明 D1 延时 5s 后自动关闭。

(2) 走廊照明双向控制。走廊内照明一般将开关设在走廊的两端，现有走廊照明 D2 和开关 K2、K3，当从走廊一端进入时，操作此处开关（K2 或 K3）次，则走廊照明 D2 长亮。之后无论从走廊的哪端下楼，操作该处开关（K3 或 K2）1 次，均可以实现走廊照明 D2 灭。走廊照明 D2 经点亮后超过 3min 自动灭。

(3) 走廊公共照明定时控制。对走廊公共照明（D3、DA）采取内部时钟的定时控制，要求每天 7：30 启动走廊公共照明（D3 或 D4），18：30 关闭走廊公共照明（D3 或 D4）。在走廊公共照明运行期间实现每隔 30min，走廊公共照明 D3 和 D4 自动轮换。

3. 电气线路连接

楼梯和走廊照明控制 LOGO!接线图如图 8 - 13 所示。

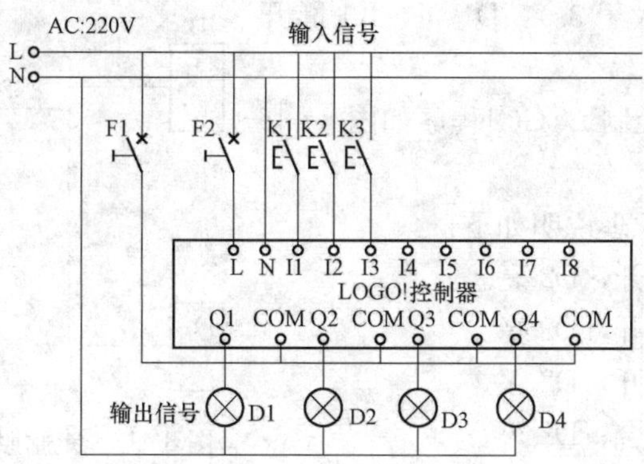

图 8 - 13　楼梯和走廊照明控制 LOGO!接线图

4. 输入/输出地址分配表

楼梯和走廊照明控制输入/输出地址分配表见表 8 - 1。

表 8 - 1　　楼梯和走廊照明控制输入/输出地址分配表

序号	电气符号	LOGO!地址	状态	功能说明
1	K1	I1	NO	楼梯间照明控制开关
2	K2	I2	NO	走廊左区照明控制开关
3	K3	I3	NO	走廊右区照明控制开关
4	D1	Q1	—	楼梯间照明灯
5	D2	Q2	—	走廊照明灯
6	D3	Q3	—	走廊公共照明 1 号灯组
7	D4	Q4	—	走廊公共照明 2 号灯组

5. LOGO!程序

(1) 楼梯间照明控制 LOGO!程序如图 8 - 14 所示。

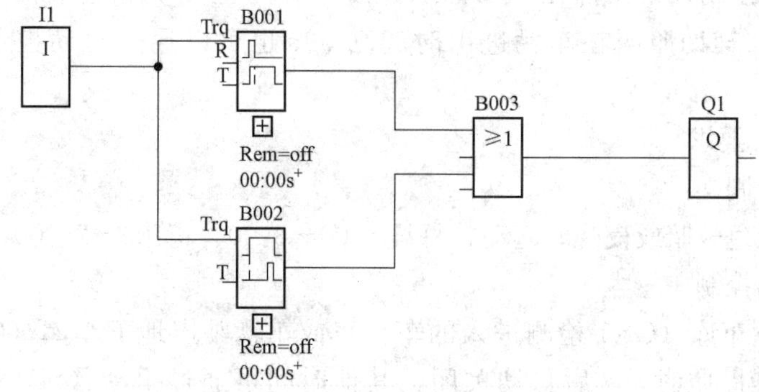

图 8 - 14　楼梯间照明控制 LOGO!程序

楼梯间照明控制原理说明如下：

1) K1 闭合 (时间小于 3s)，D1 亮并延时 5s 后灭 (忽略 K1 闭合时间)。

2）K1 闭合（时间大于 3s），D1 亮，K1 断开后，D1 延时 5s 后灭。

（2）走廊照明双向控制 LOGO!程序如图 8-15 所示。

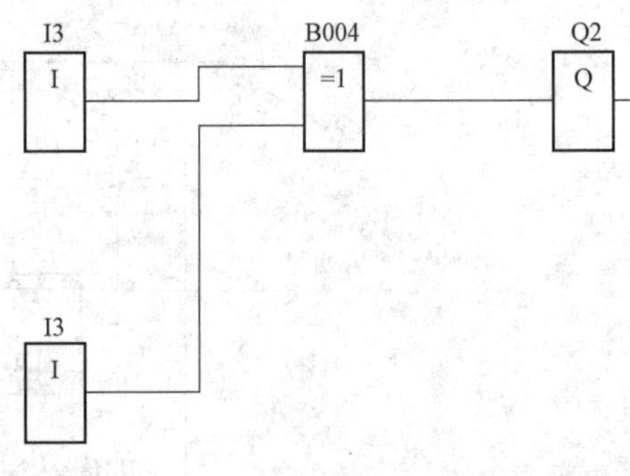

图 8-15　走廊照明双向控制 LOGO!程序

走廊照明双向控制原理说明如下：

1）K2 闭合、K3 断开，D2 亮。

2）K3 闭合、K2 断开，D2 亮。

3）K2 断开、K3 断开，D2 灭。

4）K2 闭合、K3 闭合，D2 灭。

（3）走廊公共照明定时控制 LOGO!程序如图 8-16 所示。

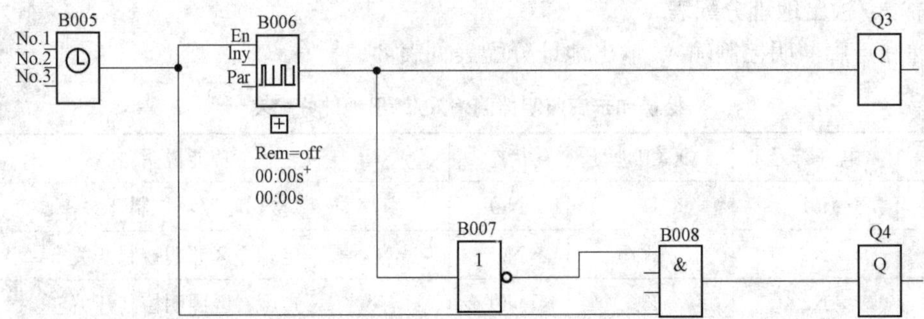

图 8-16　走廊公共照明定时控制 LOGO!程序

走廊公共照明定时控制原理说明如下：

1）设定每日 7:30 至 18:30 为走廊照明运行时间。

2）设定走廊公共照明灯组 D3、D4 每隔 30min 自动轮换。

案例 2：地下车库出入口照明控制的设计与编程

1. 功能描述

使用 LOGO!控制地下车库出入口照明，照明分为主照明和辅助照明，主照明在特定的时间内起动，辅助照明在车辆进出时起动 90s 也可以通过手动控制主照明和辅助照明。

2. 控制方案及要求

（1）主照明控制。

主照明设在天色较暗或夜晚时起动，每日 5:00—8:00、17:00—24:00。

（2）辅助照明控制。

车辆进入地下车库（GK1 检测进入的车辆）或车辆驶出地下车库（GK2 检测驶出的车辆）时，起动辅助照明 90s 后自动关闭，其他时间可通过手动（SB3 按钮）控制辅助照明。

3. 电气线路连接

地下车库出入口照明控制 LOGO!接线图如图 8-17 所示。

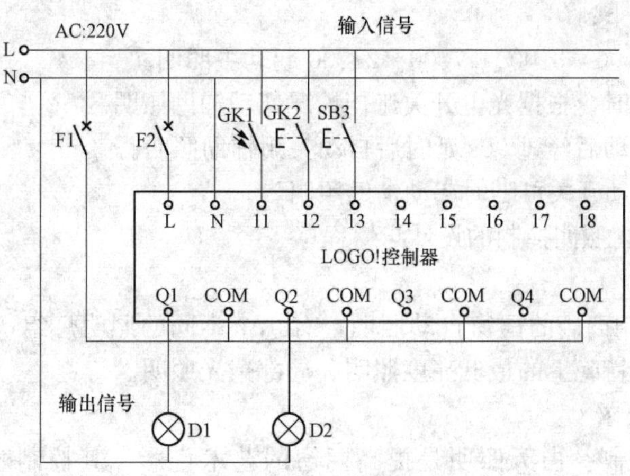

图 8 - 17　地下车库出入口照明控制 LOGO!接线图

4. 输入输出地址分配表

地下车库出入口照明控制输入/输出地址分配表见表 8 - 2。

表 8 - 2　　地下车库出入口照明控制输入/输出地址分配表

序号	电气符号	LOGO!地址	状态	功能说明
1	GK1	I1	NO	检测进入的车辆（光敏开关）
2	GK2	I2	NO	检测驶出的车辆（光敏开关）
3	SB3	I3	NO	手动控制照明开关
4	D1	Q1	—	主照明控制
5	D2	Q2	—	辅助照明开关

5. LOGO!程序

地下车库出入口照明控制 LOGO!程序如图 8 - 18 所示。

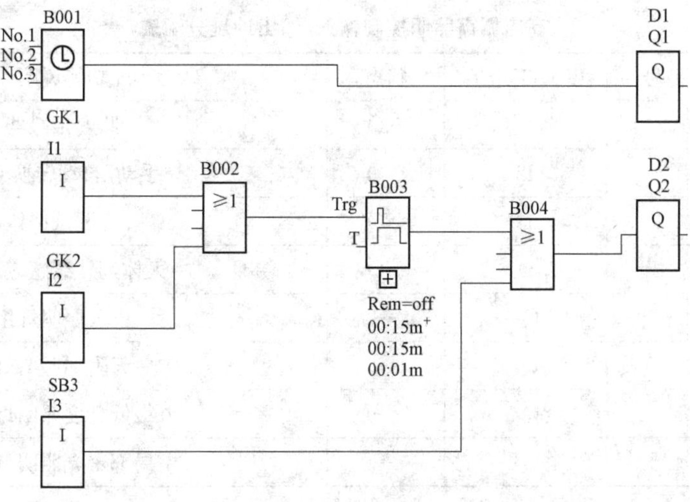

图 8 - 18　地下车库出入口照明控制 LOGO!程序

控制原理说明如下：

（1）设定每日 5:00～8:00、17:00～24:00 起动主照明。

（2）有车辆出入时，根据光电开关遮挡情况起动辅助照明。

（3）辅助照明起动后经过 90s 延时后自动关闭辅助照明。

（4）SB3 作为手动开关可随时起动辅助照明。

案例 3：商店橱窗照明控制的设计与编程

1. 功能描述

使用 LOGO!控制商店的橱窗自动照明，有 4 个不同的照明灯组，分别是白天的照明、晚上的附加照明、维持晚上的最低亮度照明、局部聚光照明。

2. 控制方案及要求

（1）白天照明控制。白天照明是提高橱窗的艺术色彩，其控制时段为周一至周五的 6:00～18:00、周六至周日的 4:00～20:00。

（2）附加照明控制。附加照明是当天色较暗时靠照度传感器检测信号进行控制的照明，其控制时段为 8:00～24:00。

（3）最低亮度照明控制。最低照明是为夜间提供的橱窗最低亮度，其控制时段为 0:00～4:00。

（4）局部聚光照明控制。局部聚光照明是当有人靠近时橱窗点亮的渲染照明，目的是提高艺术效果。

3. 电气线路连接

商店橱窗照明控制 LOGO!接线图如图 8-19 所示。

4. 输入输出地址分配表

商店橱窗照明控制输入/输出地址分配表见表 8-3。

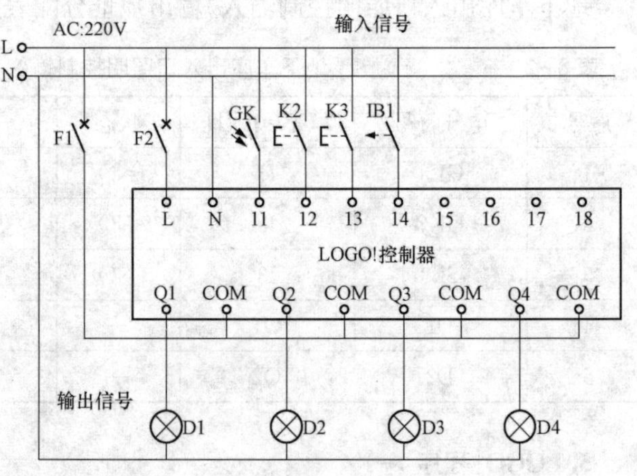

图 8-19　商店橱窗照明控制 LOGO!接线图

表 8-3　　商店橱窗照明控制输入/输出地址分配表

序号	电气符号	LOGO!地址	状态	功能说明
1	GK	I1	NO	照度传感器
2	K1	I2	NO	手动/自动转换开关
3	K2	I3	NO	灯测试按钮
4	IB1	I4	NO	人体红外线感应开关
5	D1	Q1	—	白天照明灯组
6	D2	Q2	—	白天附加照明灯组
7	D3	Q3	—	最低亮度照明灯组
8	D4	Q4	—	局部聚光照明灯组

5. LOGO!程序

（1）商店橱窗白天照明控制 LOGO!程序如图 8 - 20 所示。

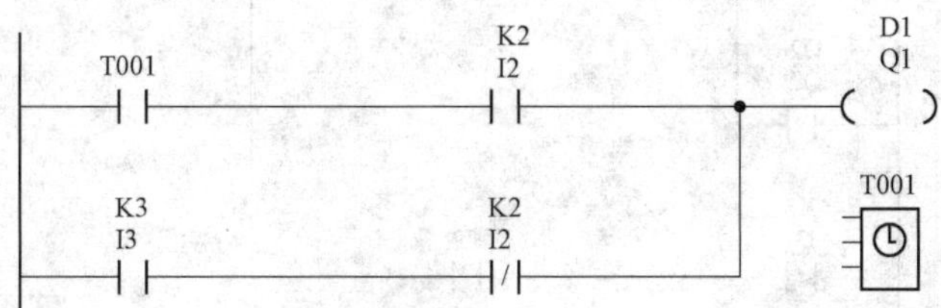

图 8 - 20　商店橱窗白天照明控制 LOGO!程序

商店橱窗白天照明控制原理说明如下：

1）在自动情况下，设定工作日 6：00～18：00、周六和周日 4：00～20：00 起动白天照明。

2）在手动情况下，通过灯测试按钮 K3 对 D1 灯组进行测试。

（2）商店橱窗附加照明控制 LOGO!程序如图 8 - 21 所示。

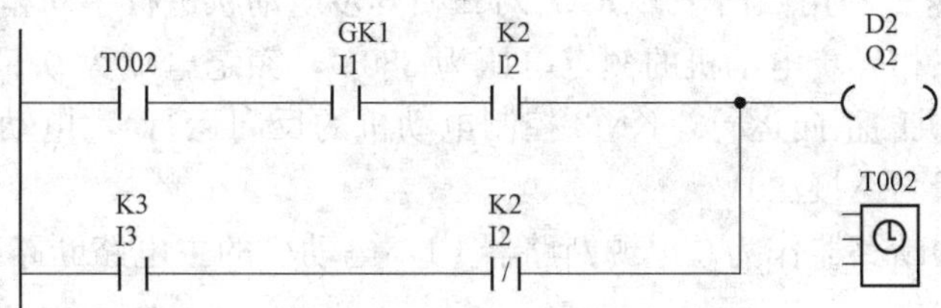

图 8 - 21　商店橱窗附加照明控制 LOGO!程序

商店橱窗附加照明控制原理说明如下：

1）在自动情况下，设定每日 8：00～24：00 根据照度传感器起动附加照明。

2）在手动情况下，通过测试按钮 K3 对 D2 灯组进行测试。

（3）商店橱窗最低亮度照明控制 LOGO!程序如图 8 - 22 所示。

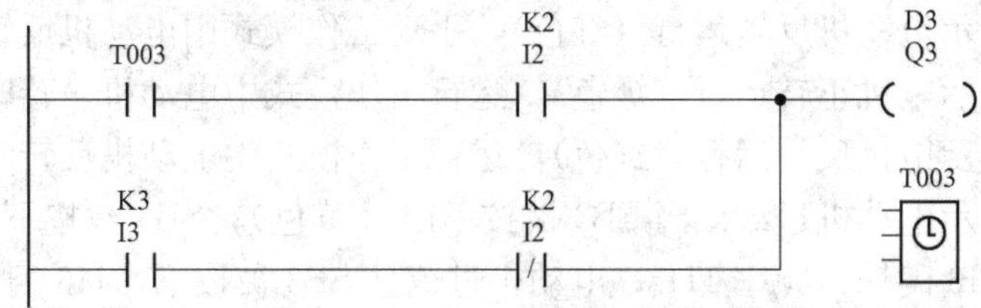

图 8 - 22　商店橱窗最低亮度照明控制 LOGO!程序

商店橱窗最低亮度照明控制原理说明如下：

1）自动情况下，设定每日 0：00—4：00 起动最低照明。

2）在手动情况下，通过测试按钮 K3 对 D3 灯组进行测试。

（4）商店橱窗局部聚光照明控制 LOGO!程序如图 8 - 23 所示。

商店橱窗局部聚光照明控制原理说明如下：

1）在自动情况下，在白天照明、附加照明有效时间内有人接近橱窗时启动局部聚光照明。

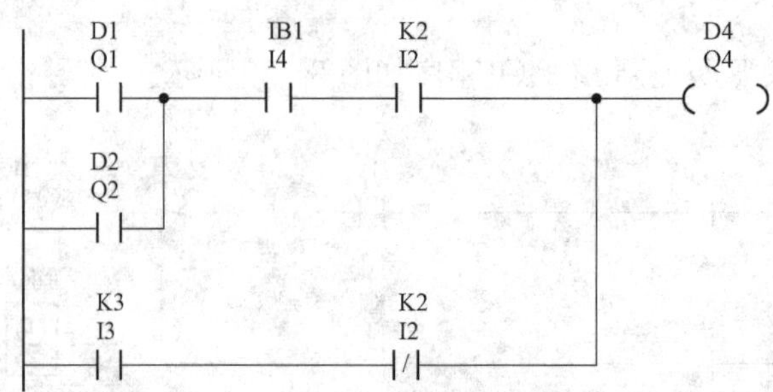

图 8-23　商店橱窗局部聚光照明控制 LOGO!程序

2）在手动情况下，通过测试按钮 K3 对 D4 灯组进行测试。

8.4　电气装置项目（动力回路）综合训练

1. 项目控制要求：利用西门子 LOGO!对三相异步电动机进行手动和自动控制

（1）需用的单三相异步电动机的额定电压为 380V，额定电流为 0.52A，正反转双向运行（KM1 控制电动机的正向运行，KM2 控制电动机的反向运行），电动机需短路和过载保护（电动机接线方式为△接法）。

（2）选择合适的断路器作为总电源断路器 F1，电动机的主电路断路器 F2，控制电源断路器为 F3。

（3）按钮选用要求：

SB1：NO（绿色按钮）；SB2：NC（红色按钮）；SB3：NC（急停按钮）；SB4：NO（绿色按钮）；SB5：NC（绿色按钮）；SA：NC＋NO（切换开关）。

（4）信号指示灯选用及控制要求：

H1：信号灯显示 24V 电源开（白色）。

H2：信号灯显示电动机正转运行（绿色），手动工作模式中电动机正转时常亮。

H3：信号灯显示电动机反转运行（红色），手动工作模式中电动机反转时常亮。

H4：信号灯显示电机正转运行（绿色），运行工作模式中电动机正转时闪烁 1Hz。

H5：信号灯显示电机反转运行（红色），运行工作模式中电动机反转时闪烁 2Hz。

H6：信号灯显示电动机过载或当 SB3 被按下时（黄色）；SB3 被按下，H6 闪烁，频率 1Hz；电机过载，H6 闪烁，频率 1Hz；电动机过载且 SB3 被按下，H6 闪烁频率 2Hz。

（5）LOGO!编程说明。

设计某工厂皮带生产线控制电路。电动机正转拖动皮带右行，电动机反转拖动皮带左行。

（1）当 LOGO!处于停止或断电状态、损坏不工作时，SA 切换到右位，设备为手动工作模式：

1）按下 SB4 按钮，KM1 得电，电动机正转，压合 SQ1 后 KM1 断电。

2）按下 SB5 按钮，KM2 得电，电动机反转，压合 SQ2 后 KM2 断电。

3）电动机过载时电动机停止运行（手动模式中电动机过载时不需信号灯指示）。

（2）当 LOGO!处于正常运行状态时，SA 切换到左位，设备为运行工作模式：

1）按下SB1按钮，KM1得电，电动机正转运行。

2）压合SQ1，延时5s后，KM1断电，电动机停止；KM2得电，电动机反转运行。

3）压合SQ2，延5s后，KM2断电，电动机停止运行。

4）按下SB2按钮，延时3s后KM2得电，电动机反转运行。

5）压合SQ1，KM2断电，电动机停止。

6）热过载（THR）动作，且在重置前电路不能被起动。

7）当SB3被按下，直到松开前，电路不能被起动。

2. 绘制电气线路连接图

3. 输入输出地址分配表

电机运行控制输入/输出地址分配表见表8-4。

表8-4 电机运行控制控制输入/输出地址分配表

序号	电气符号	LOGO!地址	状态	功能说明
1				
2				
3				
4				
5				
6				
7				
8				
9				
10				

4. LOGO!参考程序

LOGO!参考程序如图8-24所示。

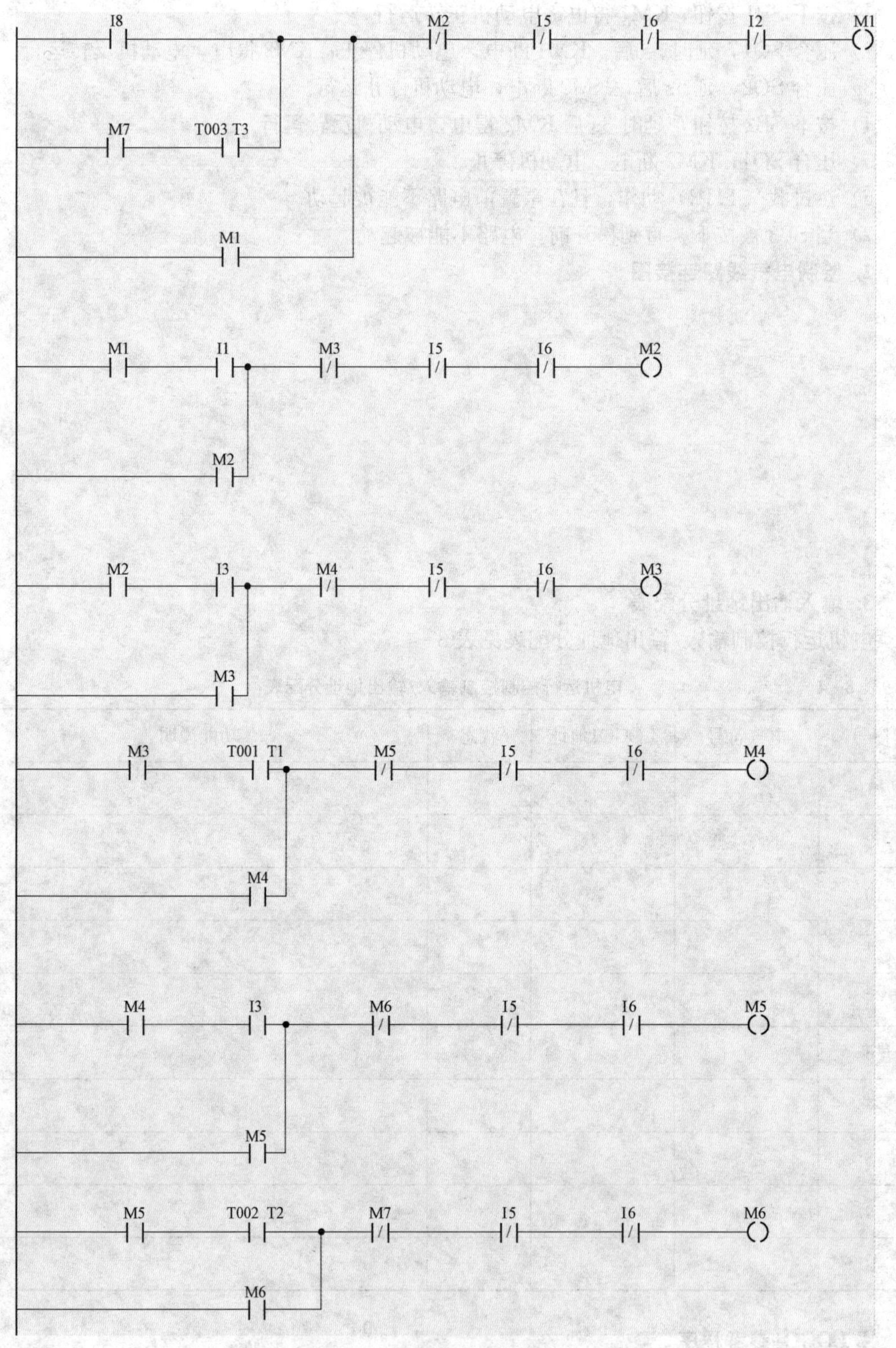

图 8-24　LOGO!参考程序（一）

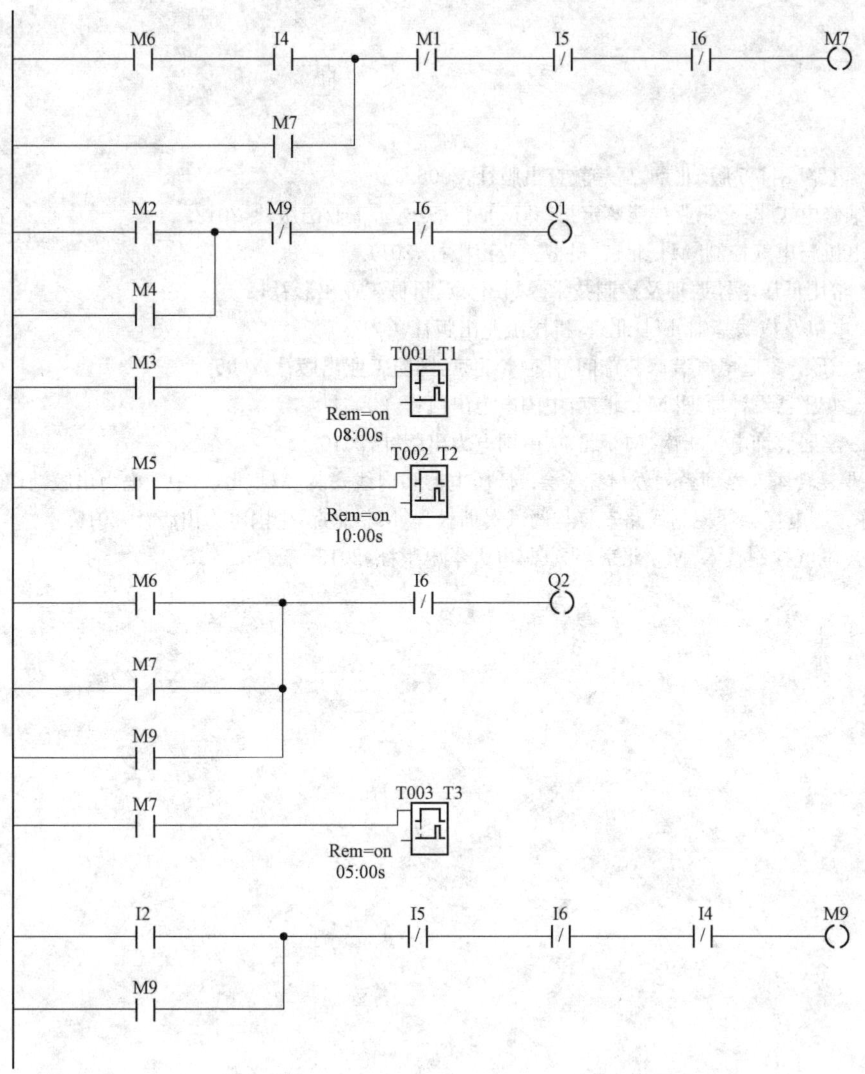

图 8 - 24　LOGO!参考程序（二）

参 考 文 献

[1] 邱关源.电路[M].5版.北京:高等教育出版社,2006.

[2] 王兵. 维修电工 国家职业技能鉴定指南[M].北京:电子工业出版社,2012.

[3] 许翏. 电机与电气控制[M].北京:机械工业出版社,2011.

[4] 王仁祥.常用低压电器原理及控制技术[M].北京:机械工业出版社,2001.

[5] 胡幸鸣.电机及拖动基础[M].北京:机械工业出版社,2007.

[6] 方大千,方欣. 家庭电气装修装饰问答[M].北京:国防工业出版社,2006.

[7] 尹克宁. 变压器设计原理[M].北京:中国电力出版社,2003.

[8] 阳鸿钧. 家居装饰电工指南[M].北京:中国电力出版社,2010.

[9] 电力企业复转军人培训系列教材编委会. 低压电器和内线安装[M].北京:中国电力出版社,2013.

[10] 尹向东. 继电接触器控制线路安装与调试实训教程[M].北京:中国电力出版社,2015.

[11] 牛云陞.电气控制技术[M].北京:北京邮电大学出版社,2013.